国家出版基金项目
NATIONAL PUBLICATION FOUNDATION

河北卷

Hebei Volume

中国传统建筑

解析与传承

THE INTERPRETATION AND INHERITANCE OF
TRADITIONAL CHINESE ARCHITECTURE

Editorial Committee of the Interpretation and Inheritance
of Traditional Chinese Architecture: Hebei Volume

《中国传统建筑解析与传承 河北卷》编委会 编

中国建筑工业出版社

图书在版编目（CIP）数据

中国传统建筑解析与传承. 河北卷 /《中国传统建筑解析与传承·河北卷》编委会编. —北京：中国建筑工业出版社，2019.12

ISBN 978-7-112-24384-6

Ⅰ.①中… Ⅱ.①中… Ⅲ.①古建筑–建筑艺术–河北 Ⅳ.①TU–092.2

中国版本图书馆CIP数据核字（2019）第245929号

责任编辑：吴 绫 胡永旭 唐 旭 张 华
文字编辑：李东禧 孙 硕
责任校对：赵 菲

中国传统建筑解析与传承 河北卷

《中国传统建筑解析与传承 河北卷》编委会 编

＊

中国建筑工业出版社出版、发行（北京海淀三里河路9号）
各地新华书店、建筑书店经销
北京锋尚制版有限公司制版
北京富诚彩色印刷有限公司印刷

＊

开本：880×1230毫米 1/16 印张：15¾ 字数：466千字
2020年9月第一版 2020年9月第一次印刷
定价：178.00元
ISBN 978-7-112-24384-6
　　　（34872）

本卷编委会

Editorial Committee

目 录

Contents

上篇：河北传统建筑文化特色解析

第二章　冀北地区传统建筑文化特色解析

第三章　冀中地区传统建筑解析

第四章　冀东地区传统建筑文化特色解析

下篇：河北传统建筑文化传承与发展

第六章　河北省近现代建筑发展概况及特征解析

第七章　传统建筑文化在当代建筑创作中的传承策略及实践

第八章　河北省建筑风格的传承与创新

第九章　传承发展传统建筑风格面临的主要挑战与反思

附录　河北省全国重点文物保护单位名录

参考文献

后　记

前　言

Preface

　　河北省地处华北平原腹地、渤海之滨，自古被称为"燕赵大地"，因内环古都北京，又有"京畿重地"之称，为华夏文明的重要发祥地之一。经过数千年的积淀与发展，形成了独特的历史文化，拥有极为丰富的文化资源，皇家文化、军事文化、农耕文化、游牧文化和运河文化为其主要文化脉系，是我国名副其实的文化大省之一。河北省地形地貌齐全，是全国唯一兼有高原、山地、丘陵、平原、湖泊和海滨的省份，太行和燕山两山脉为其西北两侧天然屏障，使河北省成为背山面海之地。复杂多样的地理环境造就了河北传统文化的多样性与独特性，为河北传统建筑的发展奠定了基础。

　　在历史的长河中，河北传统建筑经历了千百年岁月的洗礼，在祖祖辈辈不断与大自然相协调的实践中发展并不断地完善起来，形成了多种多样、各具特色的传统建筑类型。远古时期有旧石器时代的泥河湾遗址群（距今约200万年，是除东非古人类遗址外世界上最早的文明遗址），还有新石器时代的磁山遗址（距今8000多年），涿鹿县则出现了历史上著名的黄帝城——涿鹿故城。上古时期有商周之际的邢地故城，春秋战国的燕下都遗址、赵邯郸遗址、中山古都遗址及代王城遗址等著名城址。中古时期之后，两汉留下了以满城汉墓为代表的一批重要陵墓，北朝北齐时期有响堂山石窟等佛教胜迹，隋代有桥梁史上的旷世杰作安济桥（世界桥梁史上第一座敞肩拱石桥，也是国内最古老的拱桥），唐代留下了国内罕有的木构古建筑正定开元寺钟楼，宋辽时期河北各地有塔影林立的佛教建筑（尤以正定隆兴寺之建筑艺术为最）。封建后期，则有以承德避暑山庄（世界最大的皇家园林）和外八庙（世界最大的皇家寺庙群）、保定清西陵这样的宏伟建筑群体作为河北传统建筑文化的圆满终结。传统建筑能够如实地反映出人们的日常生活与生产，同时也折射出当时人们的审美观念、宗教信仰、思想意绪等诸多方面内容，尤其是体现在建筑装饰的题材与形式上，它们与当地当时流行的主流文化密切相关，是对那个时代地域特色和文化的真实反映。到了近现代时期，受改革开放影响及西方生活文化的冲击，传统建筑文化从地域性向包容性、多样性发展。建筑空间形态和内涵发生了根本性的改变，在汲取西方建筑文化的同时，建筑师对待传统建筑的传承视角也各不相同，有的注重形式，有的着眼于空间，也有人偏好材料和建构技术的应用，取向各异，形式丰富。

　　本书以河北传统建筑的多方位解析与历史传承为主线进行研究，着重探析河北省传统建筑文化精髓传承的方式与策略。本书由绪论、上篇和下篇三部分组成，本书的绪论部分，重点阐述了河北自然人文历史概况、河北传统建筑文化发展历程及文化分区等内容，为本书的后续开展奠定基础；上篇为传统篇：河北传统建筑文化特色解析，包括第二章至第五章，分别对冀北、冀中、冀东和冀南四个地区进行传统建筑文化解析；下篇为近现代篇：河北传统建筑文化传承与发展，包括第六章至第八章，对河北近现代建筑的发展概况、传承策略及建筑风格创新等方面进行剖析。第九章最后对传统建筑的传承发展所面临的主要挑战与反思做了总结与展望。

上篇四个章节中，将河北按行政分区划分为冀北、冀中、冀东和冀南四个基本单元，以历史文化名城和传统建筑单体为研究对象，以其产生、发展的独特自然、文化与社会环境为基础，对历史文化名城的构成要素、城市肌理、风格特点和不同类型传统建筑的环境特色、空间特色、营造技术特色、形态与细部特色等方面进行解析和总结。

第六章为河北近现代建筑发展概况及特色解析，阐述了河北近代建筑的发展背景、发展分期、分布特点和主要类型，详细叙述了河北现代建筑从初期发展阶段、不断探索阶段和繁荣发展阶段。三个不同创作历程中的发展特点，并以上述两点为研究基础，从地貌的影响作用、传统的情感属性和文化的包容特征等方面总结出燕赵地域文化在河北近现代建筑创作中的特征体现。

第七章介绍了河北传统建筑的元素符号在城市、群体建筑和单体建筑三个空间层面的表现方式；通过解析符号与意向、空间与形态变化、气候材料色彩等表达方式在河北传统建筑中的体现内容，挖掘出河北民族文化和自然文化等历史文脉隐喻体现场所精神的表达方式，及其与场所精神相关联的建筑特征；结合优秀案例，总结河北传统建筑文化在当代建筑创作中的传承策略。

第八章为河北省建筑风格的传承与创新，通过对燕赵建筑文化的地域特色、美学意境和变化更新等方面阐述了河北省地域性建筑文化的内涵属性及在当代建筑风格传承中的表达方式，探索出河北传统建筑文化特色的设计手法及其在实践中的表现方式。

第九章为河北传统建筑的传承发展所面临的主要挑战与反思，是本书对河北省当下建筑文化发展前景的展望。随着当今世界全球化与经济一体化的潮流，建筑设计手法也出现了巨大的变化，面对设计中诸多矛盾的碰撞，更需要直面挑战、敢于思考、秉承以人为本的设计理念，使河北省城市发展在传承中创新、在创新中延续。

望本研究成果为今后河北省传统建筑的传承与发展有所指引，对从事河北省未来城乡统筹和发展的相关学者具有借鉴价值，并且为开展河北省地域建筑设计起到参考作用，也对大众读者了解传统建筑特征与现代建筑传承方面具有普及意义。

第一章 绪论

在历史进程中，河北地区历经"陆变海—海变陆"的沧桑变化之后形成今天复杂的地形地貌，是全国唯一兼有山地、高原、丘陵、平原、盆地、海洋和湖泊洼淀的省份。自古以来，河北地区物华天宝、人杰地灵，有着丰硕的文化积淀和深厚的历史传统。作为华夏文明最早开发的地区之一，河北地区经过几千年的积淀形成了独特的传统文化，成为了一个名副其实的文化资源大省。这个地方，朝代更迭，曾经是燕赵的都城，曾经是宋与辽、元与明的主要战场之一，也曾经是守卫国都的京畿重地。不同朝代的变更与复杂多样的地理环境造成了河北传统建筑的多样性，因此对河北传统建筑文化的探讨，需考虑地理环境与传统文化的双重影响，总结其内在规律与联系从而探求出河北地区传统建筑的特征解析与传承方法。

河北地区传统建筑因地理环境和传统文化的不同有着较大的差异，本书将河北地区分为峰峦雄伟的燕山山脉文化区、豪迈奔放的塞北文化区、雄奇峻辽的太行山山脉文化区、物阜民安的河北平原文化区和欣欣向荣的运河文化区五个文化类型分区，从不同地域环境成因、不同传统建筑文化成因以及社会转型引发的人文成因等三方面对地域建筑形态进行解析。

第一节　河北地理与历史变迁

一、地区概况

（一）自然概况

河北省位于东经113°27′至119°50′、北纬36°03′至42°37′之间；南北最长距离750公里，东西最宽距离650公里，面积为18.88万平方公里，在全国各省、自治区、市中居第12位；环绕北京和天津两个直辖市，东南部、南部衔接山东和河南两省，西部与山西省为邻，西北与内蒙古自治区交界，东北部与辽宁省接壤。[①]

1. 地形地貌

河北省地处华北地区的腹心地带，位于黄河下游以北，东临渤海，拥有487公里的海岸线，西部与太行为邻，北部与燕山相连，而燕山以北又与内蒙古高原接壤。河北省呈西北高、东南低（图1-1-1），由西北朝着东南方向形成了相对倾斜的地域风貌，由此导致该地区海拔高度的落差极大，平原区域海拔高度最低不超过50米，而山峰区域的海拔高度则超过了2000米。高峰区域的海拔高度介于两者之间，平均保持在1000～1500米的范围之内。在河北境内，地貌复杂，类型齐全，除了山地、平原、高原、盆地、丘陵以外，还含有众多的海洋与湖泊，是我国地貌形态最为复杂的资源大省。随着历史的繁衍生息，河北地区历经"陆变海—海变陆"的沧桑变化之后形成今天复杂的地形地貌，从西北朝着东南方向形成了该地区最具标志性的三大地貌特征。

坝上高原位于河北省西北部、内蒙古高原的南缘，面积为1.6万平方公里，占全省地表总面积的8.5%，平均海拔为1200至1500米。地貌特征以丘陵为主，疏缓低矮、谷底宽阔、岗洼起伏、湖泊滩地点缀其间，形成"远看是山，近看是川"的画面。

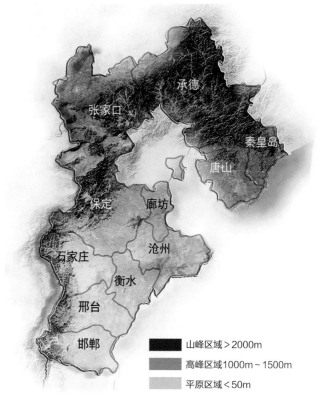

图1-1-1　河北省地形地貌（来源：王连昌 绘，底图参考《河北省地图集》，星球地图出版社）

河北山地主要由燕山山脉和太行山脉组成，总面积为9.03万平方公里（包括丘陵和山间盆地），在该地区地表总面积当中所占据的比例达到了48.01%。燕山山脉通常也会被称为冀北山地，整体由东向西分布，地势相对复杂，而且岩石性能极其不稳定，多以奇峰险峻而闻名天下。太行山脉作为三大地貌特征之一，与燕山山脉齐名，整体由东北向西南分布，地表形态复杂多变，海拔高度保持在1000～1500米的范围之内，在全省众多的高峰当中位列第一，素有小五台山之称，海拔为2882米。河北山地水分条件较好，植物繁茂，矿产丰富。

河北平原分布于中部与东南部，根据最新数据统计显示，其总面积已经达到了8.15万平方公里，在全省当中所占据的比例达到了43.4%。根据成因的不同而能够将其

---

① 艾文礼. 可爱的河北[M]. 石家庄：河北人民出版社，2013.

划分成三种地貌种类，其中，第一种为山前冲洪积平原，它主要分布于太行山东麓和燕山南麓，土地肥沃，为河北省农业生产条件最好的地区；第二种为中部冲积平原，它是由以黄河为首的众多水系经过多年来的不断冲积而形成的，由于该地区地势较为平缓，土壤条件相对优渥，已经成为了该地区最为重要的农区；第三种为滨海平原，它主要位于京沪铁路以东，唐海和丰南等地以南，环渤海海岸呈半环状分布。[①]

2. 水文

河北省面山背海，境内地势起伏较大，降水量多少不等，受地形地势及降水等因素影响，发育有不同水系，长度基本上都保持在18～1000公里的范围之内，水系数目达到300条以上，他们大部分奔流入海，小部分汇入湖泊或洼地[②]。河北境内河流大都发源或流经燕山和太行两大山脉，主要河流从南到北依次有漳卫南运河、子牙河、大清河、永定河、潮白河、蓟运河、滦河等，分属海河、滦河、内陆河、辽河4个水系。其中海河水系最大，滦河水系次之。除众多河流外，河北省海岸线长487公里，海岸带总面积11379.88平方公里（其中陆地面积3756.38平方公里，潮间带面积1167.9平方公里，浅海面积6455.6平方公里）。有海岛132个，岛岸线长199公里，海岛面积8.43平方公里。河北省沿海地区有秦皇岛、唐山、沧州三市，及其下辖抚宁、乐亭和唐海等16个区县及技术开发区。

海河水系，位于冀中、冀南地区，面积达125389平方公里。其水系为一扇状水系，海河干流很短，并位于天津市，境内的北运、永定、大清、子牙、南运河等河流为其支流，均汇入海河，流经天津至塘沽入海。

滦河水系，主要集中在冀东、冀北地区，面积达45870平方公里，水系长度高达888公里，是河北省第二大水系。滦河在山区为沙卵石河床，宽500～1000米，进入平原后为沙质河床，河床宽2000～3000米，平均年输沙量2010万立方米。滦河水量丰沛，水质好，多年平均径流量45亿立方米。

内陆河水系，位于张家口坝上高原，面积达11656平方公里，均为间歇性小河流，多流入安固里淖和察汗淖等内陆湖泊。

辽河水系，位于省境东北部，面积达4413平方公里。发源地主要包括两个，其中，一个位于承德，另一个位于平泉县北部，流经我国辽宁省，最终达到辽河。与其他水系相比较而言，辽河水系相对较浅，且水流极为湍急。

3. 气候

河北省主要分布在中纬度地区，属于温带半湿润半干旱大陆性季风气候。春季基本上以干旱为主，鲜少降雨；夏季最为炎热潮湿，是该地区降雨量最多的时期；秋季主要以晴朗天气为主，相对较为温和；冬季最为寒冷，且雨雪天气相对较少，整个冬季的气候呈现出明显的干冷特征。从整体上来看，年最低气温基本保持在-39℃左右，主要集中在一月。而年最高气温基本上保持在40℃左右，主要集中在七月。由此表明，河北省一年四季的气候变化极大，是我国气候变化最为明显的省份之一。

河北省降水具有雨量集中、年际变化大以及地域性强的特点，年平均降水量大部分地区为215～745毫米，地区分布不均，总的趋势是东南部多于西北部。年内约75%降水量集中在夏季。张家口地区西北部年降水量不足400毫米，中部辛集、南宫一带约500毫米，为全省两个少雨地区；燕山南麓年降水量达700～815毫米，为全省降水量最多的地区。按照干燥度划分干湿状况，以承德—涞源一线为分界线，其西北部为半干旱区，东南部除个别地区外，均为半湿润区。河北省年日照时数为2319～3077小时，年无霜期81～204天。[③]

① 马誉辉. 河北省省情读本[M]. 石家庄：河北人民出版社，2013.
② 艾文礼. 可爱的河北[M]. 石家庄：河北人民出版社，2013.
③ 高霞. 河北省近45年气候均态及极值变化特征研究[D]. 兰州大学，2007.

（二）人文概况

河北省不但地势复杂多变，奇峰怪石林立，而且还具备着丰富丰厚的历史人文底蕴，是我国至关重要的文化资源大省，为我国传统文化的发展与传承做出了杰出的贡献。根据相关数据统计表明，河北省文物数目总量为34046处，其中有3项5处经过国际认证，已经成功加入世界文化遗产行列。其中，以长城、避暑山庄等建筑闻名天下，成为我国最为著名的人文胜地。与此同时，河北省拥有168处全国重点文物保护单位，227项国家级非物质文化遗产项目，400项省级非物质文化遗产项目，260个省级非物质文化遗产代表性传承人。

作为我国至关重要的文化发源地，河北省文化资源极为丰富，不管是数量还是品味都位居全国前列，其中，唐山皮影、蔚县剪纸、评剧等民间传统文化都已经成为了该地区享誉海内外的重要标志。

河北省在传统文化的发展与传承当中，始终坚持刚柔相济、以刚为主为核心，以其丰富的人文底蕴吸引了众多中外学者纷纷对其展开研究。著名学者梁世和从人文精神的角度对其展开探索，最终表明：该地区所展现的燕赵文化主要包括两种特征，其中，一种是豪侠主义，强调尽气的重要性；而另一种则是圣贤主义，强调穷理的重要性，两者精神截然相反，又相互平衡。两种极端的人文精神诠释了燕赵文化的精髓，而其他精神理论则是在此基础上不断演化而来，使得燕赵精神在后人的研究与传承中源远流长[1]。

从历史文化的角度对燕赵文化进行总结，主要体现在四个方面：第一，武侠精神；第二，变革精神；第三，求和精神；第四，诚信精神[2]。王小梅从大气、情结、性格、理念以及价值等五个角度对人文精神展开了深入的探索[3]。陈旭霞在针对人文精神进行研究的过程中，将其总结成六种精神：第一，敢于斗争的变革精神；第二，勤俭大方的奋斗精神；第三，辛劳耕耘的务实精神；第四，兼容并蓄的开放精神；第五；和睦友好的团结精神；第六，勇于奉献的开拓精神[4]。方伟则将其进行汇总，并由此指出，燕赵精神主要体现在五个方面，即为英雄主义、悲情情结、传统朴实、兼容并济以及变异情势[5]。

（三）社会概况

河北省现设石家庄、唐山、秦皇岛、邯郸、邢台、保定、张家口、承德、廊坊、沧州、衡水11个设地级市，172个县（市、区），其中107个县、6个自治县、22个县级市、37个市辖区。据统计，2017年省内总人口7520万人，居全国第6位，其中汉族占96%，55个少数民族成分俱全，其中有满、蒙古、回、朝鲜4个世居少数民族。[6]

河北省地处华北平原，自古以来就是京畿要地，连接首都与全国各地的交通枢纽地带。河北省2017年高速公路总里程达到6531公里（数据来源：河北省高速公路管理局），居全国前列。唐山港、黄骅港、秦皇岛港均跻身亿吨大港行列。全省铁路、公路货物周转量居中国大陆首位。交通基础设施的快速发展促进了区域间的信息与资源流动。

位于环渤海经济圈的河北省，有较大经济规模，良好发展态势，是一个中国的经济大省。到2017年底，全省生产总值35964.0亿元，GDP居全国第六位。拥有坚实的农业基础，齐全的工业门类，信息、生物、医药、新材料等高新技术产业正在发展成新优势；通信、旅游等服务业的发展，大大提高了人们的生活品质，城市建设也日益完善。

河北省科技经费投入快速增长推动产业升级。近年来，我省优先发展科技，注重提升创新能力，大力实施科教兴省、人才强省战略。我省有两院院士15名，国家住冀科研机构18个，2011年，全省财政科技经费投入29.6亿元，占财政

① 梁世和. 圣贤与豪侠——燕赵人格精神探析[J]. 河北学刊，2006.
② 河北省历史文化研究发展促进会. 发扬燕赵文化传统，培育新的河北人文精神[N]. 河北日报，2006.
③ 王小梅. 河北人文精神的缺失及其现代建构[J]. 河北学刊，2006.
④ 陈旭霞. 燕赵人文精神的当代意义及其价值[J]. 社会科学论坛，2005.
⑤ 方伟. 人文关怀与构建"和谐河北"的价值取向——关于河北当代人文精神的社会化实践问题[J]. 河北学刊，2006.
⑥ 艾文礼. 可爱的河北[M]. 石家庄：河北人民出版社，2013.

支出的1.05%，居全国第20位。[①]

二、河北地理环境变迁

（一）地形地貌的变迁

河北地区拥有巍巍的群山、逶迤的丘陵、起伏和缓的高原、连串的盆地和极目千里的平原，地形地貌类型齐全，这与河北地区在远古时期的地理环境变迁紧密相连。

在太古代和早元古代时期，河北地区与华夏其他沿海地区一样，为一片汪洋大海，后经亿万年地质变迁，经历陆变海、海变陆的沧桑变化，至新生代时期，河北省才接近目前的地形地貌，[②]形成了复杂多样的特点：高度差别大，地貌类型齐全，大地貌单元排列井然有序，[③]为后世河北地区多样的传统建筑样式奠定了地理基础。除自然原因外，人为改造对地形地貌的改变亦对传统建筑的营造也有很大影响，例如承德避暑山庄和清东陵、清西陵皇家建筑的营建以及军事防御类建筑的发展等。

（二）水文的变迁

从人类原始时代开始便依水而居，在《周易》中曾记载"天一生水，地六成之"，即天下万物皆源水而生，河北地区的起源亦分布于古河道周围。据研究表明，天津地区最早时期为汪洋大海，由于地壳运动而不断演化，历经海陆变迁才逐渐形成陆地，海河水系便在此过程中产生，后从春秋至中华人民共和国成立前的两千多年中，经多次改道，形成如今的海河水系及由此而产生的各支流及湖泊，除此之外，滦河水系、内陆河水系和辽河水系亦在历史的进程中多次改道而形成当前的布局。

古河道之所以会改变，主要包括两个原因，一个是上述提到的自然因素，另一个则是人为因素。隋朝时期，大兴河道，以江南运河、通济渠等为代表的新河道应运而生，主要围绕洛阳展开，沿着东南方向直达余杭，东北抵涿郡的隋代大运河。[④]河道的变更不仅对聚落的形成、迁移及传统建筑的形制起重要作用，而且因河道变更产生的冲击洪积扇平原对人类文明的发展也起到至关重要的作用。

（三）气候的变迁

河北省主要分布在中纬度地区，四季分明，但由于地形地貌复杂多样、气候大势变化及人类活动影响，河北气候在历史进程中呈现出均变态势，逐渐对河北省传统建筑的建造形态、规模及构配件产生影响。

根据近五百年资料分析，河北省气候可分为四次较冷期和三次回暖期，在四次变冷期中，异常气象频繁，如在第二次冷期中的清顺治十年（1653），今张家口地区和唐山地区"冬大雪连月余，道无行人，南山民多穴处，霜雪满溪谷，樵采无路，人死者甚众"。顺治十二年（1655），北京冬季平均气温比现在低2℃。清康熙九年（1670），东部沿海大雪二十日不止，平地冻厚数寸，海水涌冰至岸，远望之十数里若冰堤。

从20世纪初气温是逐年上升的，至20世纪40年代前后达最高值，从40年代开始到90年代，气温总的趋势是下降。在近百年中，由于温室效应的加剧，河北省近些年来的气温变化一直呈现出不断上升的状态，与100年前相比较而言，气温已经上升了0.67℃，由此导致河北省部分地区出现了极冷、极热、极旱等极端异常天气。[⑤]

三、河北历史环境变迁

（一）河北区划变更与传统建筑文化交流

河北省是人类活动最早的地区之一，为炎黄子孙的摇

① 义文礼. 可爱的河北[M]. 石家庄：河北人民出版社，2013.
② 河北人民出版社编. 可爱的河北[M]. 石家庄：河北人民出版社，1984.
③ 林翠华. 从历史文化传承角度看避暑山庄文化及发展趋势[J]. 河北旅游职业学院学报，2018.
④ 河北省地方志编纂委员会. 河北省志·第三卷 自然地理志[M]. 石家庄：河北科学技术出版社，1993.
⑤ 河北省地方志编纂委员会. 河北省志·第八卷 气象志[M]. 北京：方志出版社，1996.

篮。河北省历代行政区划曾多次变更，夏殷朝代前已难考其详。夏九州时，河北为古冀州的组成部分，不少朝代亦在此设过冀州，此系河北简称"冀"之来由。

商代封国在今河北境内有土方、孤竹、燕毫、苏，另有亚氏、易"朵"氏、"启"氏等部落活动于此。西周实行"封诸侯、建同姓"的宗法分封制，在河北境内的有燕、邢、韩、卫诸国。春秋时期，河北境内有封国、部落11个之多，主要是燕、邢、晋、卫、代等封国。战国年代，群雄角逐，诸侯割据，河北主要属燕、赵、中山及齐、魏等国所辖。因燕赵两国兵精地广，占据河北大部，故河北又有"燕赵大地"之称。秦始皇废分封、置郡县，在今河北境内有邯郸、右北平、渔阳、广阳、上谷、巨鹿等13郡、24县。汉初郡县与封国并存，河北境内有右北平、渔阳、上谷、涿郡、渤海等13郡及中山、真定、河间、广平等6国。魏晋因袭旧制，变化不大。隋朝时河北大致属上谷、北平、渔阳等20余郡。唐朝时主要属河北道，辖幽、蓟、平、易等19州，另河东道辖云、蔚等4州。宋辽时期，北属辽的西京道、中京道、南京道，南属宋之河北西路、河北东路。元为中书省，辖上都、大都、永平、兴和、保定等18路。明为北直隶省，辖顺天、永平、保定、真定等11府。清为直隶省，辖顺天、承德等12府、易州等5州及口北3厅。元明清时期，河北省因位于京城周围，亦称"畿辅"。

早在新石器时期，位于燕山南北和滦河流域的农耕文化与北方内蒙古高原的游牧部落相互碰撞，相互交流，呈现出了原始的融合现象。古籍中记载的黄帝部落、炎帝部落、蚩尤部落的冲突与融合，标志着华夏民族的形成。到了秦汉，秦将六国的文化整合与升华之后，发展出了秦文化。在修筑长城抵御匈奴的同时，也有数次和亲，以巩固北部边疆，草原文化与中原文化的交流得到进一步加强。魏晋南北朝时期，北方的少数民族开始南进。少数民族政府开始采用任用汉人参政的方式，巩固自己的政权统治。北方呈现出民族大融合的现象，河北地区成为民族融合的重要区域。隋唐时期，大运河的开通有力地

促进了南北文化的融合，长江中下游的建筑技艺传播到河北地区，与当地建筑文化相融合。此时的河北地区，道教、佛教得到了长足的发展，建造了大量的寺院、道观、石窟，伊斯兰教在这一时期传入中国。到了元代，元中都与元大都的建立使得河北地区又重新成为政治与文化中心。明清时期经济、文化的大发展，为明清王朝积累了大量的财力物力，为其大兴土木奠定了基础，因此在河北境内留下了清陵、避暑山庄、外八庙等规模宏大的建筑群。

（二）河北移民与建筑文化的融合

考古研究表明，在明朝时期，河北省曾经出现多次移民的现象，其中，由官方发起的大移民活动都已达到了十次以上。如今，在华北地区，民间流传着众多与移民有关的传说，比如"燕王扫北"，又或者是"祖籍山西洪洞县"。传言，由于移民活动长途跋涉，大多数来自洪洞县的人脚指甲上都被磨出了附甲。

明代时期河北移民有着深远的历史背景。早在金元之际，河北地区就是蒙古军队南下的主要战场。蒙古军队采取杀戮战略，导致河北地区横尸遍野，屋庐焚毁，城郭邱墟。元朝时期，由于战争频起，朝廷苛税严重，以及天灾人祸等种种因素，百姓流离失所，苦不堪言，河北平原人口数量也随之急剧下降。后来，人们不堪贵族压迫而奋起反抗，接连爆发了多起农民起义。除兵乱之外，元朝末年的天灾也接连不断，这导致了河北人口大量的减少。明建文元年（1399年）燕王朱棣发动"靖难之变"，在朱棣夺权的战争中，河北平原是最为惨烈的战场。朱棣居于河北，为了达到养精蓄锐、培植根本的目的，从全国各地多次向河北迁民，引发了明代河北的大移民。正是由于这些移民活动，使得该地区的人口数量在短时间内得以上升，极大地填补了以往人口的空缺。[①]如此一来，河北的经济得以发展，同时也将江苏、山西、山东、湖南、湖北、陕西等地的建筑文化及建筑技术随着移民浪潮带到了河北地区，有力地增加

---

① 张岗. 关于明初河北移民的考察[J]. 河北学刊，1983.

了河北建筑文化的多样性。这些移民来到河北地区，只有极少数的移民和本地人合居，其他人普遍聚集在一处而形成新村。

位于河北省井陉县西部太行山深处的于家石头村，它是一座保存完好的以石头建筑为主的文化古村落。明成化年间（约1486年）于谦[①]之子于有道因生活所迫，携家眷秘密迁居于这旷野深山隐居。当时这里荒无人烟，于家人"与木石居，与鹿逐游"，生活条件十分困乏，其族人以顽强的精神，利用当地奇特的地理环境形成了与自然环境相融形成了别具特色的于家村建筑风格。于家村的建筑基本上都以四合院为主。然而，这种四合院与传统意义上的四合院大有不同，其建筑的原材料主要是以青石为主，集大气、雄伟、秀美于一体。从规模上来说，于家村的建筑相对偏小，布局不拘一格，往往随着地势的不同而变化。平面构造或直或斜，由路面和山崖的情况而定，极为灵活。由此也展现出了河北移民文化独一无二的建筑特征。[①]

第二节　河北传统建筑文化及其影响

在中华民族的众多发祥地中，河北省也是其中之一。在河北，中华民族的三大始祖黄帝、炎帝和蚩尤从这里由征战走向融合，自此，五千年的中华文明史从这里展开。汉代，河北被正式命为"幽"、"冀"等州。河北素来被称为"燕赵大地"，是因其在春秋战国时期同时属于燕国和赵国。三国群雄也曾在河北大地逐鹿中原。宋辽古战道和开元寺塔，见证了宋朝与北方少数民族的兵戎相见。元朝之后，北京成为了三朝之都，河北亦成为京师的畿辅之地。清代皇帝更是将第二政治中心建造在了河北承德，引领了避暑山庄、外八庙等一系列建筑群在此修建，并在遵化和易县建造了清东陵与清西陵。近现代以来，河北省更是成为全国的工业重心，率先创办近代工业，开滦矿务局和秦皇岛耀华玻璃厂等一大批工业建筑由此而兴建，另外，因其特有的战略地位成为著名的敌后抗日战场和解放战争的指挥中心，一二九师司令部旧址和西柏坡中共中央旧址至今保存完好。

一、史前至春秋战国时期

河北文化源远流长，根据考古资料显示，其源头可追溯到100万年前的旧石器时代。距今1万年前的磁山文化是河北文化萌芽的起点，中间经过兴隆洼文化、北福地文化、红山文化、河北仰韶文化、河北龙山文化等。这一时期，河北先民在物质、制度、精神文化上都有所发展，其中磁山文化和正定南阳庄文化的发展最为宏大，它们向世界展示了农耕文化、蚕桑文化的辉煌历史。

河北省新乐市的伏羲台的建造时期是新石器时代，其历史的悠久，堪称为中华民族的发祥地，有着极深的文化内涵。由于伏羲氏时代为史前时代，没有文字记载，所以有关伏羲的故事都是听当地传说以及伏羲台古碑刻记载：伏羲"生于成纪、长于新乐、葬于淮阳"[②]。由于伏羲台历史悠久，顾其历经风雨沧桑，又经过几百次的各个朝代的重修，时代变迁，伏羲建造时的碑文基本流失，仅仅找到了十几块碑刻。

由于夏、商、周、春秋时期有了青铜器、铁器、牛耕、分封制等，因此对于河北文化形成和发展至关重要。夏、商建国立都等活动都曾在河北。商朝末期的王朝在河北的中南部，当时河北的大部分地区都是商王的离宫别馆，建有粮仓、钱库，有苑台、猎场，城市规模宏大。史载，商代文字、音乐的起源地也在河北。文字和音乐的出现象征着河北的文化已经上升到了一定的高度。周时期，河北省的燕、孤竹、代、鲜虞等国受封。这些封国的无论是发展或是消亡都象征着河北文化的兴衰。

---

① 梁婧，王金玉，谢一戈. 于家村古建筑中的文化价值与开发利用[J]. 河北企业，2014.
　　注：① 于谦（1398年5月~1457年2月），字廷益，号节庵，汉族，杭州府钱塘县（今浙江省杭州市上城区）人，明朝名臣，民族英雄。
② 王晓敏，姜仁峰，张华，安志龙. 新乐市伏羲台文化意义探究[J]. 才智，2013.

战国初年，临淄、邯郸、大梁（开封）、洛阳、咸阳、鄂城、宛（南阳）与寿春，都是当时规模比较宏大的城市。战国时期，北方燕国的都城是蓟，以蓟为中心扩展城池，并在今张家口－赤峰－沈阳一线修建了燕长城，并与当时的少数民族共同开发塞外地区。《史记·匈奴列传》说："燕有贤将秦开为质于胡，胡甚信之，归而击破走东胡，东胡却千余里。"此后，中原地区的经济与文化便传入蒙古。战国时，燕国离战争中心深远，因此经济得以发展，跃居战国七雄之一。燕国通往其他国的道路四通八达，向南为主干道，从蓟城通往中山（河北定县）、邯郸方向；第二为海航线，途径渤海湾通向齐国；第三向北出居庸塞通往今内蒙古；第四途径东北直至朝鲜半岛。燕国如此的规划，为后世塞上的开发奠定了雄厚的基础。

二、秦汉至三国南北朝时期

秦汉时期是中国历史上由奴隶社会到封建社会的重要转折时期。在这个历史发展进程中，河北一直是全国经济文化最为鼎盛的地区之一，因此在全国都有着很重要的地位。在这个充满动荡的时期里，河北省的邺、邯郸、巨鹿、卢奴、真定、元氏、广平、信都、浮阳、沮阳、代、土垠、南皮、清阳等城市，发达昌盛，规模宏大，既是政权中心的所在，也是工商业中心的所在。其中，蓟、浮阳、邯郸和后起的邺城，不仅是河北省的最大城市，而且还发展成为全国性的商业大都会。[1]"人民希，数被寇，大与赵、代俗相类"司马迁在《史记》中的分析说明战国至秦汉，燕、赵之风已相融合，并已形成一个具有自身特点的文化区域。[2]

秦汉时期在建筑文化上最大的成就就是修建长城：秦整修了年久破败的长城，把原有的长城修复并连在一起，再连上赵长城，形成了历史上第一条万里长城。汉朝为加强防御，在秦长城的基础上增设城堡和障塞。河北境内的汉长城分布于怀安、尚义、张北、万全、崇礼、沽源、赤城、丰宁、隆化、滦平等县，其中张家口部分比重最大，总长约230余公里，其次在承德境内总长约20余公里（图1-2-1、图1-2-2）。

从三国到魏晋南北朝时期，由于北方多发生规模大、时间长的战乱，因此经济遭到严重破坏。这样以北方黄河流域为重心平衡状态的经济格局开始改变。东汉末年军阀混战，城市建设也因此停滞，但此时，曹操统一政权后，为了加强统治，建立了都城邺城（今河北临漳县西），并且修建了铜雀、金虎、冰井三台。邺城（图1-2-3）摒弃了汉代长安、洛阳的城市建设所遗留的缺点：都城宫殿、民居杂处和城市功能弱小，明确了城市结构：中轴对称，将宫殿区集中放置于城市中心，周围围以居民区，城市规划十分规整统一，开创了都城建设的棋盘格局。曹魏邺城对北魏前期都城平城和后期的洛阳都、东魏的邺南城等有较大影响，可谓"前承秦汉，后启隋唐"。

三、隋唐时期

隋唐时期，河北省北面与契丹、匈奴等相邻，不但是中原地区和边境民族之间友好往来的重要枢纽，也是隋唐统治边境地区的战略要地。南面与洛阳相接，而洛阳是隋唐至关重要的政治文化中心，这就决定了河北省对于整个隋唐的重要意义。为了更有效地抵抗突厥民族的进犯，隋朝多次征发大量民工整修长城。隋朝的权力重心位于北方，所以该地区的经济发展十分迅速。军队的粮食供给数量极为庞大，基本上都是直接由江淮地区来负责供给。但在运输的过程中，陆路所能运输的数量有限，行进速度相对缓慢，费用却较多，远远达不到北方军队作战的需求。在这一背景下，急需修建运河，大力开展水路运输，以此来弥补陆路运输的不足。

---

① 吕苏生. 论秦汉时期河北的历史地位[J]. 河北学刊，1996.
② 罗哲文. 长城[M]. 北京：旅游出版社，1988.

图1-2-1 张家口境内秦汉长城走向分布图（来源：河北省地方志编纂委员会《河北省志·第81卷·长城志》）

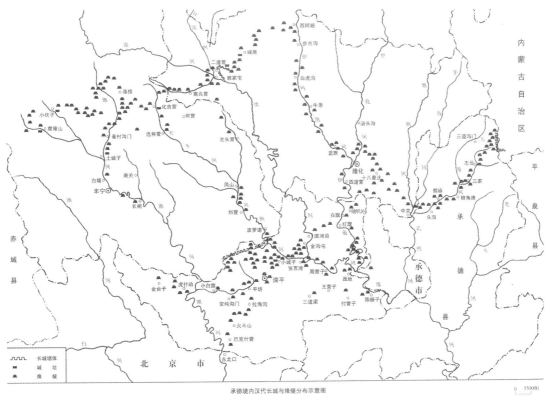

图1-2-2 承德境内汉代长城与烽燧分布示意图（来源：河北省地方志编纂委员会《河北省志·第81卷·长城志》）

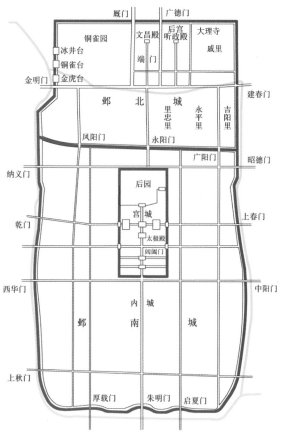

图1-2-3　邺城遗址平面图（来源：何利群《邺城佛教考古新发现》）

图1-2-4　赵州桥（来源：解丹 摄）

随着隋唐经济实力的快速上升，社会文化也得以快速发展。在这一基础上，夜市与草市应运而生，建筑行业随之兴盛起来。伊斯兰教在这一时期传入中国。佛教得到了很大发展，修建了越来越多的寺庙。很多贵族官僚借助寺庙的名义寄托庄园，以此来达到逃避国税的目的。随着历史的更迭交替，很多寺庙建筑都保存完好，比如正定县隆兴寺的古建筑群以及始建于唐天宝年间的毗卢寺等。后来，手工业的兴起使得建筑行业的发展更加兴盛，各种技术层出不穷，其中，木架构的出现很好地发挥了材料自身的优势，使得建筑在修建的过程中展现出良好的稳定性。唐初年间，木架构设计的应用已经趋于成熟，而石材料的运用则为建筑行业水平的提升奠定了坚实的基础。赵州桥（图1-2-4）不仅设计独

特，并且具备出色的建造技术，有许多创造性的应用，它体现出隋唐时期河北省的劳动人民已经具备颇高的设计与施工技艺。

四、宋辽金时期

北宋时期，幽云十六州失守。北宋与辽朝以拒马河为界，宋朝失去了北方长城防线的天险。多年的战乱使河北省成为了宋辽两国的边境地带。河北平原地势平缓，且极为辽阔，使得北宋难以抵抗大辽骑兵入境，从而产生了极大的安全隐患。因此，北宋始终将加强边防建设来作为国家发展的重中之重。纵观我国历代王朝抵御边境进犯的手段，大多数都以设置关卡，据险把守等防御措施为主。由于当时幽云十六州已被敌军占领，北宋王朝只能转攻为守，处处设险。为了保障河北省的安全与稳定，宋朝采取了大兴塘泊、限隔辽骑等一系列战略措施。与此同时，还加强了城镇寨铺等地方的建设。其中以堡寨六十余座最为出名。[①]这一切都使得河北省展现出极为显著的军事气息。

由于长期处于战乱时期，宋代在守卫边境安全的过程

① 李华瑞. 宋夏关系史[M]. 石家庄：河北人民出版社，1998.

图1-2-5 定州开元寺塔（来源：王连昌 摄）

中，经过不断的实践而研究出了守城术，立足于传统的城镇建制的基础之上，对其进行补充和完善，并由此创建了一套独特的守城设施，为后人称道，比如，为了抵抗辽军的进攻而在战略要地河北雄州修建瓮城，用以遮蔽城门，增强城池的防御功能；又如在今廊坊霸州城内修筑护城井，在加强了冬季防范辽军攻城的同时为城内百姓提供了水源；再如在作为前沿的定州修建料敌塔，用以侦察敌情，又名开元寺塔（图1-2-5）。

五、元明清时期

随着元、明、清的到来，国家的政治文化中心逐渐北移。1307年，元武宗海山在今张家口张北县以北15公里处

图1-2-6 蔚县古城玉皇阁（来源：解丹 摄）

建起了元中都。元中都的建立将中原王朝的北界变成了元朝的政治、经济、文化和民族融合的中心。这是一次历史性的飞跃，它标志着中原王朝修建的长城，第一次丧失了存在的意义，使草原文明与农业文明更加紧密地联系在一起。

明初，统治阶级为了巩固政权，稳定社会秩序，大力投入生产、恢复经济发展。这时官营手工业，如采铁、铸铜、军器火药以及土木建筑都达到了前所未有的水平。同时，为了防御北方边患，开始对百年以前遗留的长城进行补修、新修长城，长城的修筑达到中国历史上的一个高峰。与长城一同大规模修筑的还有村堡群落。这些古老村堡，大部分是明、清所建。这些古堡主要有军事和居住功能。从河北到宁夏再到甘肃，这些古老的村堡是万里长城的一部分，具有与长城相同的地位和作用（图1-2-6）。

从城市功能的角度来看，中国的城市功能以政治和军事为主。城市的军事职能主要体现在边关要塞的一些府，如承德府和宣化府。由于封建小农经济的影响，城市的经济作用并不明显。明清时期，建筑群利用庭院的横纵扩展，建筑工匠的空间尺度感相当敏感，通过不同空间的变化突出主体建筑。此时，官方建筑完全标准化。由于制度的改进，这期间房屋建造的数量迅速增加。不同地区建筑的发展，使区域特色开始显现。在园林艺术领域，清代园林有很高的成就，如承德的避暑山庄。

六、近代时期

在近代以前，中国封建社会中的城市受传统自给自足经济的影响。清代中前期，河北城市除了以政治、经济、文化、军事防御为主要功能外，还带有浓厚的封建色彩。1840年鸦片战争之后，中国内外交困，河北省的一些主要城市受到了不同程度的灾难，成为各种不同政治军事力量角逐的主要战场。同时，西方文明也洒向了这片古老的土地，在一定程度上促进了河北近代化的发展，例如开滦煤矿早期的开发使得百年的铁路运输线路逐渐完善，为河北的物资运输提供了便利，另外，袁世凯为了自身的统治在河北省设立一系列的工厂，使得河北的工业化和城市化加快[①]。这一时期为河北后来的发展奠定了基础。

到了近代，河北省发展有了新的特点，河北省的城市功能发生了明显的变化。首先，铁路的建设使得一些城市随着铁路的发展应运而生。这些城市作为区域枢纽中心发展成为新兴城市，例如，坐落在京汉、正太两条铁路交汇的石家庄（图1-2-7）。其次，国内外的工业发展需要大量的矿产资源来支撑，其中煤炭资源成为经济发展的生命线，河北的一些地区由于具有丰富的矿产资源而迅速发展。随着资源的开发利用，唐山逐渐发展成为新的工业城市。最后，通过与蒙古、俄罗斯之间的贸易发展，使得张家口也从军事城市发展成为河北北部重要的贸易城市。[②]

除工业文明外，河北省因其特殊的地理位置和复杂的地形，发展成为近代红色革命的集结地。在抗日战争的历史上，河北是除东三省外，遭受日军侵略时间最长，也是中日两军对峙的主要地区。解放战争时期，党中央移驻西柏坡（图1-2-8），河北省成为中国共产党的指挥中心，在这里指挥了震惊中外的三大战役，1949年，七届二中全会在这里举行，红色建筑已成为遍布全省的一种独特传统建筑类

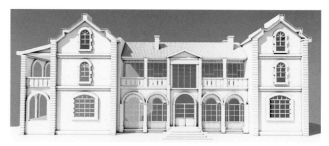

图1-2-7　正太铁路旁的正太饭店（来源：刘星 绘）

图1-2-8　西柏坡中共中央旧址（来源：郭文乾 摄）

型，在存有一般传统民居或公共建筑特征的同时，亦有自己的特点。[③]

第三节　不同地域影响下的文化类型

一、峰峦雄伟的燕山山脉文化区

燕山山脉是中国北部著名的山脉之一，在地理范围上，燕山山脉地区涵括坝上高原以南、河北平原以北、白河谷地以东和山海关以西的山地[④]；在行政区域上，燕山山脉地区包

① 王雨萌. 河北省工业遗产调查与价值评估[D]. 河北工程大学，2018.
② 黄红海. 近代河北城市功能变迁研究[D]. 中原工学院，2012.
③ 郭文静. 西柏坡建筑环境的意象特征分析[D]. 河北大学，2012.
④ 赵良平. 燕山山地森林植被恢复与重建理论和技术研究[D]. 南京林业大学，2007.

图1-3-1 河北地区文化分区（来源：王连昌 绘，底图参考：《河北省地图集》，星球地图出版社）

燕山山脉文化带
塞北文化圈
太行山脉文化带
河北平原文化圈
运河文化带

注：此次分区按照河北境内地形地貌单元分布情况进行分区；运河文化带按照南运河和会通河在河北境内的分布，进行一定距离辐射，产生运河文化带的范围。

括京冀两地的北部山区，在河北境内包括秦皇岛市青龙县，承德市鹰手营子矿区、兴隆和宽城全境以及丰宁、滦平、承德、平泉四县的南部，唐山市遵化东北部和迁西北部，张家口市赤城东南部等地区[1]。因特殊的地理位置和环境，在燕山山脉文化区中军事文化和皇家文化为其主要文化（图1-3-1）。

燕山山脉起源于一亿三四千万年前，在六千五百年前左右形成今天的形态，在地史上主要属于白垩纪初时期，因以自己名称命名的中生代"燕山运动"而声名大噪，东西长约500公里，南北宽约150公里。燕山山脉地处内蒙古高原与东北、华北平原的过渡地带，连接我国北部、东北部地区与中原地区。自古以来燕山山脉地区就是南北军事、官驿和民用交通要道，因此在很长时期内该区域就是宗教文化、游牧文化和中原农耕文化的交融和碰撞的热点区域，从而遗留下了众多的文化古迹，如唐尧文化园、吉家庄新时期遗址等[2]。从地理空间的军事意义来看，燕山山脉地区具有交通孔道和战略屏障的军事条件，为华北平原北部的一道天然屏障，为我国北部、东北部地区少数民族进攻华北平原的必经之路，在我国古代军事行动中占有十分重要地位。一方面，在战略进攻方面，燕山山脉地区沟通华北与蒙古高原、华北与东北平原的交通孔道成为军事路线；另一方面，在战略防御方面，燕山山脉的天然屏障成为华北平原地区借以阻挡北方游牧民族南下进攻的有利防御条件。由于其独特的地理位置，在古往今来的战争中，燕山山脉地区常常是兵家的必争之地，因此，在该区域内遗留了大量军事文化的人文和自然资源，著名的万里长城及其周围的军堡等防御型聚落为其杰出代表。

在燕山山脉地区，皇家文化为其另一种主要文化特征。在我国古代，由于受风水观念的影响，历朝历代的帝王统治者们选择将行宫或陵墓等修建在该地区，承德的避暑山庄和遵化的清东陵为其典型代表。清康熙四十二年（1703），康熙皇帝下旨在承德修建避暑山庄。据史料记载，选址承德地区有以下五条原因：第一，地理形胜：承德位于燕山山脉东部，周围山峦起伏，山势多为西北东南走向，按风水学"寻龙望势"之说，此地为龙脉；第二，气候适宜：满人入关后，对北京地区的盛夏酷暑自然环境十分不适，各种疾病频发，康熙皇帝就几乎命丧天花，而承德地区地势极高，风清气爽，四季分明，是一个难得的避暑胜地，极其适宜帝王养心、养性、养身，淡泊颐神，避喧理政；第三，位置重要、交通便捷：避暑山庄建成以后，热河成为大清沟通东北与内外蒙古以及用兵中俄边境的重要地区，其接连西北蒙古及回族各部，向南控制中原的政治策源地；第四，民族之需：承德为满、蒙古、回、维吾尔、藏族等少数民族聚拢之地，皇

① 杨艳玮. 燕山山脉[M]. 北京：世界图书出版公司，2014.
② 任辉滨. 燕山—太行山片区旅游开发研究[D]. 河北农业大学，2014.

帝在此避暑理政，十分便于少数民族王公首领入宫朝觐；第五，军政形势：康熙初年，北方叛乱战事不断，为抵御侵略和推行"绥怀蒙古，以构筑塞上藩屏"的政策，在承德地区修建避暑山庄有利于边疆各民族上层人物朝见清帝，实现清帝"察民瘼，备边防，合内外之心，成巩固之业"的雄图大略。[①]因此上百年来，燕山山脉地区深受皇家文化的辐射，结合其独有的自然风光，形成了独特的皇家文化，拥有众多的皇家文化古迹，堪称中国之最。

二、豪迈奔放的塞北文化区

塞北地区在传统意义上为长城以北的地区，在古代，以长城为界，长城以北的地区即为边塞以外，故称塞北。在清朝时期，塞北地区约为漠南蒙古、漠北蒙古、漠西蒙古等等地区；在民国之后，塞北地区约为热河、察哈尔、绥远、宁夏和蒙古五个省区。如今，在河北地区境内，塞北地区位于河北省的西北部地区，是北京、河北、山西、内蒙古交界处。在地理范围上，塞北地区包含张家口坝上、坝下地区和承德坝上地区；在行政区域上，塞北地区包含张家口全境和承德丰宁、围场两县北部地区。在塞北文化区中，游牧文化和军事文化为其主要文化。在河北境内，塞北地区北部属坝上高原、中南部为冀西北山间盆地、冀西山地等地貌区，呈东北至西南向狭长地带，地貌特征以丘陵为主，疏缓低矮，谷地宽阔，岗洼起伏，湖泊滩地点缀其间，"远看是山、近看是川"[②]，十分适合于游牧民族的发展，因此自古以来塞北地区游牧业较为发达，游牧文化也十分深厚。历史上，塞北地区是中原王朝与北部蒙古民族及西北少数民族的连接地区，因此各朝各代均将此地视为军事重地。在塞北地区，拥有燕长城、秦长城、北魏长城、北齐长城、隋长城、明长城等不同时代的长城。秦汉之际，坝上地区成为匈奴的政治、经济、文化中心，至西汉初期的六七十年间，匈奴势力发展到最为强大。直到汉武帝继位，才将匈奴赶至大漠以北。随后曾有鲜卑、敕勒、突厥、契丹、蒙古等各族人民在这块土地上繁衍生息。在七百多年以前，成吉思汗在这里指挥了金元大战，元大德十一年（1307），元武宗建行宫于旺兀察都（白城子）之地，立宫阙为中都，都城与宫阙仿大都（北京）而建，与大都、上都、和林并称为元代四大都城，因此塞北地区成为其周围地区的军事政治中心[③]。元明交替时期，此地再次成为主要战场之一，在明朝时期，为防止元蒙势力反扑，明朝在此地区设立宣府镇，为九边重镇之一，并且为距离都城北京最近的重镇，在塞北地区建立完整的军事防御体系以守卫都城的安全，各等级的军堡因此而兴建。各朝代与民族的更迭，致使塞北地区长期处于军事交战区内，创造了历史悠久的军事文化。

三、雄奇峻辽的太行山山脉文化区

太行山山脉为中国东部地区地理分界线，穿纵于京冀晋豫之间，面积约100平方公里。[④]在河北境内，太行山山脉地区位于河北省西部，由北向南延伸，北以骡切崖山、小五台山、灵山一线与冀西北间山盆地区相接，南以漳河与河南省相隔，西与山西省为邻，东以海拔100米等高线与河北平原为界。在行政区域上，河北境内太行山山脉呈狭条状穿过邯郸、邢台、石家庄、保定和张家口五个地区，共有25个县市区。[⑤]在太行山山脉文化区中，军事文化、商贾文化和红色文化为其主要文化。在河北境内，太行山山脉地区拥有丰富的历史文化特点，在这里，地貌齐全、物产丰富，文明久远、遗址众多。《读史方舆纪要》中记载："太行八陉，其第五陉曰土门关。今山势自西南而东北，层峦叠岭，参差环列，方数百里。至井陉县东北五十里曰陉山，其山四面高平，中

---

① 陈建强. 康熙为何会选在承德建避暑山庄[N]. 承德日报，2014.
② 马誉辉. 河北省省情读本[M]. 石家庄：河北人民出版社，2013.
③ 林干. 塞北文化[M]. 呼和浩特：内蒙古教育出版社，2006.
④ 闫冠华. 太行山脉对华北暴雨影响的研究[D]. 南京信息工程大学，2013.
⑤ 刘育明. 山区生态环境演化及其驱动力研究[D]. 河北师范大学，2008.

下如井，故曰：井陉。"①此陉位于太行山山脉中部地区，连接晋冀两地，地远山险，在此地域周围一旦有战争爆发，军方视此为咽喉要道，因此井陉逐渐演变为兵家的必争之地。据相关史料记载，在此陉发生的战争多达17次，其中最著名的是汉将韩信指挥的"背水之战"等。②至今屹立在太行山脊的关口和边墙是太行山区军事文化的历史见证物，韩信张耳在临城内丘两地交界处的演武川、张耳沟和校场一带最终击败赵王陈余、张角竖旗凌霄山、黑山军占据青山、李世民大战窦建德、黄巢血战路罗川、柴荣征战柴关、牛皋天梯山抗金、李自成册井大战明军等等历史事件，都是邢台中太行丰富军事文化的生动体现。③

河北境内的太行山区位于河北与山西、河南两省的交界处中，山岭连绵，古时在该地区依太行八陉形成了几条主要商路，商贾往来，古道犹存。西汉司马迁撰《史记·货殖列传》，将西汉版图划分为山东、山西、江南、龙门碣石北4个经济区域。比较有意思的是龙门—碣石线自东北—西南斜切今日的山西全省，山西省西北部在司马迁看来是"多马、牛、羊、旃裘、筋角"的半农半牧区，另外一半"山西"有丰富的材、竹、谷、纑、旄、玉石等，属于内陆农耕重心区。而太行山区以东的"山东"多"鱼、盐、漆、丝、声色"，属于滨海农耕重心区。太行山脉实际上直接连接了"山东"与"山西"、"龙门碣石北"，间接连接了"江南"。不同文化板块里的物产得以通过"太行八陉"交易。④

近代以来，随着国情的变化，太行山区演变成为我国著名的红色革命根据地，为河北地区红色文化的标志性符号之一。在1937年11月，聂荣臻率领第一一五师一部挺进阜平地区，创建了敌后第一个抗日根据地——晋察冀抗日根据地；1940年刘邓率一二九师挺进太行山区，在今邯郸市涉县地区创建晋冀鲁豫抗日根据地；1948年，毛泽东等中央领导机关从陕北来到石家庄市平山县西柏坡，从此西柏坡便成为这一时期中国革命的领导中心，中共中央领导在此指挥了震惊世界的"三大战役"，西柏坡成为全国五大革命圣地之一，原中共中央对外宣传办公室主任朱穆之同志称其为"中国命运定于此村"。在国家和民族危亡的历史关头，太行山区儿女展现出了不怕牺牲、艰苦奋斗、无私奉献的太行精神，为我们留下了弥足珍贵的红色革命文化精神财富。⑤

四、物阜民安的河北平原文化区

河北平原为华北平原的一部分，其西、北两侧被太行山山脉和燕山山脉所环绕、东环渤海、内绕京津，并被京津分割为三个独立的区域即冀东平原区、北三县平原区和冀中南平原区。河北平原地区包括石家庄、唐山、秦皇岛、廊坊、保定、沧州、衡水、邢台、邯郸九市119县，面积80152平方公里，占河北省总面积的43%。⑥在河北平原文化区中，平坦的土地和丰富的水资源使其自古以来便是全国著名的农田区之一，农耕为其主要的生活物资来源，因此在该地区农耕产品为其主要文化。

河北平原分为山前冲积洪积平原、中部冲积平原和滨海冲积海积平原三部分。山前冲积洪积平原沿太行山东麓、燕山南麓大体成带状分布，是由各河流的冲积洪积扇组合而成，其中滹沱河冲积扇延伸50～55公里，是最大的冲积扇。这一带山前平原，地下水丰富，排水良好，自古以来就是重要的农业区。中部冲积平原主要由海河、滦河及古黄河水系冲积而成，地势较低，海拔多在50米以下，中部冲积平原的北部自西北向东南倾斜，南部自西南向东北倾斜，至天津地区地势最低，海拔仅3米左右。滨海冲积海积平原大体分布于今京沪线以东，沿渤海湾西岸呈半环状分布，由河流三角

① [清]顾祖禹. 读史方舆纪要·正文·卷十·北直一[M]. 北京：中华书局，2009.
② 张祖群. "太行八陉"线路文化遗产特质分析[J]. 学园，2012.
③ 李振旭. 邢台中太行自然历史文化特征及发展太行山区旅游的措施建议[N]. 邢台日报，2017.
④ 张祖群. "太行八陉"线路文化遗产特质分析[J]. 学园，2012.
⑤ 马誉辉. 河北省省情读本[M]. 石家庄：河北人民出版社，2013.
⑥ 谷海峰. 河北平原区地貌地球化学特征研究[D]. 石家庄经济学院，2011.

洲、滨海洼地、滨海沙堤组合而成。[①]

在新石器时期，河北平原地区就有了农业加工痕迹的出现；到磁山文化时期，农业产品已成为当时居民重要的生活物资来源；到唐代中期，河北平原地区的农业发展程度及居住人口已达到鼎盛。在历史上，河北平原地区曾是中国农业最发达的地区之一，直到今天，河北平原地区仍保持着传统的农耕种植业，为华夏主要的粮棉种植地。如今，河北平原地区的农村仍是以"村社"为基本结构形态，农耕文化仍是农村社会的主要文化形态和主要精神资源，农事制度、节事习俗、农事活动、民间艺术和农事传说故事所蕴含的文化精神等无形要素仍在农村中有着重要的影响[②]。另外，河北平原地区独特的地理环境因素及历史环境因素，构成河北人特有的意识形态和生存条件，成为人们精神的一种天然营养，孕育衍生了众多慷慨悲歌之士。平原的广袤伟岸练就了河北人民勤劳善良、率真忠厚、包容坚韧的品格；苍茫雄浑、慷慨重义融入血液，成就了河北人民特有的精神风貌。自然的生态与风土人情融合形成了浓郁深沉的河北平原文化。[③]

五、欣欣向荣的运河文化区

河北运河地区地处华北平原，地势平坦，背靠燕山山脉，由隋唐大运河卫河段和京杭大运河南运河段两部分组成，北起廊坊市香河县与北京交汇处——杨洼闸，由零点界碑处流进河北，经天津境内，依隋代永济渠向南行至邢台市临西县教场村，并在此与鲁运河交汇；隋唐大运河卫河段则向西南流进邯郸地区。河北地区运河总长近600公里，沟通海河和黄河两大水系，贯穿河北省香河、青县、沧县、南皮、泊头、东光、吴桥、阜城、景县、故城、清河、临西、大名、魏县和馆陶等十五个县市和沧州市区。在运河文化区中，商贾文化和运河文化为其主要文化。

河北运河文化的历史肇始于东汉末年，"遏淇水入白沟，以通粮道"，从公元204年起，曹操为了军事需要而开凿、疏通了境内一些运河，成为我国古代早期运河的肇始之一，迄今已有1800余年的历史。隋朝时期，隋炀帝开通的永济渠利用了曹操开通的白沟以及汉代的屯氏古道，构成今河北运河的雏形。北宋时期，永济渠在名称、源头和河道水文地理条件诸方面，都发生变化，总称为御河，并且同时设立主管御河水运的官员，欧阳修就曾经担任过河北转运使。元明清时期，大部分税粮都来自江南地区，北方的京城等地则要依靠江南的粮食和物资，出现严重的"南粮北运"现象，政府调整了大运河的线路，但在河北地区基本沿袭了隋朝故道，没有大的改变。[④]

人类逐水而居，城市因河而兴。河北运河地区是大运河文化带上充满传奇历史的地段，这里有曹操的政治发祥地邺城，有北宋的北京大名府，有"实事求是"的发祥地献县，有《毛诗》发祥地河间，有中国杂技之乡吴桥、武术之乡沧州，有河北人主持开凿的千年不涸的通惠河，还有马克思笔下万里茶路经过的白河之城香河。在元明清时期，随着"南粮北运"现象的加重，南北地区的交流得到加强。尤其是在明朝中后期，随着国内市场的日益扩大、商品运销量的不断增大和商品经济的迅速发展，运河沿岸城市商品集散地和商人辐辏地的地位日益突出。[⑤]随着大运河两岸的南北交流逐渐加强，在河北运河地区及其他省份运河两岸均出现新的商业发展及交流模式，全国南北两地的商业因大运河而被连接在一起，形成了有别于其他地区的商贾文化和运河文化。在河北运河地区，分布着许多与商贾文化和运河文化相关的历史文化遗产，这些历史文化遗产或多或少都与大运河的开发和使用有着不可分割的联系，见证着运河及其两侧沿岸地区的文明发展。在运河流经的区域还形成和保留着丰富的非物质文化遗产，这些非物质文化遗产随运河而兴起，顺运河而传

① 夏自正，刘福元. 中华地域文化大戏——燕赵文化[M]. 石家庄：河北教育出版社，2010.
② 裴爱香. 基于研学游的农耕文化项目开发路径研究[J]. 旅游纵览（下半月），2018.
③ 黄建生. 构建河北文艺的平原审美意蕴[N]. 河北日报，2014.
④ 柴凌燕. 运河资源非优区的旅游开发路径研究[D]. 扬州大学，2011.
⑤ 赵维平. "三言二拍"运河商贾文化探析[J]. 淮阴师范学院学报（哲学社会科学版），2006.

播发展，运河俨然成为文化的传播渠道。[1]当今，党中央提出加强"大运河文化带"建设，是实现大运河文化复兴的国家战略，也是中国东部平原文化复兴的伟大战略。

第四节 不同传统建筑文化的成因特点分析

一、皇家文化影响下的建筑形态

中国有着绵延千年之久的封建帝王统治阶段，在这千余年的历史进程中，形成了中国传统文化中最具代表性的皇家文化。[2]在河北地区，自古以来深受皇家文化的影响，最早可追溯到秦始皇时期在秦皇岛地区的求仙入海，元明清以来，因其环京师的地理位置，河北成为受皇家文化影响最深的地区，承德避暑山庄及外八庙、遵化清东陵和易县清西陵为主要代表，建筑形态有着庄严、高贵、宏大等特点。

承德作为我国首批历史文化名城，由于得天独厚的地理和气候条件，是清朝时期的第二政治中心，留下了许多以满族宫廷文化为特色的皇家文化，是河北皇家文化的最主要代表。承德避暑山庄（如图1-4-1）依据当地自然山水的高低曲折的特点，继承和发扬了中国古典园林的造园理念，融南北建筑艺术之精华，将建筑形式、体量、空间、色调等与自然环境相和谐统一，巧妙地实现了自然景观与人文景观的有效结合。承德避暑山庄及周围寺庙，是中国现存最大的古代帝王苑囿和皇家寺庙群（如图1-4-2），原有建筑包括4组宫殿、18座寺庙、50组庭院、84座亭子、9座宫门、21座御碑和2座桥闸，建筑总面积约10万平方米。在这里，汇集了中国古建营造之大成，其造园与建筑艺术无与伦比。中国屋顶式样中的庑殿、九脊（清代歇山）、悬山、硬山、攒尖顶各式兼备，精品层出。根据不同的功能用途和内容要

图1-4-1 承德避暑山庄（来源：刘雨青 摄）

图1-4-2 外八庙（来源：任洪文 摄）

求，创造了许多建筑类型：宫、殿、厅、堂、馆、轩、斋、室、亭、台、楼、阁、廊、桥、舫等，还有精美的装饰型建筑：门楼、牌壁和碑刻等。全部建筑分九级安排，布局严整对称，古朴典雅，形成庄严、幽静的气氛。宫殿区北面的苑林区内安排湖景区、平原景区和山景区，建筑形式灵活多变，小巧玲珑，形成各种不同特色。宫苑相互呼应，在空间上连成一体，在景观上融为一体，呈现和谐统一的

① 柴凌燕. 运河资源非优区的旅游开发路径研究[D]. 扬州大学，2011.
② 胡天齐. 整合营销传播视域下避暑山庄皇家文化形象构建策略研究[D]. 河北大学，2018.

艺术效果。[1]

陵寝建筑为皇家文化在河北地区的另一重要体现。陵寝类建筑作为中国古代封建社会专制制度的产物，得到历代帝王对陵寝建筑营建的重视，逐渐形成了中华民族一道独特的文化景观。清东陵位于遵化市西北约30公里的昌瑞山南麓，是清朝营建的大型帝王陵寝，也是我国现存体系最完整、规模最宏大、布局最得体的帝王陵墓建筑群。清东陵共建有15座陵寝，现存各类古建筑物508座，在陵寝风水、陵寝工官制度、陵寝布局规制及陵寝祭典等方面均体现出独特的皇家文化内涵。清东陵在陵寝布局上效法明陵，以儒家倡导的"居中为尊，长幼有序"为法绳。除昭西陵建在大红门外单成体系外，清东陵的其他14座陵寝，均以昌瑞山为后靠，坐北朝南而建。入关第一帝顺治的孝陵居中，居至尊之位，孝陵左、右两边恰好各为6座陵寝，呈扇形东西排列开来。同时，在建筑格局上，帝后妃陵寝的建筑尊卑有别。恢宏、壮观、精美的清东陵建筑群是我国古代封建皇家陵寝类建筑的集大成者，在历史、艺术、社会和科学价值等方面均具有重要的价值，是华夏民族重要的文化遗产。[2]

二、军事文化影响下的建筑形态

自元朝以来，河北因其独特的环京师地理位置，在地域上构成了拱卫京师的核心圈，成为了直接隶属于朝廷的畿辅重地。历朝历代为守卫京师安全，防止外敌来袭，在河北地区布置重兵。[3]尤其是明代，为了加强北方防御，明政府开始大规模重修长城（图1-4-3），沿线设"九边重镇"以及卫、所、营、寨等防御单位，并且推行募民屯田、且战且守、以军隶卫和以屯养兵的政策，从而出现大量按照一定的防御体系及兵制的要求分布的城堡。而在河北地区，现存的堡寨主要以军堡和村堡为主。[4]军堡和村堡的设立将长城本体和军事聚落建立成

图1-4-3　河北地区明长城分布示意图（来源：王连昌 绘）

完整的军事防御体系，形成了独特的军事文化。

在建筑形态方面，河北从宏观、中观和微观三个层面均表现出军事文化影响下传统堡寨和传统建筑的整体性与防御性。

宏观层面，河北大部分地区在明代时期属于宣府镇境内。明孙世芳在《宣府镇志》中记载宣府镇辖区为"东至京师顺天府界，西至山西大同府界，南至直隶易州界，北至沙沟，广四百九十里，轮六百六十里。"[5]宣府镇的兴建经历了近230年，大体可分为三个高峰期：首先是明洪武年间（1368~1398年）以建立卫城为主的兴建高峰；其次是明

① 周江波，李磊. 承德避暑山庄及周围寺庙的建筑（园林）特色与历史作用[J]. 河北旅游职业学院学报，2013.
② 王兆华. 从清东陵看陵寝制度的文化内涵[N]. 中国文物报，2012.
③ 戴长江，孙继民，李社军. 论河北历史文化的阶段和地位[J]. 河北学刊，2011.
④ 谭立峰. 明代河北军事堡寨体系探微[J]. 天津大学学报（社会科学版），2010.
⑤ [明]孙世芳，乐尚约. 宣府镇志[M]. 台北：成文出版社（影印），1970.

宣德年间（1426～1435年），形成卫城、所城、堡城同时兴建的高峰；最后是明嘉靖年间（1522～1566年），随着宣府镇长城的形成，在一些虚弱之处陆续又增筑了16个堡城，戍守任务也更加具体。军事聚落的设置及其选址受到诸多因素的影响，作为我国历朝历代国防的主要手段之一，它呈现出与普通堡寨聚落不同的分布规律：重点设防，集中与分散布置相结合；据险设堡、保证水源、控制要害；拱卫京师，层层设防。

中观层面由河北地区不同等级的军事聚落组成，军事聚落的规模与之所处的军事等级密切相关，等级愈高，军堡的人口与规模也就越大。宣府镇镇城设在今宣化，其下有路城7个，卫城9个，守御千户所城5个，堡51个。这些军事聚落有三个形态特点：严格的等级划分；因地制宜的平面布局；防御与耕种双重功能的屯堡。这些卫、所、堡是宣府镇陆路屯兵系统最主要的防御力量，它们反映了当时城建的规模和建筑水平。[1]

微观层面为河北各地区的单体防御性建筑，这是防御性聚落的重要组成部分，也是最基本的防御层次。从军事防御角度出发修建的传统建筑有望楼、门楼、望孔、炮台、角楼等部分。有着"瞭敌塔"之称的河北省定州市开元寺塔是世界上现存最高的砖木结构古塔之一，有"中华第一塔"之称。开元寺塔总高84米，是高十一级八角形的楼阁式砖塔，各层涂有乳白色，塔门彩绘火焰门。外形逐层递减，轮廓线比例匀称。塔的三层以下，东南西北四面各辟真门，其余的四面设有浮雕假窗。在塔的最上两层，为了起到军事瞭望作用，八面都开有真门，用来瞭望敌情，以防止契丹突袭。[2]

三、农耕文化影响下的建筑形态

农耕文化是河北地区的典型文化，广泛存在于河北平原

地区，在古代为社会的稳定发展起到了重要的历史作用。从生产方式上看，河北地区的农业耕作方式是古代中国社会经济的基础，农业耕作的生产方式决定了社会及广大农民生活的稳定性和规律性。[3]农耕文化区的传统建筑，特别是传统民居始终以人体尺度为出发点，庞大的建筑是通过小尺度单位的院落，不断有规律地衍生而产生的。不论建筑群有多么庞大，人在其中活动，所感受到的永远是与人相亲和的尺度。[4]

河北农耕文化地区的传统建筑以合院式建筑体系为主，其平面是由正房、倒座、东西厢房围绕而成的院落。院落大都南北向布置，正房坐北朝南，为主要居住用房，有的地区在正房中间设置通往房后的小门，方便进出。北方气候寒冷干燥，因此建筑直接建在地面上，或者半地下。四面都有围挡，可以抵抗冬季的寒风；冬天太阳还可以照进室内，形成一个温暖的小环境。河北南部地区以平屋顶为主，北部以坡屋顶为主。河北地区民居的结构体系随着时代的更替不断发展和演变。传统的河北地区合院式民居，以生土木构房屋为主。结构方式多为抬梁式木结构，北方民居接近标准的官式做法，南方屋架多斜撑，整体性好。传统住宅墙体多由土坯垒成，平均厚度达490毫米。土坯墙有很强的蓄热能力，能较好地适应冬季寒冷的气候和早晚温差变化对室内热环境的影响。在生活设施和节能技术上，许多传统的优秀经验沿用至今，如火炕、化粪池、水窖等。这里的传统建筑多就地取材，采用当地的黏土与秸秆混合之后形成土坯砖，秸秆的使用提高了墙体的韧性。[5]

河北农耕文化地区的传统建筑主题十分简洁朴素，墙面为青砖砌筑，白灰勾缝，气势浑厚庄严而又不缺乏细节雕饰，其装饰反映了清末农耕文化区域居民崇尚的社会文化倾向。河北人民的社会性格是纯朴、务实。因此反映在建筑装饰上也是色彩清淡，大多为单一的青黑色，雕刻精美、图案素材多样，其雕刻的图案纹样是十分具有地方特

① 谭立峰. 明代河北军事堡寨体系探微[J]. 天津大学学报（社会科学版），2010.
② 朱希元. 北宋"料敌"用的定县开元寺塔[J]. 文物，1984.
③ 程海礁，梁占方. 燕赵优秀传统文化资源与"河北精神"培育问题研究[J]. 廊坊师范学院学报（社会科学版），2014.
④ 龚维政. 从农业文明特征看中国传统建筑的设计意念[J]. 江苏工业学院学报（社会科学版），2006.
⑤ 李世芬，张小岗，宋盟官. 华北平原民居适宜性建造策略与方法探讨[J]. 华中建筑，2008.

色并值得继承的。[①]

四、游牧文化影响下的建筑形态

汉朝乌孙公主在《悲秋歌》中以"穹庐为室兮毡为墙，以肉为食兮酪为浆"描述游牧民族，体现了草原游牧文化有着兼容、多变、简朴、动态的特征。河北坝上地区通过与具有不同特征的中原农耕文化与草原游牧文化互相影响、互相渗透，形成了自己的独特的游牧文化。

在游牧文化影响下的草原建筑形态的发展轨迹经历了从简单到复杂，从欠缺到完备的过程。从草原建筑的发展历史来看，其起源于青铜时代，形成于七、八世纪，于元代时期达到顶峰，元代以后，游牧民族广为吸收中原汉族文化，在建筑文化上吸收汉式建筑的营养，蒙古包的构造、结构又有明显改进。明、清阶段，游牧地区出现了汉式固定建筑，并与蒙古包并存，形成了两种建筑有机结合的建筑特色。近代以来坝上地区，尤其是农业区蒙古族人与当地汉、回等兄弟民族杂居，早就形成了社会文化的融合，改变了他们原有的生产、生活习俗。

草原民族一直过着居无定所的生活。早期的草原建筑以逐水草而居可移动的建筑为主，其自身所存在的可变动性、可拆卸性，以及建筑以流线形态逐步适应了多变的游牧生活。草原建筑上装饰的设计多源于对自然的崇拜、对先民的敬仰、对宗教的信仰。其建筑设计结构和造型相一致，给人留下纯白清爽的直观印象。塞北建筑设计风格主要是由于受到地域性元素、民族性元素等本土性元素的影响。它主要是受到了游牧民族建筑独特的图案元素（例如游牧包图案）影响体现出了地域性元素与民族性元素。在适应原游牧生活的同时体现出了环境的艺术和生态的艺术，其建筑的空间设计在形态实质上就是对建筑空间的生态设计。[②]

五、运河文化影响下的建筑形态

河北地区水网密集，河湖众多，许多河流将一座座城市串联起来。大运河河北段拥有悠久的历史，总长近600公里，有着"线路清晰、体系完整"的特点，拥有着较为完整的人工河道和堤防体系，代表了我国北方大运河遗产的原真性，与沿岸的传统聚落、传统建筑和生活的人民共同构成运河文化的载体。[③]河北运河沿岸的传统建筑以水环境为依托，融合南北两地的建筑特点，形成独特的建筑形态，其建筑本体的结构形制上精美绝伦，而且从多方面显现出清新淡雅的水乡特色，呈现出依水而建，顺水而为的特点。

明朝时期，大运河南北通畅，全国各地往来频繁。大运河为地处农业生产区的河北平原，有利地加强了商品交换，促进了这一地区经济的发展。同时，在运河沿岸逐渐兴起了一批以码头经济为主的中小城镇，这些中小城镇里店铺众多、商人云集，沿岸经济呈现一片繁华的景象。大运河已成为河北地区沿岸居民生活的重要组成部分，对沿岸传统建筑的建设提供了巨大的帮助。在古代，人们在建造房屋时利用运河水与湿泥土塑成砖坯，用来砌墙，这一时期基础设施建设大多使用运河水；同时大运河"运"来了大量的财富，沿河的很多建筑也因为经济的繁荣而留下了象征财富的精湛雕刻艺术与绚丽的彩绘。

沧州城虽然始建于北魏时期，但是"靖难之役"时，由于战争的波及，整座城池被摧毁。直到明朝永乐初，知州贾忠上奏获准创建砖城，才开启了沧州新城的创建工作。沧州城的重建得益于大运河的繁荣，当时大运河水运交通大动脉日夜畅流，达到明代漕运最繁忙、南北人流物流的盛期，运河经济的发展水涨船高、长久不衰，使国库日益充盈，有了足够的资金，沧州城正是在这种大背景下才开始重建的。沧州城的选址、形状与城墙的建造都与大运河息息相关。首先，沧州城建在运河边上，是不规则的正方形，西南面缺一个角，平面图像一顶乌纱帽，民间俗称"幞头城"；其次，

① 王如欣. 燕赵传统文化符码的现代建筑表达[D]. 哈尔滨工业大学，2010.
② 陈苏丽. 呼和浩特蒙古建筑设计风格研究[D]. 西南大学，2013.
③ 刘烁. 罗哲文：文物古建守望者[N]. 光明日报，2013.

沧州城选址在大运河边上，这既是为了方便市民生活用水，又是借助漕运的优势发展城市经济。沧州城的重建受到大运河的诸多影响，最主要的原因就是沧州城重要的军事位置，以及大运河带来的相对开放的交流机会，后来又经过历代修缮与保护，才形成了较为完整的格局。[①]

第五节　社会转型引发的人文成因变化及其影响

一、社会转型引发的城镇化演进

自新中国成立，中国社会经历三次大的转型。1949～1977年河北省开启改变旧生产关系的"制度转型"模式，河北省城镇化发展开始进入转型期。河北省先后将石家庄、唐山、保定、秦皇岛，张家口，宣化、山海关市，承德先后划归河北省。到1977年，全省有建制市9个，且全部为地辖市，建制镇47个，城镇总人口559.35万人。[②]

第二次是改革开放以来从计划经济转变为开放的经济的"体制转型"，河北省城镇化发展也进入了调整阶段。1978年开始唐山、石家庄、邯郸、张家口、保定、邢台、沧州、承德升级为省辖市，相继增设廊坊、衡水、泊头等市。1990年河北城镇总人口1173.39万人。到1996年底，全省有设市城市34个，其中地级城市11个、县级市23个，建制镇849个。

第三次就是目前正在开展的"模式转型"，即以经济建设为主，向着全方位、多层次、宽领域的发展模式转型。[③]从1997年开始，河北省城市设置变更幅度不大。2002年撤销县级市丰南，设立唐山市丰南区，全省设市城市数量也相应的变为33个。2012年设石家庄、唐山、秦皇岛、邯郸、邢台、保定、张家口、承德、廊坊、沧州、衡水11个

地级市，22个县级市，城镇总人口3410.53万人[④]。随着经济不断发展，河北省城镇化建设也在不断推进。

二、社会文化观念调整

社会文化观念的转变，影响了河北建筑设计思潮。新中国刚刚建立不久，中国政府启动"五年计划"，华北制药厂作为苏联援建关键项目之一，政治性、地域性并存，其整体的建筑风格在延续当时流行仿苏式风格，也融入了中国传统的建筑元素。建筑师们通过继承传统来传达民族精神、弘扬民族意识，形成了河北传统建筑现代继承的高潮。

20世纪80年代以后，随着国门的开放，后现代主义、新乡土建筑等西方建筑理论陆续传入国内，中国进入了多元并举的建筑阶段，此时的建筑受当时国际流行后现代风格的影响，许多河北建筑博采众长，1986年建设的唐山抗震纪念碑、1987年建设的石家庄老火车站等是这一时期建筑创作思想与风格的反映。

新时期发展下，河北以科学的发展为指导思想，弘扬地域特色，运用新技术、新材料，新理念指导建筑本体回归。这种回归使得对河北建筑地域特色的追求更具有了自觉的意义。

三、河北传统文化村落的更新与发展

传统文化村落是人类文化遗留的表现之一，也是人类历史发展的沉淀。河北地区传统村落具有很多的物质和非物质文化遗产，具备很高的艺术、科学、历史和经济研究价值，它所遗留下来的文化遗产是人类发展史的活化石[⑤]。

（一）河北地区传统村落分布概况与类型

住房城乡建设部、文化部、财政部组织的全国共五批传

---

① 陈秋静. 从文化线路的角度看明清大运河的演变与价值研究[D]. 北京理工大学，2015.
② 崔援民. 河北省城市化战略与对策[M]. 石家庄：河北科学技术出版社，1998.
③ 张颖爽. 转型时期中国社会冲突的辩证审视[D]. 山西大学，2013.
④ 河北省住房和城乡建设厅，河北省统计局编. 2013河北城镇化发展报告[M]. 石家庄：河北科学技术出版社，2014.
⑤ 张引，卜敏现，周显卓，赵丽娜，胥英明. 河北传统村落文化的发展路径[J]. 现代经济信息，2017.

统村落摸底调查结果显示，全国共有4153个传统村落（数据截止于2019年6月6日），其中河北占206个，分布在石家庄、唐山、邯郸、邢台、保定、张家口、承德、衡水、秦皇岛九地（表1-5-1）。

河北省传统村落一览表　　表1-5-1

地区	县城	传统村落数量	文化分区
石家庄	井陉县	16	太行山脉文化区
	平山县	4	太行山脉文化区
	鹿泉县	2	太行山脉文化区
	赞皇县	1	太行山脉文化区
唐山	滦县	1	燕山山脉文化带
	遵化	1	燕山山脉文化带
邯郸	涉县	13	运河文化区
	磁县	13	运河文化区
	武安市	12	运河文化区、太行山脉文化区
	峰峰矿区	6	运河文化区
邢台	沙河县	22	河北平原文化区、太行山脉文化区
	内丘县	3	河北平原文化区、太行山脉文化区
	邢台县	11	河北平原文化区、太行山脉文化区
	临城县	1	河北平原文化区、太行山脉文化区
保定	涞水县	1	太行山脉文化区
	安新县	1	河北平原文化区
	顺平县	3	太行山脉文化区
	清苑县	3	河北平原文化区
	卓平县	2	太行山脉文化区
	唐县	2	太行山脉文化区、河北平原文化区
张家口	蔚县	40	塞北文化区
	怀安县	7	塞北文化区
	怀来县	3	太行山脉文化区
	张北县	1	塞北文化区、太行山脉文化区
	阳原县	1	太行山脉文化区

续表

地区	县城	传统村落数量	文化分区
承德	丰宁满族自治县	1	燕山山脉文化区
衡水	冀州市	1	河北平原文化区
秦皇岛	抚宁县	1	燕山山脉文化区
合计		206	

（来源：王怡文根据住房城乡建设部公布的前五批（数据截止于2019年6月6日）"中国传统村落名单"整理）

河北地区的传统村落具有很悠久的历史，有的甚至几百上千年，其中有很多类型的文化遗产资源保存下来，比如古建筑、古民居、风俗文化、民间文艺等，而且大多数的村落文化遗产类型多样化，而非单一存在。从主次、价值高低以及具备的旅游开发价值等方面，可以把古村落分为特色民居型、特色格局型、特色文化型、红色革命型四种类型[1]。

特色民居型可以分为两种类型：一类是村落在历史上曾出现过有钱有势的达官贵人，留下了规模宏大、布局合理的宅院；另外一类是村落位于深山中，相对比较封闭，没有像其他的民居那样经受历史的洗礼，受到外界影响和破坏，因此得以保存下来。代表村落有：石家庄市井陉县宋古城村、于家村、大梁江村，邯郸市涉县王金庄，邢台市沙河市王硇村等。

特色格局型村落是那些在历史上曾经承担过防御、驿站等特殊功能的村落，因此村落结构和街巷体系与其他传统村落有所不同，代表村落有张家口市阳原县开阳村、蔚县北方城村、怀来县鸡鸣驿村等。

特色文化型村落是指其中一些村落拥有地方特色的文化，比如民风民俗、民间文艺、节日传统等，代表村落有邯郸市武安市固义村、保定市清苑县戎官营村、邢台市内丘县神头村等。

---

① 王科，马秀峰，屈小爽. 基于文化生态理论的古村落旅游开发研究——以河北省太行山区古村落为例[J]. 衡水学院学报，2017.

红色革命型村落是指那些曾经是战争时期的人民军队驻地，从而形成了灿烂的红色文化的村落，代表村落有保定市清苑县冉庄村、邯郸市磁县花驼村、涉县赤岸村等。

（二）河北地区特色小镇分布概况

2016年7月，根据住房城乡建设部、国家发展改革委、财政部联合下发的《关于开展特色小镇培育工作的通知》，提出到2020年，培育 1000个左右各具特色、富有活力的休闲旅游、商贸物流、现代制造、教育科技、传统文化、美丽宜居等特色小镇[1]。2016年10月，中国第一批特色小镇名单公布，其中河北省有4个特色小镇，分别是：秦皇岛市卢龙县石门镇、邢台市隆尧县莲子镇、保定市高阳县庞口镇、衡水市武强县周窝镇[2]。2017年7月，中国第二批特色小镇名单公布，河北省有8个特色小镇上榜，分别是衡水市枣强县大营镇、石家庄市鹿泉区铜冶镇、保定市曲阳县羊平镇、邢台市柏乡县龙华镇、承德市宽城满族自治县化皮溜子镇、邢台市清河县王官庄镇、邯郸市肥乡区天台山镇、保定市徐水区大王店镇[3]（图1-5-1）。

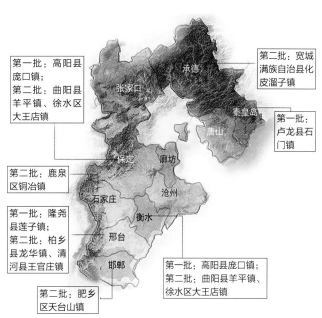

图1-5-1 河北国家级特色小镇分布（来源：王怡文根据第一批、第二批国家级特色小镇名单绘）

河北省省级特色小镇一览表　　表1-5-2

续表

地区	类型	第一批数量（2017年2月公布）	调整后数量（2018年6月公布）
石家庄	创建类	2	6
	培育类	4	3
承德	创建类	2	4
	培育类	4	3
张家口	创建类	2	2
	培育类	3	3
秦皇岛	创建类	2	3
	培育类	4	2
唐山	创建类	4	4
	培育类	4	3
廊坊	创建类	4	6
	培育类	6	2
保定	创建类	5	7
	培育类	7	5
沧州	创建类	2	3
	培育类	4	3
衡水	创建类	2	5
	培育类	3	3
邢台	创建类	2	3
	培育类	5	4
邯郸	创建类	2	3
	培育类	5	4
定州	创建类	0	0
	培育类	0	1
合计		78	82

（来源：王怡文根据河北省发展与改革委员会"第一批特色小镇创建类与培育名单"与"特色小镇创建类与培育类名单（2018）"整理）

---

[1] 中华人民共和国住房和城乡建设部. 建村[2016]147号. 关于开展特色小镇培育工作的通知，2016.
[2] 中华人民共和国住房和城乡建设部. 建村[2016]221号. 住房城乡建设部关于公布第一批中国特色小镇名单的通知，2016.
[3] 中华人民共和国住房和城乡建设部. 建村[2017]178号. 住房城乡建设部关于公布第二批中国特色小镇名单的通知，2017.

河北北部的桑干河流域和滏阳河流域，以及燕山山脉和太行山山脉是早期文化的开端。通过特色小镇与山水脉络形态的叠加分析可得，其空间分布与山脉河道分布密切相关，特色小镇的独特魅力是源于历史与地域文化的沉淀，是在我国在新的发展阶段和新的历史时期下探索和实践的产物，我国已将特色小镇的培育与建设视为治理"城市病"的一种有效方式。

（三）河北地区历史文化名城名镇名村分布概况

1982年，"历史文化名城"的概念被正式提出，目的是保护一些曾经是古代政治、经济、文化中心或近代革命运动和重大历史事件发生地的重要城市及其文物古迹免受破坏。到2018年，最新一批文化城市被增补到历史文化名城的名单里，历史文化名城达134座，其中河北省有6座，分别是承德、保定、石家庄正定、邯郸、秦皇岛山海关、张家口蔚县（图1-5-2）。承德市在战国时期，就隶属于燕国设置的三郡，秦汉以后，历代都曾在此设置管理机构，清朝皇帝在此修建行宫。近代时承德几经波折直至1948年才获得解放，1955年划归河北省，辖8县。石家庄市正定县，早在春秋时期，白狄族人以此为中心建立鲜虞国，战国初期，鲜虞人在此设东垣邑，秦统一中国后改东垣邑为东垣县，汉初，又改名为真定县，直至清雍正时期，更名为正定府，1913年废府存县，这便是正定县的由来。正定在历史上曾与北京、保定并称"北方三雄镇"，历史悠久，名胜古迹众多，文化积淀深厚，享有"古建筑宝库"的美誉。邯郸，早在8000多年前新石器早期的磁山先民就在这里繁衍生息。邯郸城邑，肇起于殷商，据资料显示，邯郸城距今已有3100年的建城历史，且在战国时期，邯郸城作为赵国都城158年之久，文化积淀十分深厚。秦皇岛山海关，明朝在此建关设卫，因为其因山临海，顾名为山海关。山海关是明长城的起点，漫漫雄关，雄伟庄严，记载着无数可歌可泣的历史。保定市，自古是"北控三关、南达九省、地连四部、雄冠中州"的"通衢之地"，其陶瓷石刻，自古名誉天下，有深厚的文化底蕴。张

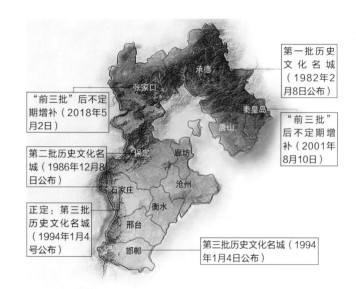

图1-5-2　河北历史文化名城分布（来源：王怡文根据"前三批"及其后不定期增补（截至2018年5月2日）历史文化名城名单绘）

家口蔚县是目前最后一个列为历史文化名城的河北城市，蔚县古称"蔚州"，历史上是"燕云十六州"之一，有"京西第一州之称"。

除历史文化名城外，河北省国家级历史名镇与名村也同样众多。中国历史文化名镇名村，是由住房城乡建设部和国家文物局从2003年起共同发起组织，评选保存文物特别丰富且具有重大历史价值或纪念意义的、能较完整地反映一些历史时期传统风貌和地方民族特色的镇和村。到2018年底共七批历史文化名镇与名村名单公布，河北省共有8个历史名镇、12个历史名村入选，分布在张家口、邯郸、石家庄、邢台、保定五地（表1-5-3）。

从河北地域范围看，邯郸地区的历史文化名镇名村资源占全省资源比重最大，其次是张家口，在空间分布上相对集中，邯郸的赵王城、邺城、广府古城、大名府等位于河北平原地区的历史文化名镇均与历史古都、文化名城息息相关，拥有大量的文物古迹遗存。张家口由于地处燕山-太行山脉，是古长城防御系统的组成部分，保留有大量用于军事防御的历史文化遗存，如蔚县古城为历史上军事要塞和商业重地，城内民居与军事堡寨结合，形成独具地域特色的塞外名

城，而其相邻的代王城、宋家庄等也同属于军事要地型历史文化名城，堡寨、驿站、城墙、民居成为这一区域独特的文化资源。这些特性相同的文化资源相互集聚，有利于展示河北的地域文化。

河北省历史名镇、名村一览表 表1-5-3

地区	村镇名村	入选批次	地区	村镇名称	入选批次
邯郸市	永年县广府镇	第三批	张家口市	蔚县暖泉镇	第二批
	峰峰矿区大社镇	第四批		蔚县代王城镇	第六批
	涉县固新镇	第五批		怀来县鸡鸣驿乡鸡鸣驿村	第二批
	武安市冶陶镇	第五批		蔚县涌泉庄乡北方城村	第四批
	武安市伯延镇	第六批		蔚县宋家庄镇上苏庄村	第六批
	涉县偏城镇偏城村	第四批		阳原县浮图讲乡开阳村	第六批
邢台市	磁县陶泉乡花驼村	第六批	石家庄市	井陉县天长镇	第四批
	邢台县路罗镇英谈村	第三批		井陉县于家乡于家村	第三批
	沙河市柴关乡王硇村	第六批		井陉县南障城镇大梁江村	第五批
保定市	保定市清苑县冉庄镇冉庄村	第三批		井陉县天长镇小龙窝村	第六批

（来源：王怡文根据建设部与国家文物局的前七批"中国历史名镇、名村名单"整理）

上篇：河北传统建筑文化特色解析

第二章　冀北地区传统建筑文化特色解析

冀北地区在行政区划上地处河北省承德、张家口一带，该地区以山地地形为主，地质条件复杂，地面表层覆盖厚重的黄土，地表形态丰富多变，被周围山地所环绕，形成了独特的气候带，属于东亚温带大陆性季风气候。

因山脉走向形成的南北迥异的独特自然环境，使冀北地区形成了两个不同的文化区域：

1. 西起承德丰宁县的白河，东抵燕山余脉的山海关，北临坝上高原，西南以关沟与太行山相隔，南临河北平原的燕山山脉文化区。

2. 以张家口地区为主，白河谷地以西，自桑干河盆地以东，太行山脉以北，内蒙古以南，涵盖张家口坝上、张家口坝下、承德坝上地区的塞北文化区（图2-0-1）。

在独特的自然及人文条件下，冀北地区的传统建筑呈现独具一格的魅力，产生了区别于其他区域建筑的特点，是历代先人文化创造、建筑艺术的结晶，具有重要价值。

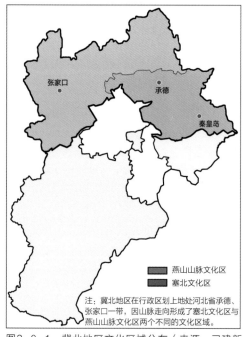

注：冀北地区在行政区划上地处河北省承德、张家口一带，因山脉走向形成了塞北文化区与燕山山脉文化区两个不同的文化区域。

图2-0-1　冀北地区文化区域分布（来源：刁建新绘，底图参考：《河北省地图集》，星球地图出版社）

第一节　冀北地区自然、文化与社会环境

一、冀北地区的自然环境

（一）山水环境

冀北地区地处华北平原北缘，背倚内蒙古高原，西倚太行山，东向渤海，西北山峦迭起，东南平原广布（图2-1-1）。

地貌特征主要是：

第一，地形高低差别大，西北高，东南低。

第二，地貌类型复杂多样，有山地、丘陵、高原、平原和盆地等多种形态。

第三，山间小盆地众多，较大盆地有桑干河盆地和洋河盆地。

冀北地区分布着诸多重要的水系、河流。东北部有老牛河、瀑河、柳河、沙河、青龙河等；西南部有滦河水系、桑干河、壶流河、洪塘河、洋河、白河、黑河等。（图2-1-2）年径流地区分布与年降水量地区分布基本一致。因受降水和下垫面的综合影响，径流量区域差异较大，由东南向西北递减。

（二）气候条件

冀北地区属于东亚温带大陆性季风气候。

北部坝上地区属寒温区，年平均气温为-1～-3摄氏度，7月平均气温18～21摄氏度；冬季寒冷，夏季凉爽，昼夜温差大，日照时间长。该地区海拔高、纬度高、土层深厚、气候干燥、降雨量少。

南部燕山南麓地区为暖温带半湿润落叶阔叶林地带及中温带半湿润区向半干旱森林草原区的过渡地带，温度和降水量自南而北呈递减的趋势。

（三）土地资源

1. 耕地资源

冀北地区的耕地资源分布与当地居民的生活息息相关，冀北地区有较大面积的山地，耕地一般分布在地势相对平坦河谷或盆地地区、山顶高台地区和山麓地区。

图2-1-1　冀北地区（来源：刘星 绘，底图参考：《河北省地图集》，星球地图出版社，2009.06）

图2-1-2　冀北地区主要河流分布图（来源：刁建新 绘，据王玉亮《河北北部生态环境变迁与其文明起源》绘图）

2. 矿产资源

冀北地区地处内蒙古地轴、华北陆台和山西地台三大稳定地块的结合带，孕育了丰富的矿产资源。现已发现各种矿产地和矿化点1200处，已探明储量比较丰富的矿产有60多种，矿化地近500处。主要矿产有铁、锰、金、银、铜、钛、铅、锌、钨等，是河北省主要的产煤地区。

二、冀北地区的社会背景

（一）民风民俗

冀北地区的民风民俗由以农耕文化为主要特点的汉族民俗、以渔猎为主要特色的满族民俗和以游牧生活为主要特征的蒙古民俗等交融而成，辅以当地中俄贸易交通要道的地位，民俗风情体现出强大的融汇性。

（二）生活方式

冀北地区冬季天气寒冷，故食物多以温热多汤为尚。当地人喜爱莜面，亦喜食小米、黍米，蔬菜以马铃薯和腌菜为主。同一宗族的人们通常居住在同一聚居地，以血缘关系为纽带，以家庭为基本单位，依据一定的原则组织起来并开展活动。

（三）信仰习俗

冀北地区居民信仰具有分散性与复杂性，既有佛教、道教、儒学，也有受佛道教及儒家学说影响信仰的诸神。随着文化的交融，很多外来宗教传入冀北地区并建造宗教建筑，例如建于1904年，坐落在张家口城内牌楼西街路北52号的宣化教区天主教总堂。

三、冀北地区的历史演变

冀北地区历史悠久，早在旧石器时代就有人类活动的遗迹。新石器时代中期，冀北地区农业发展迅速，并且成为当时占支配地位的经济成分，新石器晚期的滦平县后台子遗址位于燕山中麓，坐落在滦河北岸馒头山阳坡第二台地上。承德围场下伙房红山文化是以农业经济的发展为基础的走在同时期其他文化的前列的先进聚落。

旧石器时代后，冀北地区的发展主要分为四个时期：

（一）新石器时代至原始社会末期

冀北地区新石器时代的聚落是随着农业的发展而迅速发展起来的，并因地理环境和经济类型的差异而表现为不同的类型。燕山以北宜农宜牧的农牧交错地带，处于东北地区古文化与黄河流域古文化的交叉区，自然条件具有很大优势。在历史上，这里是沟通中原与北方草原的交通要道。

（二）春秋战国时期

春秋战国时，冀北地区属于燕国。燕国畜牧业发达，又富渔盐枣栗之利。随农业生产的发展带动了冶铁、煮盐、制陶等手工业的发展和人口增加，出现了一批重要城邑，如武阳（燕下都）、涿、蓟（今北京）等。

（三）秦代至宋代时期

秦统一中国后，全国三十六郡中有六郡郡治在今河北地区，即代、上谷、右北平、巨鹿、邯郸、常山。

两汉，北部和南部分属幽州、冀州刺史部管辖。

魏、晋、南北朝时期战乱频繁、人口减少、耕地荒废。

隋后，农业生产复兴。为用兵辽东，隋炀帝开通永济渠，这对促进冀北地区南部及河北平原的经济发展和加强南北经济文化交流都有重要意义。

唐朝，今河北境内主要属河北道，是河北作为正式行政区域的开始。

宋、辽南北对峙，冀北地区大部分属辽地。

（四）元、明、清时期

元、明、清三代均建都于北京，河北为京畿重地。

元朝时，河北为中书省。

明初从山西、山东向河北大量移民，充实人口，开展屯田；又组织军队在长城南北、渤海沿岸进行军屯，从而成为现存堡寨聚落的前身。

清代，河北为直隶省。冀北地区具有了近畿文化的属性，由此开始近畿文化同冀北地区地域文化的结合。

四、冀北地区的聚落选址与布局

（一）聚落选址与地形地貌

受燕山、阴山山地环境的影响，冀北地区的聚落总体布局往往是从考虑对自然山体的利用出发，并从中探寻自然山水与聚落布局之间的关系，使聚落发展与生态环境相适应。冀北地区聚落以山为依托，总体布局多以开放型形态为主，由于地形的限制或居民的聚居意识等因素，传统聚落规模通常很大。

（二）聚落选址与水文条件

冀北地区临近河流的聚落主要呈现三种布局方式：

第一种是于河流单侧依托地形建造的聚落，这种布局方式的优点在于可以充分利用河流依托地形形成天然的防御，保护聚落的安全。

第二种是于河流双侧发展的聚落，这种布局方式的优点在于可以最大化的利用河流提供的水资源以及河流的运输能力，多建于河运能力及水体质量良好的大河。

第三种是于河流分叉处发展的聚落，这种布局方式的优点在于可以最大化地将聚落与山水环境结合，形成独特的聚落山水景观。并且这种聚落布局方式可以最大程度地利用河流改善聚落微气候，以适应塞北地区寒冷干燥的气候。

（三）聚落选址与土地资源

冀北地区的土地生产力制约着其人口、经济的发展。在冀北地区山地，聚落的选址与耕地的分布有相似的特点，一般分布在河谷或盆地地区、山顶高台地区和山麓地区，同时为了节约平整土地以利耕作，聚落一般分布在坡地地带。

第二节　冀北地区历史文化名城特色解析

历史文化名城是具有强烈的地域性，能集中反映地域文化的内涵、传统和历史积淀的城市。冀北地区的承德是燕山山脉文化区最典型的历史文化名城，张家口是塞北文化区最典型的历史文化名城，本节以承德与张家口为例对冀北地区的历史文化名城进行解析。

一、燕山山脉文化区的历史文化名城特色解析

燕山山脉文化区南抵华北平原的北端，北临内蒙古高原的南缘，是古代北方游牧文明和中原农耕文明的交汇点。当北方少数民族的势力强大时，这里便是少数民族建立的地方政权的辖地，反之当中央政权巩固和强大时，它便由中央政权设置的行政机构管理，数经变迁。

燕山山脉文化区覆盖下的历史文化名城有承德和秦皇岛两处，其中承德便是燕山山脉文化区中的历史文化名城的典型代表。

（一）城市发展的历史变迁

承德历史也称"热河"，有特定的地域文化和深厚的历史底蕴（表2-2-1）。

承德的发展始于康熙十六年（1677年），清帝开始第一次北巡。为方便北巡，清王朝随后开始沿御道修建行宫，一系列村落城镇也在行宫周边陆续形成。康熙四十二年（1703年），避暑山庄开始修建，前后经历约九十年的时间。康熙四十七年（1708年），热河行宫开始使用，标志热河进入了发展期。康熙五十年（1711年），承德成为"生理农桑事，聚民至万家"的大村镇。雍正元年（1723年），在此设置热河厅。第二年（1724年）设热河总管，统理东蒙民政事务。雍正七年（1729年）设置八沟厅。雍正十一年（1733年），胤禛取承受先祖德泽之义，罢热河厅设承德直隶州，这也就是"承德"名称的来源。乾隆元年（1736年）以及乾隆七年（1742年）在这里设置四旗厅和喀喇河屯厅。这意味

着官方政权机构的出现。乾隆四十年（1775年）前后，承德成为"宫阙壮丽、左右连亘十里"的"塞北一大都会"。乾隆四十三年（1778年），朝廷将热河厅升置为热河府，并将原来与热河厅并列的八沟厅、四旗厅、喀喇河屯厅分别改为平泉州、丰宁县、栾平县，同隶于热河府之下。地方政权机构这一隶属关系的改变标志着承德城市地位的提高和城市规模的扩大（表2-2-2）。

承德各朝代归属表　　　　　　　　　　　　　　　　　　　　表2-2-1

朝代	承德归属
战国	属山戎、东胡，后属燕国渔阳和右北平郡
秦朝	属渔阳、右北平郡。秦末被匈奴民族势力吞并
汉朝	西汉初年，属匈奴左地。武帝时是边塞之地，后来并入乌桓
晋朝	承德是鲜卑段氏的地域。前燕至北燕时期属于幽州
南北朝	北魏时期，属安州广阳郡燕乐县。北齐时期，属库莫奚。北周时期，属库莫奚、契丹
隋朝	承德是奚族人居住的地方。隋朝时期承德的地域大部分为奚源库莫奚民族所占据
唐朝	奚族和契丹民族居住于此。太宗贞观三年（629年）开始来朝，没有几年内附，为此建立饶乐都督府。今承德的丰宁、隆化、滦平、宽城、承德县、承德市，围场中南部属于其管辖范围
宋朝	属辽，中京道大定府泽州，滦河县及北安州管辖
金代	北境属路兴州兴化县、宜兴县，东境属大定府神山县
元朝	西境属中书省上都路兴州的兴化县、宜兴县，东境属辽阳行省大宁路惠州
明朝	属北平府管辖的兴州左、右、中、前、后五卫及宜兴、宽河守御千户所，后来并入诺音卫
清朝	直接隶属于朝廷

（来源：据白梅《历史上承德地域归属》制表）

自避暑山庄修建开始承德发展大事记　　　　　　　　　　　表2-2-2

时间	事件
康熙十六年（1677年）	清帝第一次北巡，开始沿御道修建行宫
康熙四十二年（1703年）	避暑山庄开始修建
康熙四十七年（1708年）	热河行宫开始使用
康熙五十年（1711年）	承德工商业高速发展
雍正元年（1723年）	设置热河厅
雍正二年（1724年）	设热河总管，统理东蒙民政事务
雍正七年（1729年）	设置八沟厅
雍正十一年（1733年）	罢热河厅设承德直隶州
乾隆元年（1736年）	设置四旗厅
乾隆七年（1742年）	设置喀喇河屯厅
乾隆四十年（1775年）前后	承德成为塞北一大都会
乾隆四十三年（1778年）	热河厅升置为热河府，并将原来与热河厅并列的八沟厅、四旗厅、喀喇河屯厅分别改为平泉州、丰宁县、栾平县，同隶于热河府之下
1994年	承德市的避暑山庄及其周围寺庙被联合国教科文组织批准为世界文化遗产

（来源：刁建新 制）

（二）名城传统特色构成要素分析

1. 自然环境

承德居于群山环抱之中，奇峰异石景色迷人。北有金山、黑山作为屏障，东有磬锤峰一柱擎天，南有僧冠峰、九华山交叉南去，西有广仁岭、双塔山矗立。

在水环境方面避暑山庄东有武烈河自北向南依偎而过，北有狮子沟旱河、南有西大街旱河。承德城内又有石洞子沟旱河、牛圈子沟旱河自西向东流过，城外有滦河曲折环绕（图2-2-1）。

气候条件方面：承德市位于寒温带，年平均气温9摄氏度，属半干旱半湿润的大陆性季风气候，具有四季分明、雨热同期、昼夜温差大的特点。承德具有冬暖夏凉的气候特性，有较低的平均气温和相对湿度，夏季凉爽，雨量集中，基本没有使人不适的炎热期，冬季虽然寒冷，但温度要高于同纬度其他地区[①]。

2. 人文环境

承德的选址得益于周边良好的山水环境，后期兴起则是在物质环境的基础上，增添了更多文化层面的意义。其山水文化的形成与避暑山庄及外八庙的营建密不可分，体现了天人合一思想，礼制文化与清王朝的宗教思想及宗教政策，避暑山庄与外八庙共同构成了承德山水文化的内涵，其特殊性主要表现在：

（1）天人合一思想

"天人合一"既是对中国古典文化的传承，也是对"天、地、人"这一境界的发扬。清朝在康熙皇帝的治理下开始由战乱逐步走向了稳定，避暑山庄的修建也表达了番邦和睦、天下太平的政治理想。

（2）礼制文化

在礼制中最强调的就是等级分明，作为皇家宫殿园林自然应处于至高无上的地位，避暑山庄与外八庙形成了一个整

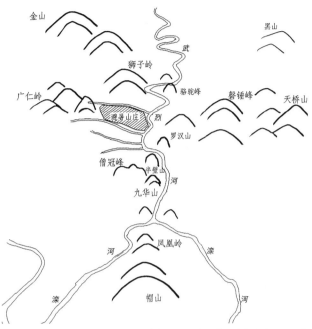

图2-2-1 承德城市山水格局分析（来源：张秋雨《承德市山水景观风貌建设研究》）

体。外八庙围绕在山庄周围，象征着君临万方、万宇一统，也象征着各民族紧密团结、同为一家的大一统思想。

（3）和谐共生

避暑山庄与外八庙增加了清朝满族与各少数民族之间的交流从而促进了民族融合，维护了社会稳定，融会中华传统文化和蒙古、藏、维吾尔等少数民族文化于一炉，将中国三大宗教的儒、道、佛教文化融合在一起，既有丰富的历史内涵，又表现出了与时俱进、大胆创新的时代特性，表现了怀柔的民族文化特色。

（三）城市肌理

承德整个城市是在河水冲刷出来的腹地平原发展而来，河水沿途经过避暑山庄景区、老城区、新市区，并将它们联接在一起，构成城市景观轴，河东岸是以丹霞地貌为主的自然山体景观，奇山异石蔚为壮观，与河水交相辉映，河西岸是以避暑山庄和城区为主的人文景观。

---

① 张秋雨. 承德市山水景观风貌建设研究[D]. 河北农业大学，2011.

1. 城市形态演变

承德城区围绕避暑山庄发展而来，城市空间形态较为自由。整个城市的空间建设依据山势，以文庙和道台衙口为高点，向西至头道牌楼地势逐渐降低，向东至武烈河岸逐步降低。因此城市的路网格局也体现出较为自由的形态。西大街和南营子大街等主要街巷的走向与等高线的走向相近，支路巷道的走向垂直等高线，不仅顺应山势和水流方向，同时还起到了沟通山体与水系的作用[①]。

2. 城市空间布局尺度

清代承德的城市建设是围绕丽正门展开的，无论是御道还是村落，其核心均为丽正门，所以在城市角度下的尺度控制也是以丽正门为空间核心，形成一定的尺度模数。经过研究，1280米和2400米是承德城市建设规模控制中使用的重要尺度，这样的尺度使得人们在城市中对周边山体及主要构筑物构成的城市景观有直观感受，让城市意象更为清晰（图2-2-2）。

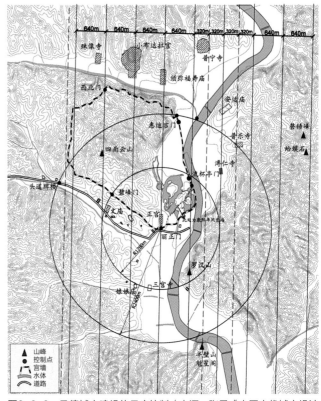

图2-2-2　承德城市建设的尺度控制（来源：张弓《中国古代城市设计山水限定因素考量——以承德、南京为例》）

3. 城市空间布局特色

（1）无城垣的古代治所城市

承德虽然为府治城市，历史城区却是围绕山庄而建的，结构上比较松散，既没有城墙、城口，也缺乏严谨的城垣形制。相对于避暑山庄城墙的宏伟，承德则是中国古代城市中极少数"无城垣的古代治所城市"之一。

（2）纵观山水的街道景观

承德城市开放空间的建设过程中注重呼应山水的形势，考虑了"庄"与"山"、"城"与"山"的景观因借关系。街道与山水的轴线是承德古城在发展过程中的重要历史遗存，由古街道发展而来的现存街道借景了很多山庄景点（图2-2-3）。

承德最重要的河流便是武烈河，其既是城市边界也是城市的景观轴，城市始终沿河由北向南发展，形成丰富的景观界面。避暑山庄及周围寺庙多数分布于河的两侧，武烈河把山庄和老城区有机地串接在一起，形成城市的空间秩序。

（3）城市点状开放空间

西大街到丽正门和从翠桥到南营子大街到丽正门的人字形骨架是城市发展的两条主要轴带。城市点状开放空间分布于这些街道上，包括衙署、文化设施、商业设施和王府等。

古树作为古代城市开放空间的重要标志物，可以为我们提供承德从村落一直到后期发展为热河省会的过程中，点状开放空间的分布范围。历史城区内的古树主要集中于文庙、清真寺附近，其余古树大体沿河流走向由北向南分布[②]（图2-2-4）。

① 张弓. 中国古代城市设计山水限定因素考量[D]. 清华大学，2006.
② 穆文阳. 山水视角下的古代城市景观营建初探[D]. 北京林业大学，2016.

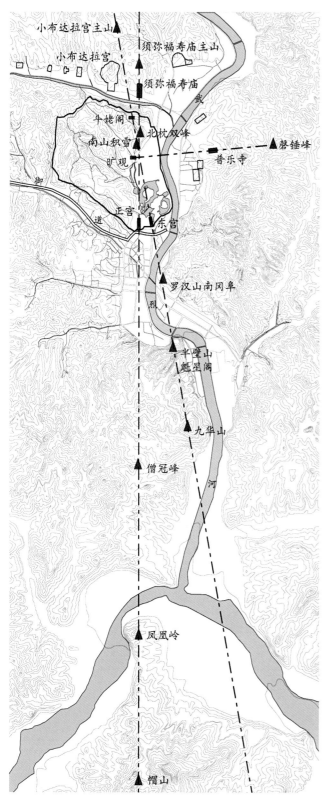

图2-2-3　城市街道与山水的轴线关系（来源：张弓《中国古代城市设计山水限定因素考量——以承德、南京为例》）

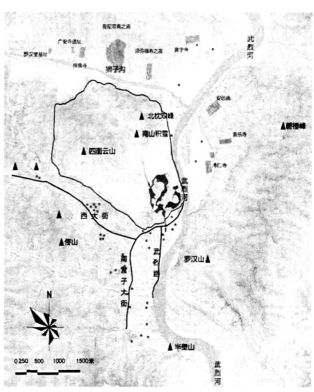

图2-2-4　古树名木分布图（来源：穆文阳《山水视角下的古代城市景观营建初探——以承德历史城区为例》）

（四）历史街区

历史文化街区指能显示一定历史阶段的传统风貌、社会、经济、文化、生活方式及地方特色的街区，其界定标准是：由保存较好的文物建筑及传统建筑群为主体构成一定规模的地区、地段或区域的传统物质环境，即原有街巷格局、河道水系、建筑风貌等保存较完整，具有一定的历史、科学、文化价值。

滦河老街是承德市最具特色的历史街区之一。以下从区位和历史、特色建筑、保护与更新三方面对滦河老街进行分析。

1. 区位和历史

位于承德市双滦区滦河镇的滦河老街，西与滦平县西地乡接壤，北与双塔山镇隔河相邻，总面积17平方公里，距双滦区政府6公里,距承德避暑山庄20公里,是承德市区现存距离避暑山庄外八庙风景区最近的历史文化街区(图2-2-5)。

滦河古镇历史悠久,多民族互相融合,从境内及周边地区出土的文物证实,早在新石器时代(黑陶文化时代)就有北方多个游牧民族繁衍生息,徙移无常。

夏至春秋战国多为游牧民族于此活动,宋至明均属兴州,清代因避暑山庄的修建于乾隆四十三年(1778年)改为滦平县。滦河老街始建于顺治七年(1650年),至今已有350多年的历史,比避暑山庄的历史更为悠久。

2. 特色建筑

清代有5位皇帝北巡或木兰秋狝曾经驻喀喇河屯(今滦河镇),共来到喀喇河屯行宫231次,共居住328次。滦河老街至今保留着古镇的基本格局,即由西大街、后街、南街和北街组成的双十字街结构,较好地保持了燕山地区传统居住区的风貌格局和幽静的气氛,有很高的保护价值。

继喀喇河屯行宫建成后,十多处规模宏伟的寺庙在滦河地区被相继建立,其中敕建官庙有:穹览寺、琳霄观、神祇坛、静妙寺、御书寺。街区内及周边地区现有各级文物十余处,是承德市历史遗存密度较大的地区。主要特色建筑有:

滦河老街四合院入口

滦河老街北门

滦河老街既有建筑

滦河老街街景

图2-2-5　滦河老街(来源:刁建新 摄)

（1）穹览寺

穹览寺地处规划范围西北角,为省级文物保护单位,现存有主体建筑是承德最早的一座敕建的喇嘛庙。始建于1704年(清康熙四十三年),占地3900平方米。当时的穹览寺由于建造精美独特、引人注目,起到了笼络王公、怀柔远人的重要作用,因而喀喇河屯也一度成为塞外的重要宗教中心。

（2）小老爷庙

小老爷庙位于穹览寺东南方97米,总占地756平方米,现今正殿、东西配殿及一间耳房保存完好,门殿位置已翻盖新房。

3. 保护与更新

滦河老街历史文化街区以商贸、居住为主,兼有行政办公、旅游功能,其保护与更新利用旨在规划疏解滦河老街人口,降低人口密度,对现有基础设施进行改善。尽可能保留滦河老街内现有传统建筑,维修时使用传统材料和传统建造工艺。老街所有架空线路大部分转入地下,路面大多采用三合土或石板路面,加大对老街南侧旱河的综合治理力度,旱河两岸堤坝在满足防洪要求前提下保持自然状态。滦河老街建设控制地带内景观和建筑的风格、色彩、高度、体量等与老街传统氛围协调一致,尊重老街固有的特色,尊重每座建筑的身份,对原有河道、植被、老建筑尽量保留,严格控制建筑高度、尺度、比例,做到以"抢救为主、保护第一、修旧如旧、已存其真、延续文脉、整治环境、调整功能、改善市政、梳理交通"为基本原则。

（五）特色要素总结

在对承德现有城区、避暑山庄外八庙景区、周边山水环境的整体风貌进行挖掘分析后,不难发现其丰富的风貌特征:

价值一:承德避暑山庄和周围寺庙集皇家设计思想、审美境界于一体,是中国古典园林艺术及多民族建筑艺术的集大成者。

价值二:独特的山庄城市一体的发展模式及空间特征,

是中国山水城市之独一类型[①]（表2-2-3）。

承德城市特色要素   表 2-2-3

类型	保护内容	
自然资源	山体	磬锤峰、蛤蟆石、罗汉山、鳄鱼山、大老虎沟山、普宁寺后山、狮子沟前山、水泉沟东山、下营房东山、二道沟山、佟山、半壁山、九华山、僧冠峰等
	河流	武烈河、热河、二仙居旱河、狮子沟旱河、石洞子沟旱河、牛圈子沟旱河
	湖	山庄湖区（澄湖、如意湖、上湖、下湖、镜湖、银湖）
空间格局	城市轴线	西大街至山庄东路、南营子大街至山庄东路两条城市轴线
	外庙拱卫山庄	避暑山庄、罗汉堂遗址、广安寺遗址、殊像寺、普陀宗乘之庙、须弥福寿之庙、普宁寺、普佑寺、广缘寺、安远庙、普乐寺、溥仁寺、溥善寺遗址、狮子园遗址
历史地形	依历史地形走向形成的历史街巷	南营子大街、西大街、丽正门大街、武烈路、新华路、水泉沟路、清风街、裕华路、碧峰路、石洞子沟路
	周边山体（山前林地）	磬锤峰、罗汉山、广仁岭、佟山、半壁山、僧冠峰等山体山前林地与历史街巷形成的关系
传统街巷	名称、走向及传统风貌保存较好的传统街巷	西大街、狮子沟路、南营子大街、丽正门大街（火神庙—丽正门段）、山庄东路、中街（现中兴路）
	现存名称、走向的传统街巷	头条胡同（东段）、二条胡同（现肃顺府路）、三条胡同（西段）、四条胡同、五条胡同、马市街、草市街、荆芭胡同、流水沟、小溪沟、常王府胡同、南兴隆街、大佟沟、小佟沟、陕西营路、旱河沿路、清风东街
	仅存历史走向的传统街巷	枯柳树街、竹林寺路、桃李街、南园路、肃顺府路（东段）、碧峰门路（东段局部）
重要景观视点视域及空间视廊	山庄平原湖区景观视点、宫殿区向周边看的视域范围	从澄湖北岸四亭（莺啭乔木、甫田丛樾、濠濮间想、水流云在）水心榭、芝径云堤、含润亭、观莲所、香远益清、万树园蒙古包前开阔草地北缘、月色江声南岸、金山亭码头、正宫外午门前广场向周边看的视域范围
	山庄外庙门前重要广场观山视廊	碧峰门广场——佟山、丽正门广场——罗汉山、德汇门广场——罗汉山、普宁寺前广场——骆驼峰、万树园门前广场——磬锤峰、须弥福寿之庙观景平台——磬锤峰
	历史城区广场观山视廊	火神庙广场——罗汉山、中心广场——罗汉山
	山庄与外庙视域	二马道——罗汉堂-普宁寺、北枕双峰——普宁寺-溥仁寺、南山积雪——武烈河-罗汉山、普陀宗乘之庙——避暑山庄、普宁寺——避暑山庄、安远庙——避暑山庄、普乐寺——避暑山庄
	山体制高点看山庄形廊	佟山——山庄形廊、罗汉山——山庄形廊、大老虎沟山——山庄形廊
	山体制高点观山视廊	四面云山——佟山、四面云山——罗汉山、四面云山——半壁山、四面云山——僧冠峰、四面云山——大老虎沟山、四面云山——南山积雪、南山积雪——僧冠峰、南山积雪——大老虎沟山、南山积雪——罗汉山、南山积雪——半壁山、南山积雪——磬锤峰、南山积雪——佟山、佟山——磬锤峰、佟山——罗汉山、佟山——大老虎沟山、大老虎沟山——磬锤峰、罗汉山——大老虎沟山、罗汉山——半壁山、罗汉山——僧冠峰、鳄鱼山——半壁山——僧冠峰

[①]　霍晓卫. 历史文化名城的风貌保护——以承德为例[J]. 上海城市规划，2017.

续表

类型	保护内容	
重要景观视点视域及空间视廊	观城视域	四面云山——水泉沟－磬锤峰、南山积雪——西大街－普宁寺、大老虎沟山——罗汉山－安远庙、佟山公园——水泉沟－鳄鱼山安远庙——普宁寺－罗汉山、罗汉山——普乐寺－鳄鱼山、半壁山——佟山－鳄鱼
人文景观	康熙三十六景	烟波致爽、芝径云堤、无暑清凉、延薰山馆、水芳岩秀、万壑松风、松鹤清越、云山胜地、四面云山、北枕双峰、西岭晨霞、锤峰落照、南山积雪、梨花伴月、曲水荷香、风泉清听、濠濮间想、天宇咸畅、暖流暄波、泉源石壁、青枫绿屿、莺啭乔木、香远益清、金莲映日、远近泉声、云帆月舫、芳诸临流、云容水态、澄泉绕石、澄波叠翠、石矶观鱼、镜水云岑、双湖夹镜、长虹饮练、甫田丛樾、水流云在
	乾隆三十六景	丽正门、勤政殿、松鹤斋、如意湖、青雀舫、绮望楼、驯鹿坡、水心榭、颐志堂、畅远台、静好堂、冷香亭、采菱渡、观莲所、清晖亭、般若相、沧浪屿、一片云、萍香泮、万树园、试马埭、嘉树轩、乐成阁、宿云檐、澄观斋、翠云岩、罨画窗、凌太虚、千尺雪、宁静斋、玉琴轩、临芳墅、知鱼矶、涌翠岩、素尚斋、永恬居

（来源：霍晓卫《历史文化名城的风貌保护——以承德为例》）

（六）风格特点

在长久的发展过程中，承德作为燕山文化区上知名的历史文化名城逐渐将山、河、湖等自然资源与城市的空间格局融合，并拥有了丰富的依托自然地貌形成的历史街巷，还将重要景观视点的视廊视域等要素融合进行发展，是中国典型的依托某一核心城区自由发展的山水园林之城（表2-2-4）。

承德风格特点汇总　　　　　　　　　　　　　　　　　　　表2-2-4

城市特点	和谐共生信念下的文化集大成者、山水思维引导下的山水城市
街区特点	无城墙的治所城市、丰富的城市点状空间、纵观山水景观的街道景观
建筑材料	石材、木材、琉璃、青砖、青瓦
符号点缀	古树、拱桥、亭台楼阁、寺庙、道观、皇家园林

（来源：刁建新 制）

二、塞北文化区的历史文化名城特色解析

塞北文化区主要包括张家口地区和承德坝上地区。张家口历史悠久，文化资源丰富，涵盖了气候条件与建筑特色各不相同的坝上和坝下地区。因其独特的地理位置和军事地位，民风民俗极具独特性与稀缺性，具有丰富的历史文化资源，是最具代表性的塞北文化区的历史文化名城，下面以张家口为例对塞北文化区的历史文化名城进行解析。

（一）城市发展的历史变迁

1. 张家口的历史沿革

张家口春秋战国属燕南赵北之地，秦朝属上谷郡、代郡；汉属幽、并二州，唐在此设妫、武等州，此后该地为游牧民族所控制，辽、金分别为归化州和宣德州，明为万全都司宣府镇之辖地[①]，清隶属宣化府，1952年划归河北省（表2-2-5）。

_____

① 肖守库，陈新亮. 关于张家口城市文化的定位分析[J]. 河北北方学院学报（社会科学版），2012.

张家口的历史变迁　　　　　　　　　　　　　　　　　　表 2-2-5

时间	张家口归属
远古时期	黄帝、炎帝、蚩尤"邑于涿鹿之阿，合符釜山"
春秋战国	北部为匈奴与东胡居住地；南部分属燕国、代国
秦	南部改属代郡；北部属上谷郡
汉	大部分属幽州地界；小部分属乌桓、匈奴、鲜卑
隋	东为涿郡；西属雁门郡
唐	北属突厥地，桑干都督府；南多属河北道妫州、新州，少属河东道蔚州
北宋	皆属辽之西京道
南宋	皆属金之西京路
元	皆属中书省
明	除蔚县一带属于山西大同府外，其他皆属京师（治顺天府，北京市）
清	北属口北三厅（多伦诺尔厅、独石口厅、张家口厅），南属宣化府（治今宣化）
民国十七年	设察哈尔省，张家口为省会
1952 年	察哈尔省建制撤销，划归河北省，张家口市为专区治所，张家口、宣化两市划属河北省
1983 年	张家口市改为河北省省辖市

（来源：据韩祥瑞《张家口悠久的历史》制表）

2. 城市历史变迁与军事发展

张家口一带是兵民结合，官兵民一体的典范。1529年（明嘉靖八年）指挥张珍改筑张家口堡（今堡子里），在北城墙开一门，曰"张家口"。张家口堡格外重视其军事防御功能，筑墙取土使环城四周形成了可用于防御的"湟"（无水的护城河）仅有东、南两门，后又增建瓮城以加强防御[①]。明代制度规定官军需携带妻子戍守，当时张家口堡人口应在5000余人，初步形成了一个以军事为核心的居民聚集区。

清代因为内地与蒙古加强了联系而使贸易进一步扩张，同时中俄贸易的叠加刺激了张家口的繁荣，几路驿站迁移至张家口作为出发地点，以张家口为起点的张库商道初步形成。

（二）名城传统特色构成要素分析

1. 自然环境

（1）地理区位

张家口位于今河北省西北部，距离位于东南的首都北京199公里，距离省会石家庄306公里，距"煤海"大同188公里。地势由西北向东南倾斜，海拔416米到1997米。

（2）张家口的地形与水文

全市地势西北高、东南低，阴山山脉横贯中部，将全市划分为坝上、坝下两大部分。

坝上高原区：包括尚义县套里庄、张北县狼窝沟、赤城县独石口一线以北的沽源、康保、尚义和张北4县的广阔区

---

① 王洪波，韩光辉. 从军事城堡到塞北都会——1429～1929年张家口城市性质的嬗变[J]. 经济地理，2013.

域，属内蒙古高原的南缘，占张家口总面积的1/3，地势南高北低，高差小于50米。

坝下低中山盆地：地势西北高，东南低，山峦起伏，沟谷纵横。群山之间有较大的山间盆地呈串珠状排列，主要有柴沟堡—宣化、涿鹿—怀来、蔚县—阳原盆地，海拔高度500米到1000米，盆地内有河流通过，两岸分布有肥沃的耕地。

张家口境内河流有永定河、潮白河、内陆河、滦河和大清河水系，大小河流共23条，山地、丘陵、河川、盆地相间分布[①]。

2. 人文环境

张家口位于冀西北，历史上曾是一个浓墨重彩的地方，除了曾硝烟烽火弥漫、边城号角长鸣的古战场，它还是个名播四海的内陆商埠，人们称之为"东口"。张家口具有历史文化积淀深，地域特色鲜明，民族文化融合，军事地位显要等地域特色十分鲜明的特点[②]。张家口现已查明的不可移动文物遗存点有2910处，占河北省总数的近1/4，数量在河北省名列前茅。当地传统建筑中处处折射出张家口的地域经济、文化、生产、生活、伦理、习俗和宗教信仰的影响。

（三）城市肌理

1. 城市形态演变

现代张家口城市形态演变大致可分为四个阶段[③]。

第一阶段：1950至1975年，沿大清河向南带状发展：新中国成立后，张家口依托京张铁路等对外交通运输方式，在桥东逐步发展一系列工业，与之配套的商业、居住等围绕火车站周边布置。城市沿河带状发展的同时，向东西两侧山地地区缓慢拓展。

第二阶段：1976至1989年，浅山区+沿交通线发展：城市空间在五六十年代城市格局的基础上扩展，在城市东、西部两侧向浅山区发展；城市用地呈现小斑块状；在南部呈现沿主要道路生长的特征，沿纬一路向东扩展，沿张宣公路、张榆公路向南扩展。

第三阶段：1990年至2000年，浅山区+嵌入式发展：1995年张家口市全面对外开放后，在空间格局上打破了以往沿大清河两岸带状发展的框架。在北部老城区继续向东、西浅山区连续蔓延；在南部城区，以嵌入的方式发展铁路南站以北空地和主要交通线两侧空地；在由张宣公路、纬一路、大清河、铁路线围合成的地块范围内呈现出明显的由四周向中心发展的空间序列；铁路以南有少量发展。同时，城市继续沿公路向南发展。

第四阶段：2000年以来，嵌入式发展+老城区城市更新：2000年以来，张家口城市发展进入了新阶段。从实际已建的情况看，南部城市在空间边界上没有新的突破，而是以填补城区内原有空地的嵌入式发展为主要形式，在城市东南方向张宣公路南侧地区得到发展，由此更加强了城市向东南方向延伸的趋势。

2. 城市空间布局特色

张家口地区地形复杂多变，山地、丘陵、林地散布境内，城市格局因地制宜，不拘一格，从一定程度上形成丰富多变的布局形态。城市形态也是适应当地气候、地理条件、社会文化的综合表现，经过调研分析，张家口地区的城市主要有以下几种不同的空间组合形态。

（1）集中式布局

集中式布局主要分布在坝上地区，以康保县、张北县、沽源县和赤城县较为显著[④]，形式较为统一，布局紧凑，但是朝向并不统一。集中式布局的具体表现形式为基本无防御措

① 班富孝. 张家口市水文特性分析[J]. 吉林水利，2011.
② 梁俊仙，鲁杰. 冀西北历史文化资源的保护和开发[J]. 河北青年管理干部学院学报，2014.
③ 李春聚. 张家口市主城区城市空间结构演变研究[J]. 河北建筑工程学院学报，2011.
④ 行斌. 张家口地区传统民居资源利用研究[D]. 河北工程大学，2011.

施，村与村之间相距较远，村与村的连接道路呈现放射状，村落依山，内部建筑集中形式统一。

（2）串连式布局

这种空间形式规模灵活，多在丘陵或山地，布局有明确的规律，村子之间联系紧密，若干村落相互间由自由的交通要道和水系相连，山脚沟谷地带辟为农田，其轮廓无定型，随地势而变化，可根据环境用地任意生长发展。这种村子由十几户左右的聚落形成的，有宗族式的，也有自然形成的杂居村落。

（3）方形规整的布局

宣化的堡子里、蔚县的西古堡、怀来县的鸡鸣驿都是现存比较完好的方形规整布局城镇。城镇内有贯通的主干道，除了主要街巷外，每个区块内又有若干胡同把每栋民居联系起来[①]。这种主次交通联系方式为后来城市规划的发展奠定了基础。

（4）并联式

并联式布局多分布于张家口山地地区，若干村落并列于山脚下的平缓地带，或平行与山地等高线，争取有利的朝向和可用的土地资源成团布置，一般退让山脚一定距离以防雨后山洪，村子背山向阳，布局紧凑，山脚平坦地带为农田。单个村子规模不大，几十户到上百户不定。

（四）历史街区

张家口堡历史文化街区是张家口市最具特色的历史街区之一。以下从区位、街区历史变迁、特色建筑、保护与更新四方面对张家口堡历史文化街区进行分析。

1. 区位

张家口堡是张家口市的老城区，位于张家口市传统商业中心武城街的西侧，具有浓厚地方特色[②]。张家口堡占地面积约25.94万平方米，呈长方形，东西长590米，南北长327米，

东起武城街，西至西豁子街，南到西关街，北至北关街。

2. 街区历史变迁

张家口堡历史文化街区，俗称堡子里，始建于明宣德四年（1429年），是张家口市区的原点和根源所在，是张垣大地历经600多年沧海桑田历史变迁的见证。随着时间的变迁，张库大道的日益繁荣，其军事功能逐渐削弱，商业贸易功能逐步开始显现。鼎盛时期的张家口堡内票号、商号多达1600余家。

张家口堡作为宣府镇（宣化）范围内长城军事防线重要关口，有着不可替代的作用，故有"武城"之美誉。张家口堡的城市定位由于明朝廷与蒙古俺答部于隆庆、万历年间实现了"茶马互市"，也逐渐演变为军事和贸易功能共存的边境城市。1909年京张铁路的开通，加快了张家口成为贯通西北的货流枢纽的步伐。

3. 街区特色

堡子里历史文化街区具有鲜明的地方特色，体现了张家口的百年沧桑历程。城市的发展使居住人口增多，进而突破了城墙的限制使堡子里变成了张家口的城中之城，其中堡子里北城墙下紧临玉皇阁西侧的小北门（原叫张家堡，后改叫小北门）作为城市的起源，对城市发展研究有重要的文化与历史价值（图2-2-6）。

张家口堡历史文化街区的结构遵循易学五行的原理，环绕堡子里有四个关，即东关、西关、南关和北关。这四个关向外把持着四个不同方向，向内又都能通向同一个中心地——鼓楼，形成四平八稳的空间格局。

堡子里历史文化街区还具有优越的防御特色：明嘉靖八年（1529年）指挥张珍改筑张家口堡，明万历九年（1581年）加修城堞和阙楼，形成集防御和居住于一体的构造坚固的边塞城堡[③]。堡子里地势较高，由东到西逐渐升高，高差

① 周立军，高艳丽. 河北暖泉镇传统民居空间形态构成的探讨[J]. 中国名城，2009.
② 王晓莉. 历史文化保护区旅游资源利用与开发模式[D]. 河北师范大学，2010.
③ 辛塞波，赵晓峰，林大岵. 古城中城凋壁含韵——河北省张家口市堡子里历史街区特色探析及概念性保护设计[J]. 华中建筑，2007.

图2-2-6　张家口堡最早的门"小北门"（来源：王秀琴《晋察冀边区首府——张家口画册》）

有8米之多。堡子里有着一套完整的城墙系统，墙内为素土夯实，外包青砖。内部的巷网则布成迷路系统，这也是堡镇营造防御性空间取得精神防卫实效的灵活控制，以及重要古建、街门等的巧妙设置，给人以意趣丰富的空间感受。堡子里在战略以及战术上都印证了审时度势、攻守兼备和进退自如的古人相地选址的心理结构。

堡子里的民居多为清代与民国时期所建四合院，街区的主要道路都有对景和底景的应用，有着丰富变化的动人效果。对景建筑使在街道上行走的人们获得了视觉焦点，同时也产生了封闭的街道空间，增强了空间的领域感和可识别性，其对景建筑本身就是作为地区标志出现的。

街区的墙面变化丰富，四合院内影壁造型漂亮，正房的山墙上常刻有做工精美的砖雕。山墙高低错落有致，正房、厢房、倒座等由于等级和用途的不同，它们所采用的形式也有很大的差别。硬山、卷棚山墙、单坡等各有特色，常在它的上部用瓦片或砖砌成各自图案，如正中央写有"燕禧"二字的即为结婚时的新房，表达了对居住环境的良好祝愿。

4. 修复与保护重点

堡子里街区保护设计注重当地居民的思想情感与日常生活需要，设计者以见到这些明清建筑的民居时所产生某种感悟、冲动、体验、直觉或者某种割舍不下的乡土情节为情感基调，将这些思想融入设计和具体的保护实践中，体现了对堡子里街区关注和肯定。通过历史文化街区人文精神理念同现代城市生活的理念的相互融合，在保护历史文脉的基础上达到历史文化街区居民的生活条件同现代生活系统相互协调和可持续发展的效果。具体保护措施如下：

第一，保持街区完整的格局风貌，要严格控制街区内外新建筑物的风格与周围环境相协调，以避免对街区景观与尺度造成破坏。

第二，加强对文物建筑的维修与保护，并合理加以利用。在结构安全的情况下，尽量保持其原来的面貌，同时还要注意赋予它们合适的新功能，否则会造成对古建筑的直接破坏。

第三，对堡子里街区内部进行环境保护设计。治理街区环境和卫生并建立堡子里历史文化街区的环境与卫生监察网络，以提高地区的生态环境质量。

（五）特色要素总结

张家口地区传统建筑具有适应本地区气候、结构简洁、就地取材、施工建造方便等优点，拥有独特的建筑材料和结构体系，使用大量的地方性材料，积累了许多成熟的经验和技术，运用传统的建造技术协调建筑与自然的关系，在塞北文化区传统建筑中最具有代表性（表2-2-6）。

城市构成要素表　　　　　　表2-2-6

自然环境	山脉	阴山山脉、太行山脉
	江湖	永定河、潮白河、内陆河、滦河和大清河水系
	气候	温带大陆性季风气候。一年四季分明，冬季寒冷漫长，春季干燥多风沙，夏季炎热短促降水集中，秋季晴朗冷暖适中
	特产	宣化牛奶葡萄，蔚县小米、莜面、口蘑等
人工环境	古城格局	因地制宜的军堡、内向的防御性空间
	文物古迹	西古堡、鸡鸣驿、澍鹫寺塔、涿鹿清凉寺、清远楼、赤城胜海寺、镇朔楼、宣化护福寺、涿鹿香峰寺、万全明长城、时恩寺、万全右卫城、蔚县玉皇阁、蔚县弥勒寺、南安寺塔、蔚县华严寺、洗马林城墙、察哈尔民主政府旧址、蔚县财神庙、释迦寺（蔚县博物馆）、旧羊屯戏楼、佛真猞猁迤逻尼塔、宣化柏林寺、沙子坡老君观、卜北堡玉泉寺、洗马林玉皇阁、蔚州古城墙、常平仓、怀安昭化寺、蔚州真武庙、宣化天主教堂等
	民居街巷	蔚州古城、张家口堡等
	墓葬胜迹	下八里墓群、赤城杨洪墓、梳妆楼古墓群、老龙湾汉墓群、辽代壁画墓群等
	古文化遗址	泥河湾遗址、小宏城遗址、三关遗址、元中都遗址、九连城遗址、代王城遗址、庄窠遗址、小长梁遗址、虎头梁遗址等
人文环境	历史人物	蚩尤、寇赞、秦开、寇仦隽、王次仲、郦道元、吕复、杨惟中、郝杰、王振、侯俊山、董存瑞、马宝玉、柴书林、罗平、阮崇武
	宗教信仰	天主教、伊斯兰教、佛教、道教、基督教等
	岁时节庆	冬至、腊八节、春节、元宵节、填仓节、端午节等
	民俗文化	蔚县剪纸、打树花、万全打棍、庙会、敖包等
城市肌理	水域空间	大清河将全市分为桥东、桥西两个区域
	道路系统	东西向与南北向干道交织，环市区的外环线减轻市内交通压力
	城市开放空间	集中在老城区展览馆附近，以及高新区市民广场等区域

（来源：刁建新 制）

（六）风格特点

"塞外明珠"张家口是塞北文化区典型城市，被阴山山脉划分为坝上和坝下两个区域，规划因地制宜，具有浓厚的军事色彩。独特的自然山水环境形成了独特的历史文化特质，多民族文化在此融汇交流，浓郁的地方文化孕育了别具一格的建筑与规划特色。张家口地区民居建筑以合院为主，坝上坝下各不相同，公共建筑具有防御性强、多种建筑风格交汇的特点（表2-2-7）。

张家口风格特点汇总表　　表2-2-7

城市特色	"塞外山城"、"长城博物馆"
街区特点	传统街区内向布局，具有防御性；里坊制城市
材料建构	石材、青砖、青瓦、木材、生土材料等
符号点缀	砖雕、影壁、木雕、石雕、屏风

（来源：刁建新 制）

第三节　冀北地区的传统建筑单体解析

一、传统建筑类型

冀北地区具有融合的文化特色，且地理位置邻近行政中心，因此这一区域的建筑种类繁多，基本可以分为以下几个类型：皇家园林建筑、军事防御建筑、宗教建筑、传统民居建筑。

（一）皇家园林建筑

皇家园林为中国园林的四种基本类型之一，根据古籍的记载，一般被称为"苑"、"囿"、"宫苑"、"园囿"、"御苑"。

中国在自奴隶社会到封建社会连续几千年的历史时期中，皇权占有绝对的权威，因此突出帝王至上、皇权至尊的礼法制度渗透到与皇家有关的一切政治仪典、起居规则、生活环境之中，皇家园林建筑也受其影响表现出独特的皇家气派。冀北地区最典型的皇家园林建筑就是18世纪我国封建社会最鼎盛时期建造的避暑山庄及周围寺庙。避暑山庄是我国著名的古代帝王宫苑，也是我国现存最大的皇家园林，它浓缩了我国北方疆土的特征，同时结合了江南情调、平原的塞外景观和名山景致。

（二）军事防御建筑

1. 长城关隘

在长城沿线分布的众多关隘既是长城防守的重点，又是出入长城的要道，平时用来查验过往的商旅和行人，战时可闭门抵御来犯之敌。在山势较高且路途崎岖、难以通行的地方，关隘可适当稀疏布置，反之在不易戍守而又关键的军事战略要地需要增加戍守关隘的数量，例如八达岭口是居庸关长城最重要之隘口，城墙基平均宽为6.4米，顶部宽约5.8

米，共有敌楼3座，形制相仿但各具特色。敌楼全部为砖石结构，两层顶部均做成多个拱券，有梯道上下。在长城险要处和交通要道上，筑有坚固的烽火台，大约每隔十里在易于瞭望的高岗上或丘阜上建一个。

2. 军事堡寨

堡寨是军事防御的重要手段，历史上很多朝代在冀北地区都兴建有堡寨。明代政府为了加强防御大规模重修长城，沿线设"九边重镇"以及卫、所、营、寨等防御单位，并推行募民屯田、且战且守、以军隶卫、以屯养兵的政策[①]，从而出现大量按照当时防御体系及兵制的要求分布的城堡。

（三）宗教建筑

1. 佛教建筑

冀北地区的佛教建筑寺庙往往因燕山地区多山的地貌依山势而建造。清代边疆地区多实行政教合一的政治制度，因此冀北地区涌现了大批藏传佛教的经典建筑，孕育了避暑山庄周围的寺庙群，其中包括溥仁寺、溥善寺、普乐寺、安远庙、普宁寺、普佑寺、广缘寺等。这些精湛的寺庙建筑风格各异，吸取了西起西藏、新疆，北到蒙古，东南到浙江等许多著名建筑精华，集中当时建筑建造成功的经验，成为满、蒙古、藏、汉文化交融的典范。

2. 道教建筑

道教建筑多选址于山巅，道观保持清静、整洁和庄严，修道以求"清静无为"、"离境坐忘"、"安静自然"为本。受先秦道家遗风之影响，道教重视天文学，对天体具有崇拜与敬畏，同时道教从道家"天人合一"、"身国同治"的思维模式出发，认为了解天象有助于求道证道，得道成仙。道教建筑称为"观"是取观星望月之意，所以常建于山顶，而冀北地区多山的特性正贴合道教选址的要求，如承德

---

① 谭立峰. 明代河北军事堡寨体系探微[J]. 天津大学学报（社会科学版），2010.

广元宫。当地道观往往采用合院式建筑，其主次分明，尊卑有序，可以最大限度地满足使用功能。

（四）传统民居建筑

1. 坝上囫囵院

囫囵院是地处平缓、开阔的坝上高原的最主要的院落类型。囫囵院选址于向阳背风的平地或缓坡地带，是由游牧生活逐步改为定居耕作生活发展而来的居住建筑的典型实例。建筑以土坯房为多，正房坐北朝南稍偏东，多作三间，东厢房放置农具杂物，西厢房用作畜棚，厕所置西南角，东南角留院门，多不设门楼。院内周围用地十分空旷，空间处理上各个使用单元横向发展。在草原文化与农耕文化环境交融影响下，居民兼有饲养牲畜和耕种农作物的生活方式，由于饲养骡马牛羊等牲畜的需要，院落宽阔深远。在院内用石块和土坯或单以木栅栏围隔出小院，使空间主次分明，布局灵活自由。

2. 坝下独院

坝下独院是以砖木结构为基础的传统合院式住宅，其院落格局为有一处庭院，三面或四面建有房屋将庭院合围在中间，即单进的三合院或四合院，是冀北地区民居典型代表。四合院与三合院其正房朝向也以朝南居多，开间多以三、五间为主，进深与面宽视具体情况而定，宅基多为长方形，东西窄、南北长，对称构图的形状、方向、位置等诸因素之间的关系，都达到了高度精美的程度，例如：张家口市堡子里的四合院、承德滦河老街周边传统民居。

3. 坝下窑洞

冀北窑洞区主要分布在张家口坝下怀安、万全、阳原、赤城几县。当地窑洞绝大多数是沿洋河支流洪塘河两岸、在黄土高坡的向阳面上建造，由秸秆拌泥土坯拱筑的独立式窑洞住室，也有一些在梁坡崖壁凿洞而筑的居室住宅，还有一部分半间是窑洞、半间为土木结构房间的混合住宅。

院落结构形式有独立式窑洞式院落和合院式窑洞院落，独立式窑洞院落布局形式一般是三孔窑洞或五孔窑洞作正房，东西窑各三间、庭院左右分列厢房或只设院墙，南房院子呈方形，且两厢房间距较大。在怀安西沙城地坑院的群落中，五间窑洞式正房，在其东或西又有三间拱筑土坯窑洞，也有的依梁崖凿土窑三间，然后夯筑两面围墙，筑成四合院，例如张家口怀安县太平庄窑洞、张家口怀安县西沙城乡窑洞。

4. 连环套院

连环套院由多个紧密结合院落相互贯通而成，以过厅或院门作为连通，每个院落间可独成单元，其中有"九连环"、"八连环"、"四连环"套院等，主要分布于张家口蔚县等地，其规模在纵向上有一进二进的，多至四五进，甚至更多；在横向发展上是一个个四合院并排着，内里左右院子也互相连着。在纵向发展的院子其正房一般超过三间，多为五、七间，有的包含耳房达九间。南房与正房间数相同。在横向发展的院落除前后院之外，还有左右连环院，即偏院、跨院、书房院、围房院、花园、场院、马号等。整个院落由纵横轴线分成前后左右互相分隔又紧密相连的多进院子（图2-3-1），例如张家口蔚县南留庄门家九连环大院、张家口蔚县西古堡东西楼房院。

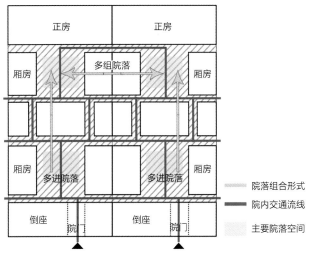

图2-3-1 连环套院平面示意图（来源：据行斌《张家口地区传统民居资源利用研究》绘图）

5. 坝下多进院

坝下多进院的院落宽度等于正房通面阔，以二进院为例，进入二进院必须通过客厅，所以客厅在当地又有"过厅"的称谓，例如蔚县西古堡苍竹轩过厅（图2-3-2），在客厅之后是一座完整的三合庭院，有独立的院门，即二门。二门与客厅后檐墙之间还有一段距离，为前后两庭院的过渡空间。

在二进院的基础上沿中轴线继续叠加三合院，即变成三进院、四进院等多进院。三进、四进院的组合有完整型和简化型两种，其中完整型即每个庭院中的厢房、正房俱全，也可谓之标准型，标准型三进院就有三堂（三座正房）三院，同理四进院则是四堂四院。当地冬季寒冷，为得到更充足的阳光而多获得自然热能，把正院布置得南北长、东西窄，并且正院比前院高，正房比倒座房高。主要分布于承德宽城县、张家口万全县、蔚县等地。

二、典型传统建筑分析

（一）"文殊圣境"殿

"文殊圣境"殿，位于大红台下大白台东南角，是承德普陀宗乘之庙众多藏式白台建筑中的一座，具备了普陀宗乘之庙藏式白台建筑的主要特征（图2-3-3）。墙体顶部施用墙身刷红浆的女墙，女墙上施用琉璃佛八宝及角旗；墙身为城砖糙砌，外墙面抹灰刷白浆，镶饰藏式红色盲窗，北立面墙体西侧开凸出于墙面的绿琉璃罩门为进入台体内部的唯一入口，南侧墙体嵌"文殊圣境"满、汉、蒙古、藏四体字匾，下部实心白台台基面阔、进深与上部空心白台基本一致，墙面抹灰刷白浆，西立面墙面为七层藏式盲窗，南立面和东立面墙面饰三层琉璃门罩。

普陀宗乘之庙为仿西藏布达拉宫而建，具有浓郁的藏式建筑风格，但是由于部分建筑历经多次改建，同时受政治、

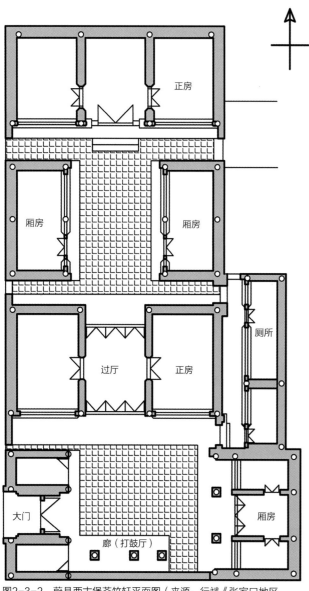

图2-3-2 蔚县西古堡苍竹轩平面图（来源：行斌《张家口地区传统民居资源利用研究》）

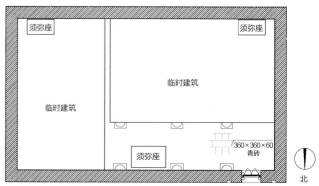

图2-3-3 "文殊胜境"殿平面图（来源：董旭《承德普陀宗乘之庙历史与建筑研究》）

地域文化等方面的影响，或多或少地融入了汉式传统建筑风格，形成了以藏式建筑风格为主、汉式建筑风格为辅的寺庙建筑风格。

第一，普陀宗乘之庙平顶式的建筑特点，从整体上保持了寺庙的藏式建筑风格。平顶屋面是藏传佛教寺院及民居建筑的重要特征之一。在普陀宗乘之庙的众多白台建筑中，不论是空心白台还是实心白台，整体建筑形式均为平顶。前院东白台殿与中罡殿、后院东白台殿等建筑，虽然在台体顶部建造了汉式传统的琉璃瓦顶殿堂，但是从整体上并未对藏式平顶建筑形式造成严重影响。

第二，墙体外侧的建筑形式保持了建筑整体上的藏式风格。从普陀宗乘之庙所有的单体建筑来看，除了碑阁、琉璃牌楼两座单体建筑和大红台建筑群外，其余建筑外侧墙体的建筑形式具有以下几个特点：其一是墙体外侧均粉刷为白色，白色是藏传佛教极为推崇的一种颜色，除了可以表达色彩的基本含义，还具有吉祥、纯净、正直的意思，故在藏式建筑中多将墙体外侧粉刷成白色；其二是在墙体的外侧装饰多层粉刷为红色的梯形盲窗，碉房是藏族先民用石头建造的具有较强军事防御功能的方形建筑物，是藏式建筑中最为常见的一种建筑形式，普陀宗乘之庙台体建筑墙体外侧装饰的

多层红色梯形盲窗便是对藏式碉房每层开窗的象征；其三，在墙体顶部四周施用红色墙身的女墙，其外观形式与藏式建筑中特有的"边玛墙"建筑形式极为相似。

第三，大红台群体建筑的布局形式形象生动地表现了藏式建筑风格。普陀宗乘之庙是以西藏布达拉宫为蓝本而建，其设计模仿程度几乎做到了极致。大红台前大白台、大红台群楼，"慈航普度"和"权衡三界"两座金瓦建筑，"文殊圣境"殿、千佛阁、御座楼群楼等建筑的形式和布局均是对布达拉宫白宫和红宫形象的模仿写照[1]。

（二）宋家庄苏家祠堂

张家口蔚县宋家庄镇历史悠久，文化灿烂，山川景色秀丽，具有丰富的人文景观与自然景观。蔚县及周边府县历史上颇有影响的苏、邹、韩三姓先祖曾为当地建造和发展做出贡献，为宋家庄村堡也留下珍贵的古文化遗存。

世袭皇恩的苏氏家族在宋家庄堡内建有苏家祠堂，位于村堡北端真武庙西侧。祠堂院落呈长方形，坐北朝南，其中正祠堂三间，东厢一间，硬山单坡顶。正北为供奉先人之厅堂，堂内正面和东西侧墙壁绘有明清两世先祖牌位共计十五代之多（图2-3-4）。

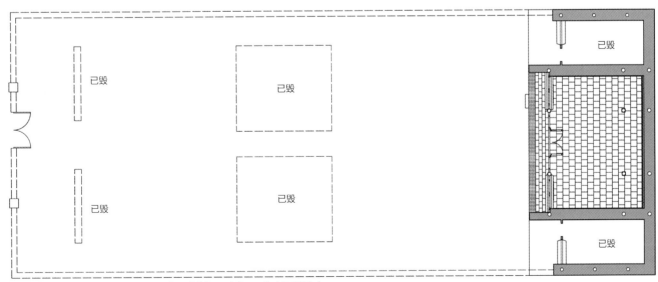

图2-3-4　苏家祠堂平面（来源：商莹、孙伟超、孙岩田、张光磊 测绘）

① 董旭. 承德普陀宗乘之庙历史与建筑研究[D]. 河北师范大学，2015.

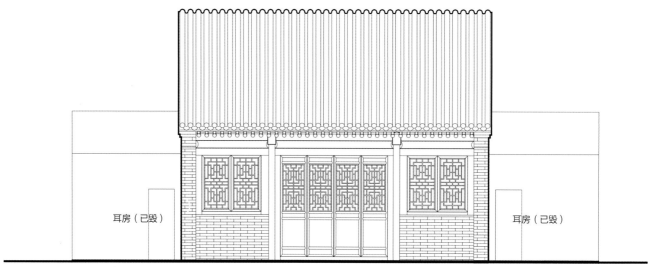

图2-3-5　苏家祠堂立面（来源：孙伟超、商莹、孙岩田、张光磊 测绘）

祠堂的建筑和壁绘形式均清秀雅致，属南方风格，北方少有。由此可见苏氏家族为宋家庄带来的以苏家祠堂为代表的南域文化已有数百年历史，弥足珍贵。苏家祠堂现为镇级文物保护单位（图2-3-5）。

第四节　冀北地区的传统建筑整体特征总结

一、传统建筑与环境特色

（一）冀北地区皇家园林建筑与环境特色

冀北地区的皇家园林建筑与周边环境相互结合，匠人运用高超的造园技术将建筑、园林景观与环境紧密联系，独具特色。承德避暑山庄是冀北地区传统建筑中皇家园林的代表。

1. 因山就水、顺其自然

避暑山庄继承和发扬了中国古典园林的造园理念，按照不同的地形地貌特征选址和设计，借助自然地势，因山就水，融南北造园艺术精华于一身，空间组合丰富活泼。

避暑山庄外围东部和北部的山麓上散布着溥仁寺、溥善寺等外八庙，其总体布局依山势在向阳山坡上层层修建，建筑群落大部分采用传统的对称方式，有的寺院还附有山石花木等景观意向，颇具江南园林的特色。

2. 分散布置、充实园景

避暑山庄建筑分散布置在园内各个风景点上，与自然环境相结合，丰富和充实了园林空间，使园林中有建筑，建筑中有园林，在较小的园林空间内则自成一景，形成了"园中之园"的建筑布局，通过桥梁、瀑源、清溪、假山、叠石等的处理形成了单体与群体建筑在空间和色彩等方面的巧妙搭配[1]。

（二）冀北地区民居与环境特色

1. 就地取材、适应自然

冀北民居有着极强的自然适应性，建筑可以适应气候条

---

① 周江波，李磊. 承德避暑山庄及周围寺庙的建筑（园林）特色与历史作用[J]. 河北旅游职业学院学报，2013.

件，选用当地的材料如沙石、木材等，具有良好的采光、挡雨、通风、防风等条件，一般选择坐北朝南，背山面水，这样既便于生产生活用水，又能充分利用日照资源。冀北民居在内部空间上强调过渡性空间的运用，通过院落把人类生活与自然环境联系在一起。

2. 文化渗透、融合性强

冀北地区地处河北、内蒙古、北京、山西交界，自古是边陲与内地贸易之所，南北交通要道，形成了农耕文化与游牧文化交融互补、多民族杂居共生的历史文化传统。冀北民居以简约为主，一般使用当地建筑材料如用碎石或砖砌墙，压土成壁，屋内多筑土炕用来烧火取暖，面积占半屋左右[1]。

（三）冀北地区军事建筑与环境特色

1. 因地制宜、利于防御

冀北地区的军事建筑因地制宜，利用自然环境完善其防御功能。军事堡寨多建于易守难攻的高山以及丘陵台地之上，以占据有利地形，便于监视敌军，提高军事建筑的防卫能力，达到"制高以御下"的效果。

2. 整体设防、疏密有秩

军事防区整体规划选择地形险要的区域修建军事建筑

重点设防，集中与分散布置相结合，分布疏密有秩。堡城之间的间距30~40里，堡城至长城的距离一般不超过20里，卫、所城之间相距约百余里[2]，与堡城相间布置以利有效控制所管辖的堡城。

二、传统建筑空间特色

（一）冀北地区皇家园林建筑空间特色

冀北地区皇家园林建筑空间具有层次分明、结构立体的空间特色。承德避暑山庄空间构建为景点串联构成景线，景线成网构成景区，从微观到宏观层层递进。避暑山庄整体空间的结构明确，各层级相互依托，联系紧密，共同构成空间层级构建模式。

1. 多个层级层层递进

单一景点空间是空间构建的第一个层级；单一景点空间有组织的组合排列构成复合景点空间，是空间构建的第二个层级；复合景点空间之间或与单一景点空间互相组合排列构成节点空间，是空间构建的第三个层级；节点空间由观赏路径串联构成景线，是空间构建的第四个层级；景线以平行、交叉、连接等形式组合，构成网络状的景区，是空间构建的第五个层级；苑林区再与宫殿区组合，构成避暑山庄的整体空间结构[3]（图2-4-1）。

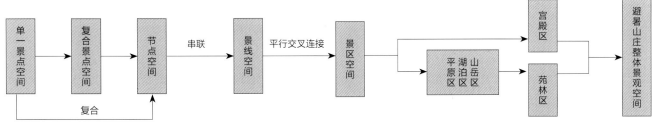

图2-4-1　避暑山庄整体空间构建示意图（来源：张婧婍《承德避暑山庄山水地形与空间构建的分析》）

① 阎晓雪，李瑞杰. 张家口民风民俗资源的文化产业价值[J]. 河北北方学院学报（社会科学版），2011.
② 谭立峰. 明代河北军事堡寨体系探微[J]. 天津大学学报（社会科学版），2010.
③ 张婧婍. 承德避暑山庄山水地形与空间构建的分析[D]. 北京林业大学，2014.

2. 结构整体性强

在单个景点中，地形充当景点的边界。在若干景点集中的区域中，地形则既作为所有景点的山水骨架，又是其中单一景点的边界。景观元素互为边界，相互联系紧密，具有整体性。

（二）冀北地区民居建筑的空间特色

1. 院落内向，布局规整

冀北地区的传统民居建筑表现出中国传统民居最为明显的内向性。院落主要为方形，很多民居外墙不开窗子以保持住宅内部的私密性，只有门是与外交流的出入口，同时当地民居的内向布局具有相对性[①]，露天的庭院使整体布局有一定的开放性。

2. 院落灵活组合

冀北地区民居院落一般先沿轴线纵向扩展，后横向扩展。由于气候和生活方式要求，坝上地区院落一般为囫囵院，院内用地充足，布局模式灵活自由，院落之间横向相连成一排，纵向上不再发展，通过转折、错落布置等手法形成均衡构图。坝下院落的基本组合形式为纵向组合，基本遵从北方合院建筑的一般形制特征，中轴对称，院落南北长东西窄，平面呈纵向长方形。单独的院落纵深一般不超过两重院，根据院落的面积需要纵横向同时发展，以便于更好地组织空间，方便使用。

（三）冀北地区军事建筑的空间特色

1. 布局规整，防御性强

从总体上看，大型军堡的平面形态比较规整如镇城、卫城。小型军堡的平面形态相对灵活如所城、堡城[②]。选址

在河川平原及丘陵台地之上的堡寨，其平面形制多为规则几何形，分为方形、长方形、中字形、L形等，此外还有凸字形及圆形等等。选址在险峻山地及丘陵坡地之上的堡寨，其平面形制往往随着地形、道路、河流等走势呈现出不规则或局部不规则的自由形。无论是规则几何形还是自由形的平面形制均体现了我国古代"方形城制"的规划思想，并与长城、山水天险有机融合在一起，形成了独具特色的北方边塞风光。

2. 等级分明

军堡按照军事级别和组织关系有严格的等级划分，每个军镇、卫、所等都有其辖区范围，管辖一定数量的堡寨关隘。每一级别的军堡规模也有所不同，镇城是军事和行政指挥中枢，在镇城级别以下是卫城，卫城所辖为堡寨，这些等级分明的军事建筑构成了严密的防御体系。

三、传统建筑营造技术特色

（一）冀北地区皇家园林建筑营造特点

1. 建筑类型多样，复杂多变

避暑山庄汇集了中国古建营造的精华，其造园技术与建筑艺术无与伦比。为满足不同的功能用途和内容要求，创造了许多建筑类型，如宫、殿、厅、堂、馆、轩、斋、室、亭、台、楼、阁、廊等，还有许多精美的装饰性构筑物，如门楼、牌壁、碑刻等。

2. "宫"、"苑"分置及"集锦式"布局

皇家园林利用丰富的自然景物和复杂多变的地形特点，随山依水，采用不同"宫"、"苑"分置的布局形式。避暑山庄南部的宫殿区为紫禁之制的九进院落，坐北朝南，以

① 关丽娜. 河北省承德地区农村住宅空间模式研究[D]. 河北科技大学，2010.
② 谭立峰. 明代河北军事堡寨体系探微[J]. 天津大学学报（社会科学版），2010.

"十九间照房"为界分外朝和内寝两个部分[1]。宫殿区北面的苑林区内分布有湖景区、平原景区和山景区，形成各种不同特色。宫苑相互呼应，在空间上和谐统一，具有整体性。

3. 仿中有创

避暑山庄在仿建中有创新，运用了不同历史时期的建筑艺术，体现了不同时期不同民族的宗教信仰、生活习惯、宗教艺术和建筑特征，例如仿元代画家倪瓒所画"狮子林图卷"的画意建造的文园狮子林；仿绍兴兰亭建造的曲水荷香等。

4. 建筑与山水巧妙结合

在整体建筑景观设计中，突出了挖湖蓄池、构榭筑台，垒石引溪、悬泉挂瀑，开源导流、生发渠肪，广植嘉树、博种蔓草，自然天成[1]。景观带仰俯错落、凭实借虚，与建筑浑然天成，相得益彰。

5. 自然美、建筑美、绘画美相结合

园林建筑集古今大成，汇集了魏、晋、南北朝以来包括唐、宋、明等历代佛像雕刻艺术、壁画彩绘艺术、工程营造和匠作技术，运用这些艺术形式突出园林主题，渲染气氛，创造和丰富意境，使山水建筑、树木花草都表达出特定的思想与情感，形成了清代营造艺术的典范。

（二）冀北地区民居建筑营造特点

中国传统民居建筑起源于经济技术落后的农业和手工业社会，在千百年来自然与社会变革中逐步演变成为地域特征强烈的乡土居住建筑体系。冀北地区的传统民居具有适应本地区气候、结构简洁和施工建造方便等优点，拥有独特的建筑材料和结构体系，在发展的历史中积累了许多成熟的经验和技术。

1. 建筑材料

（1）生土材料

冀北地区传统建筑尤其是民居建筑的受力和围护结构广泛采用了生土材料，生土材料节省制作时间、节约能源、造价低廉、可以循环使用。生土建筑制作简单、技术成熟、施工简便且方便自建。

（2）砖

砖材料在冀北地区传统建筑中应用广泛，具有保暖、隔热、坚固耐用、防雨、耐腐蚀等性能，例如青砖是张家口坝下地区民居建筑的常用材料。青砖的颜色稳重古朴，庄严大方，但其物理性能方面有一定的缺点，青砖抗压力比较小，因此容易破坏，同时吸水率较大，砖墙容易粉蚀[2]。

（3）石材

石材是传统建筑中不可缺少的材料，具有耐压、耐磨、防渗、防潮等特点。在建筑上使用石材的部位有墙基垫石、墙基砌石、柱脚石（柱础）、墙身砌石、山墙转角处的房子砥垫、角石、挑檐石以及台阶等。石墙坚固耐久，良好的防潮性使其做墙基石不易返潮破坏，可以延长房屋的寿命，缺点是采凿石材需要大量的人工。

（4）木材

木材一直是中国古代建筑重要的原材料之一。木材具有良好的力学性能，在竖向有很好的耐压性能，在横向有优良的抗挠曲性能。塞北地区盛产榆树、柏树、棘树、杨树等树种，这些都是当地传统建筑中常用的优良木材。

2. 承重结构

冀北地区传统建筑因地域气候不同和受到材料、经济条件、施工技术的影响表现出自身的特点：以木构架承重体系为主发展到木构架与墙体结合的承重体系，进而又发展到墙体承重体系。

---

① 周江波，李磊. 承德避暑山庄及周围寺庙的建筑（园林）特色与历史作用[J]. 河北旅游职业学院学报，2013.
② 行斌. 张家口地区传统民居资源利用研究[D]. 河北工程大学，2011.

（1）木结构承重的木结构体系

冀北地区民居早期主要为木结构体系，木材的尺度一般都比较短小，主要采用搭接的形式，致使空间受到局限，因此传统民居主要为3间，并且内部空间没有横向的隔墙，只做纵向的分隔，形成一种单列排列的平面类型，主要呈现横向扩张的特点。建筑屋顶以硬山为主，当地冬季天气寒冷且屋面荷载大，所以选择抬梁式以承受较大荷载。四合院民居中正房等级最高，应用有正脊的屋顶构架，而"四檩三挂"、"五檩四挂"是当地民居的常见结构形式。

（2）木结构与墙体结合承重的砖木结构体系

随着生产技术的发展，结构体系逐渐由木结构向砖结构过渡，形成了以砖和木为主的砖木结构体系，柱和墙体共同承担屋顶荷载的承重，即山墙部位的山面梁架和柱部分被山墙取代。到清末和民国时期，民居中三间面阔的小开间建筑四面封檐，不再用木柱，水平受力构件仍用木材，抬梁式梁架简化为只有抬梁部分，同时为了进一步节约木材，又发展了人字形梁架。

（3）墙体承重

明代以来砖的大量应用推动了承重结构的变化，形成木屋架墙体承重体系。建筑坡屋顶仍然保留，以墙体代替木柱承托屋架，房屋无檐廊，前后檐墙直接承托屋架大柁，山墙直接承托檩条，四面墙壁都承重（表2-4-1）。

四、传统建筑形态与细部特色

（一）皇家园林建筑形态与细部特色

1. 屋顶

以避暑山庄为例，它集皇宫、苑囿的功能于一体，建筑外部装饰以简单的青砖灰瓦为主，外檐无斗栱和彩绘，屋顶多为歇山式、硬山式两种，在园林的空间视觉中恰到好处。

2. 室内装饰装修

避暑山庄宫殿区的建筑内部布局丰富多样，很少相似。利用廊步构成的夹道沟通内部空间；室内设置仙楼、戏台，形成室内有室的格局；还有以圆光罩、炕罩、栏杆罩、花罩、博古槅、板壁、帏幔、落地罩、隔扇等作为分割室内空间的形式，使小尺度空间出现丰富的层次。

避暑山庄宫殿区建筑内部装修陈设富丽堂皇。帝后居住的宫殿区如澹泊敬诚殿、依清旷殿、鉴始斋、松鹤斋等都使用丝绸作为裱糊材料，许多建筑里还使用不同材质的木板装饰墙壁[①]，在窗部大量使用玻璃材料，增加了建筑立面的通透

冀北地区民居建筑营造特点　　　　　　　　　　　　　　　　　表2-4-1

建筑材料	泥土	制作简单、形式多样、造价低廉、保温效果好、可循环使用
	砖石	坚固耐用、耐磨、防渗防潮、可雕刻装饰
	木材	竖向耐压、横向抗挠曲、易加工
承重结构	木结构承重	抬梁式可承受较大荷载
	木结构与墙体结合承重	节约木材、檐柱承担荷载小
	墙体承重	承重同时作为围护结构
围护结构	砖墙	材料做法简单干净、独特雅致、体现经济实力
	生土墙体	取材方便、防寒隔热、怕雨水冲刷
	石墙	彼此间咬合、拉结以求稳固，大小石面错落具有美感

（来源：据王月玖《张家口地区传统民居建筑研究》制表）

---

① 薛辉. 谈避暑山庄宫殿区的建筑装饰[J]. 河北民族师范学院学报，2013.

性，室内光线充足。宫廷地面铺设名贵砖石，包括金砖和天然石等如紫石、绿砂石、青白石、花斑石和大理石等。

（二）民居建筑形态与细部特色

冀北地区民居细部特色为汉族建筑外观融合少数民族装饰特点，以下从建筑外观形态与建筑细部特色两方面对民居建筑进行总结。

1. 民居建筑形态

冀北地区传统民居建筑形态的特点主要体现在对屋顶、院门、墙体、门窗、山墙等方面丰富多样的造型。

（1）屋顶

冀北地区为防止漏雨，房屋多做坡顶，坡度为30度左右，而且出檐很深；为解决室内采光，坡顶多有起翘和生起，不但满足了使用要求，还产生了灵巧、起伏的屋面效果；为解决冬夏温差大的问题，高大的屋顶能够在屋顶与棚顶之间形成一个恒温过渡层，冬天严寒，顶棚下的房间防寒保暖；夏天暴晒，上有顶棚恒温过渡，门窗有竹帘纱窗遮挡热气，房屋里则凉快清爽。

（2）倒座房

倒座房即南房。在传统院落中正房是一院的中心，是长辈或院子主人住的地方。南房相对于正房的位置正好相反，正房坐北朝南，南房则坐南朝北，故将南房称为倒座房。

（3）廊

廊具有重要的实用价值和艺术价值，为合院是否合乎规格的标志之一。冀北地区古民居建筑中的廊很多，建筑形式丰富多样的长廊将各具特色、各司其职的单体建筑串连起来，使之成为一个相互联系的整体。

2. 民居建筑的细部特色

冀北地区传统民居建筑非常讲究美观，把功能与符合美学要求的形式有机地结合在一起。民居经过艺术处理，以美的装饰、美的功能、美的形态、美的理念呈现出具有地方特色的冀北民居的特色美（表2-4-2）。

（1）砖雕

砖雕是以青砖为材料的建筑装饰，砖面上一般雕刻有纹饰、图像和文字。砖雕既有石雕般的冷峻坚固的材质感，又能像木雕般精雕细琢[1]。冀北地区建筑砖雕广泛应用于门头、影壁、墀头、槛墙等，不同的形式和内容的砖雕应用于不同部位。屋顶上也通常也以砖雕作为装饰，屋脊装饰是古建筑屋顶的重要装饰部分，同时当地烟囱的顶端都配有砖雕小楼、凉亭和花盆式装饰。

（2）石雕

在冀北地区，石雕多可用来装饰抱鼓石。雕刻部位有鼓座、鼓面、鼓顶三大类。多种不同的图案纹样如牡丹、荷花、芙蓉、葵花以及如意纹、卷草纹、云纹等，表达福寿吉

冀北地区民居的装饰艺术

表2-4-2

装饰艺术	材料	应用部位	特点
砖雕	青砖	门头、影壁、墀头、槛墙等重点部位	粗犷与雅致并存，质朴而清秀
石雕	石材	抱鼓石、柱础等部位	石雕般的坚固刚毅的材质感
木雕	木材	门头、雀替、门联，门窗及室内门窗、梁架或家具、陈设等的装饰构件上	精琢细磨，具有柔性较强的平面视觉艺术，艺术价值也比较高
彩绘	油漆	大梁、看梁、顶棚上	色彩缤纷且具有渐变的韵律，内容作为精神寄托

（来源：据兰蒙《河北传统民居建筑装饰及其影响因素的研究》制表）

---

[1]　王月玖. 张家口地区传统民居建筑研究[D]. 河北工程大学，2010.

祥的寓意，反映了当地居民对美好生活的向往。同时由于柱子的整个柱础都亮在外面，其各个面都以石雕作为装饰，柱础多种多样，有鼓形、八边形、组合型等造型。

（3）木雕

木雕艺术广泛应用于坝下四合院民居中，艺术价值也比较高。木雕技法大致有浮雕、透雕、嵌雕、贴雕、线雕、圆雕等类型[①]。木雕装饰主要位于门头、雀替、门联、门窗、屏罩、梁架等装饰构件上或家具陈设上。

（4）彩绘

彩绘主要位于大梁、看梁、顶棚、檐口椽头、门窗等位置。这些彩绘不仅为追求美观，还是一种精神的寄托，其题材内容为福禄寿喜、驱邪避害等。

① 王月玖. 张家口地区传统民居建筑研究[D]. 河北工程大学，2010.

第三章　冀中地区传统建筑解析

　　冀中地区地处河北省中部，西起平汉路，东至津浦路，北临平津，南至仓石路。冀中地区受三个文化区域影响（图3-0-1），由西到东依次是太行山脉文化区、河北平原文化区和运河文化区。

　　1. 太行山山脉文化带位于河北省西部，呈长条状，主要分布在石家庄和保定的西部。北宋时期，富弼、韩琦、欧阳修、沈括、苏轼等名宦贤宦先后奉使河北，都在真定府（今正定）留下足迹，促进了这一地区经济、文化的繁荣。

　　2. 冀中地区河北平原文化圈在地域上分布在石家庄、保定、沧州、廊坊、衡水，历史悠久。有"京南第一府"美誉，与保定、大名、开封齐名的京南四大名府之一的河间府；有"京畿重地"、"首都南大门"之称的保定府；有平原地区典型城制的定兴县城；有特殊形制的藁城县城等历史古城镇以及后文提到的大城县城等历史古迹。

　　3. 运河文化带在地域上分布在衡水沧州及廊坊部分区域。虽然在冀中地域影响的区域较小，但是依然留下了许多灿烂的历史古迹。

　　优越的自然及人文条件孕育了冀中地区的传统建筑呈现独具一格的建筑特色，展现了该地区历代文化与艺术发展的独特魅力。

图3-0-1　冀中文化区分布图（来源：连海涛 绘，底图参考：《河北省地图集》，星球地图出版社）

第一节 冀中地区自然、文化与社会环境

一、冀中地区的自然环境

（一）地理位置

冀中地区（图3-1-1）域跨太行山地和华北平原两大地貌单元，北临京都，南与邢台相连，东与津门交界，西部与山西省接壤。地势北高南低，西高东低，地貌复杂。西部太行山区、北部山地丘陵，地势高耸，建筑大多就地取材，以石砌结构为主要建筑类型，依据山势地形灵活布置；东、南部属太行山山前冲积平原，地势平缓，砖木多进院形式为主

图3-1-1 冀中地区（图片来源：连海涛 绘）

要院落格局，中轴对称特点鲜明。区内河流分属海河4大水系——大清河水系、子牙河水系、南大排水河系和漳卫南运河系。

（二）气候特点

冀中地区属温带大陆性季风气候，太阳辐射季节性变化显著，具有年内温差大、降水集中的显著特点。该地域日照充足，雨热同期，干冷同季。为适应季节变化显著的特点，建筑整体呈南北长东西窄，开窗南向大、北小或不开窗、东西墙不开窗的特点，在建筑形式上达到夏季的隔热通风和冬季的保温采光的效果。

二、冀中地区的社会背景

冀中地区历史悠久，在全区各地，遍布着早期人类的遗址。河北保定是中华民族的发祥地之一。《史记·五帝本纪》记载，黄帝曾"北逐荤粥、合符釜山"。自古以来就是京畿之地，战略要塞。该地区河流纵横，物产丰富，交通发达，其特殊的战略地位，成为抗日战争时期敌我双方争夺的重要地区之一。具有优良革命传统的冀中人民，在中国共产党的领导下，与八路军并肩作战，不怕艰难困苦，不怕流血牺牲，在冀中平原坚持开展抗日游击战争，为冀中抗日根据地的创建与发展，为坚持华北抗战作出了巨大的牺牲和贡献，在冀中地区遗留下了无数英雄故事与红色文化遗产[①]。

在冀中地区出现过多种宗教，比较重要的是佛教、伊斯兰教和天主教，其中印度传来的佛教延续时间较长，传播地域最广。佛教为我们留下了丰富的建筑和艺术遗产，如殿阁、佛塔、经幢、石窟、雕刻、塑像、壁画等。元明时期伊斯兰教快速发展，逐渐形成穆斯林聚集居住区。早期清真寺的建筑构造简单，其后随着穆斯林建筑艺术的发展，结构严整、带有装饰艺术的建筑群相继出现[②]。整体结构主要分为四

① 刘家国，论冀中平原抗日根据地的创建与发展[J]. 《军事历史研究》，2004.
② 郝祥，传统村落民居建筑中影壁研究[D]. 河北工程大学，2018.

大流派：叙利亚-埃及派、伊拉克-波斯派、西班牙-北非派和印度派。我国伊斯兰教建筑在结合各大流派的基础上结合了中国当地特色，形成了别具一格的伊斯兰风格。公元1343年重建的定州清真寺为我省最古老的清真寺；泊头清真寺为我省最大的清真寺。明朝末年，天主教从京师传入保定府。保定东阁中华圣母堂，以白色为主色，清洁素雅，是典型的哥特式建筑。"圣伯多禄圣保禄"是由法籍传教士在公元1901年所建，扩建于公元1910年，气势恢弘，风格典雅，是河北省著名的天主教堂之一。

三、冀中地区的历史演变

冀中地区的历史演变可分为秦汉时期、两晋南北朝时期、隋唐五代时期、宋辽金元时期，明清时期、民国时期、近现代七个阶段（见表3-1-1）。

四、冀中地区的聚落选址与布局

冀中地区历史传统聚落，在选址中遵循着水源丰富、依山就势、资源充足、有利防卫、交通便捷的方式。城乡聚落多以稳固的血缘关系作为聚落形成基础，以家族聚居、人口繁衍来逐渐扩大聚落规模。聚落规模的大小是由多方面的因素决定的。一般而言，距离城镇较近，交通便利，土地肥沃，耕地较多的乡镇，往往聚居人口较多，因而聚落的规模较大，甚至形成城市。而那些地处偏远山区，自然条件差、交通不便、土地贫瘠的乡村一般规模都比较小。

历史文化表一　　　　　　　　　　　　　　　　　　　表 3-1-1

历史时期	建造年代	建筑文化代表	地点	代表成就
秦汉时期	196 年～220 年	柏林禅院	石家庄	古燕赵的佛教中心
两晋南北朝时期	540 年	正定开元寺	石家庄	河北省境内最古老的木结构建筑
	562 年	慈惠石柱	保定	时代特色鲜明
隋唐五代时期	586 年	龙藏寺	石家庄	国内现存时代较早、规模较大而又保存完整的佛教寺院之一
	605～618 年	赵州桥	石家庄	世界上现存最早、保存最好的巨大石拱桥
	唐初	定窑	保定	五大名窑之一
	738 年	龙兴观道德经幢	保定	我国现存的形体最大、年代较早，保存最完整的道德经幢
	785～804	广惠寺华塔	石家庄	中国砖塔中造型最为特异，装饰最为富丽的塔
宋辽金元时期	辽初	阁院寺文殊殿	保定	全国年代较早、规模较大、
	辽代	廊坊白塔	廊坊	我国北方仅存的两座辽代石塔之一
	宋辽时期	永清古战道	廊坊	重要军事防御建筑
	宋末元初	武强年画	衡水	河北艺术的象征
	1348 年	定州清真寺	定州	我国现存最早的砖无梁殿结构
明清时期	1666 年	王家大院庄园	定州	华北地区现存规模最大、最为完整的清代砖木多进院民居
	道光、咸丰年间	保定老调	保定	特有的戏曲声腔剧中
民国时期	20 世纪 40 年代	奚派艺术	石家庄	被誉为"洞箫之音，珠走玉盘"
	抗日战争时期	红色根据地保定阜平县	保定	中国第一个敌后抗日民主根据地
	1948 年	西柏坡	石家庄	解放全中国的最后一个农村指挥所
近现代	20 世纪 70 年代	秸秆扎刻	廊坊	河北省的汉族传统手工技艺

（来源：连海涛 绘）

（一）聚落选址与规划

概括来讲，冀中地区传统村落的选址有靠近水源、依山而建、有利防卫和交通便捷四个主要特征。

1. 靠近水源

冀中地区水源丰富，聚落发展离不开水源，没有水源的聚落是无法生存的。近水而居，是聚落解决水源问题的主要途径。科学的处理聚落与河流关系，合理引水来改善聚落内小环境和满足生活需要，还可以利用水加强聚落的防御力。

冀中地区的很多传统聚落，符合人类靠近水源选址的规律，如依白洋淀而建的纯水区村落而建的保定东田庄村、保定圈头村等；三面环水的保定大激店村、保定凤凰台村；毗邻河而建的沧州东城村、沧州西关村等。

2. 依山而建

在山腰建设村落，无论从自然景观还是从生态环境来看，都是最佳的选址。许多村落依山就势，因地制宜，高低叠置，参差错落。聚落通过自然山势与人工建筑交相辉映，形成了符合当地自然地理环境特点的民居建筑特色，聚落与自然环境融为一体，是理想的居住环境。

中国传统村落选址中的依山而建的，如三面环山聚气而的保定吉祥村、石家庄南方岭村等；四面群山环抱而建的石家庄下安村、石家庄贾庄村、石家庄梁家村等、依山就势的保定骆驼湾、保定顾家台等。

3. 有利防卫

现存的冀中传统聚落，大部分形成于明末清初，当时社会动荡，战事多，劫匪出没，给居民造成了很大恐慌。设置关隘以备防御外族入侵是传统村落建成一个重要原因。因而安全保障也是乡村聚落选址的重要因素，这样一些易守难攻的地域，便成为聚落的理想基址。

龙泉关村是太行山中段明长城一处关隘，地理位置十分重要，是自古以来兵家必争之地，龙泉关古长城成为防御关外少数民族入侵的军事设施，也是明清两代封建王朝闭关锁国，从而走向封闭落后、软弱挨打的历史见证。在龙泉关先后发生过各种不同类型的战争，早在宋朝杨六郎曾在此与北国交战、清顺治年间农民起义军攻破龙泉关，攻陷阜平城；光绪年间，八国联军中的德国军队从龙泉关攻入山西，20世纪初的军阀混战，以后又经历了抗日战争，解放争。

龙泉关村建于明正统二年，明万历四年重修，呈南北走向，总长1000米，中间是关门，两边马道、战台、敌楼各一，砖石结构，定龙公路穿墙而过，现残损严重，但当年清朝驻军的营盘却依稀可见。

4. 交通便捷

冀中地区水路交通便捷，交通发展是聚落发展的动力，保证了聚落的活力。冀中地区是明清时期都城的南大门，是南方进京和皇帝南巡的必经之路。古城都位于水路交通线上，河流既有水路之便捷，又为陆路交通提供了方便，交通自然成为聚落的主要因素。

冀中地区的很多传统聚落，符合交通便捷的选址规律，如河龙线穿村而过的保定孟家庄村、赞昔公路从村边穿过的石家庄下王小峪村等。

（二）聚落的布局与特征

聚落的表现形式随着功能作用的不同而有显著差异，既有交通驿站形成的聚落，又有府衙所在建成的聚落。府衙是冀中地区现存聚落主要形态之一。冀中地区紧邻京畿，明清时期是京师的门户和最后防线。

1. 建制城镇

传统规划模式大致有三种类型：新建城市、依靠旧城建设新城、在旧城基础上的扩建。

在规划理念方面，冀中地区较早的城市建设也遵循传统城市规划理念的基本原则，以府建城，以衙开府建造了河间府、保定府、正定府、定兴县城、藁城县城、霸州城、大城县城、饶阳县城这些历史古城镇。

（1）河间府

河间府自北宋置府以来，河间府、县并存计840年的历史。河间府素有"京南第一府"美誉，与保定、大名、开封齐名的京南四大名府之一。

河间府城全城平面呈矩形（图3-1-2），北城门稍微内凹，城西墙南部略凸出。全城转角皆为直角。城内道路规划很规整。东、西、南、北四城门正对。从东城门引出的大街直通西城门，与正对南北门的南北大街相交形成十字大街口。在东半城中建有府署。府署以南为县署，这也是平原城市的一般特征，即府县同城。府署右侧建有协镇府，凸显本城的政治地位和军事地位。城的西北区为坛庙区，此处集中了城的大部分庙宇，有药王庙、城隍庙、馆驿庙、马神庙等。在东半城的东北角和东南角各有一处高台，分别为高阳台、岳台。在城的西南角有火药局，说明城市的防御性也是比较重要的。城内的公共建筑分布在两条主干道左右，有若干辅路相连，分区明确，划分有序。

河间府城总体规划采用非常规整的十字大街，四门正对，城内大街直接相通的设计符合当地的自然环境和城市的政治和军事需要[1]。

（2）保定府

保定市位于河北省中部，地处北京、天津、石家庄三角地带，素有"京畿重地"、"首都南大门"之称。保定城（图3-1-3）历经元、明、清三代建设，到清代成为直隶省会，历时200多年。作为拱卫京师屏障的重要地理位置，在军事上能与天津卫齐名。

保定城接近正方形，西南角向西突出500米，是便于挖掘护城河之故。城中的主要道路，是把城市分为南北两半的东西大街和与之相交成相反方向的两个丁字街，两街口相聚200米。北街偏东，是因为北门内西面较低洼，北门被迫选在城北偏东，使南北正街不能正对，北街正南为全城制高

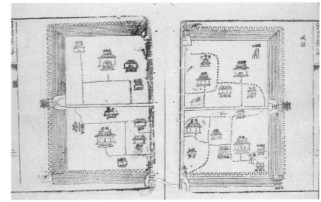

图3-1-2　河间府城图（图片来源：《[乾隆]河间县（直隶）志 六卷》第1册）

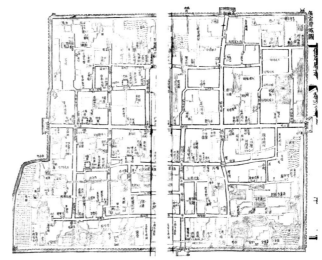

图3-1-3　保定府城图（图片来源：光绪《保定府志》卷1《沿革表》、卷35《公政略·城池》）

点，建有大慈阁作为对景；南街北头有鼓楼作为对景，鼓楼横跨街道，行人车马须穿行楼下[2]。

2. 自然村落

自然自发的村落呈现出分散型布局，一方面受水系的影响，自发形成于水陆交界。交通要害之处，往往呈现出带形、三角形、方形、山字形等形态特征，另一方面冀中地区

① 侯崇智. 河北省平原地区明清古城初步研究[D]. 河北师范大学，2010.
② 侯崇智. 河北省平原地区明清古城初步研究[D]. 河北师范大学，2010.

是京畿门户，村落常建设防御性设施。

（1）以地缘性为基础的自由式布局

冀中多山脉、丘陵，传统村落布局多为背山面水，以山为屏障，具备良好的地利条件。良好的防御性是乡村聚落得以发展延续的重要条件。

山上聚落：石家庄南寺掌村地处太行山余脉，地势较高，境内山峦叠起，沟谷纵横，总体呈南高北低的山地地形，海拔高度多处于430～850米之间，县内最高峰——玉笔峰。玉笔峰坐落于镇南南寺掌村，在南寺掌村建村时，是一片深山旷野，森林茂密。村内有一棵柞树（当地人称千年不老树），枝叶繁茂，因是村落的象征而保存至今。

山前聚落：山前建村地势平坦，背山面水是传统村落建设中常用的选址方式。南横口村背山面水，背靠红岸山，面临绵河、甘陶河，村前就是沟通连接河北、山西、陕西诸省的秦皇古道，天时地利人和造就了南横口陶瓷生产的一段昌盛时期，古代生产的陶瓷大多通过甘淘河——滹沱河水路运输出口；同时两面环水的优越条件也为陶瓷的生产带来了便利的条件，不断吸引着外来产业人口的入驻。村庄传统建筑沿带状分布在古甘淘河滩沿岸，反映了古人"临水而居"的思想，也表明了甘淘河对于南横口发展的重要性。

环水而建的聚落：保定东田庄村位于白洋淀中心，周围被水环绕。陆路不通，交通方式主要是船渡。东田庄村为纯水区村，有苇田698亩和2000余亩的洼场苇地及水面，水产资源丰富，盛产鱼、虾、蟹、贝、蛋、苇、莲等。村民以打鱼、水产养殖、编苇席、打苇箔为主。

（2）防御性为基础的组团式布局

自古冀中地区就是兵家必争之地，村落选址建造既有抵御外族入侵、有保护京畿的作用。桃林坪村落位置极好，东南有白刀梁（山），东北有马尾山，犹似两护卫将军把守东大门，古村左有龟山，右有蛇山，背靠桃山，面对旗形崖，村西太行山群连绵，是通往山西的咽喉要道之一，地势巍峨险峻，古有"铁龙山"之称，是历代兵家必争之地。在唐朝末年就有人居住，经五代十国到北宋初年，逃荒避难人增多，路过此地，见这是有大片肥沃土地，在此落脚建村，左

有龟山，右有蛇山，背靠桃山，取名桃山庄。

第二节　冀中地区历史文化名城特色解析

保定，古称上谷、保州、靴城、保府，位于河北省中部、太行山东麓，是冀中地区核心城市之一。清代，保定为直隶省省会，是直隶总督驻地，自1669年至1968年的三百年间，长期为河北的政治、经济、文化、军事中心以及中国的区域性政治中心，新中国成立后也两度为河北省省会。保定也是传说中尧帝的故乡，有着3000多年的历史，是历史上燕国、中山国、后燕立都之地。保定市境内文物古迹众多，如古莲花池、大慈阁、直隶总督署、清西陵等。时至今日，保定不仅存留着历史文化的印记，而且发展成为一座现代城市。

一、城市发展的历史变迁

原始社会末期的唐虞时代，今保定分属于冀州和幽州。周武王灭掉商王朝后，保定属燕侯国。

春秋时期，保定西南部建立了鲜虞国，后来晋国不断东侵，保定南部逐渐被晋国和鲜虞国占领，北部则为燕国所有。

公元前380年的战国中期，齐伐燕占领桑邱（距今保定城北10公里左右），保定为齐国所辖。公元前314年，燕国发生内乱，齐国约中山国伐燕，燕国北部为齐国占领，南部被中山国占领，保定为中山国所辖。

北魏太和元年（477年）分新城县置清苑县，因清苑河得名，系保定设县之始。

五代后唐同光元年（923年）置奉化军（治清苑县），天成三年（928年）升为泰州，为保定设州之始。

北宋建隆元年（960年），此时地处宋辽交界之地，置保塞军和保州，故取保卫边塞之意为名。太平兴国四年

（979年），称金台顿。太平兴国六年，保塞军升为保州，以寓永保安定之意。淳化三年（992年），州、县治所迁至今保定城区。靖康二年（1127年），金兵陷保州，仍沿宋制称保州，又名金台驿。

金天会七年（1129年），保州为顺天军节度使驻地。

金贞佑元年（1213年），成吉思汗率蒙古军南侵，破保州城，保州遂为废墟。蒙古太祖二十二年（1227年）重建保州城，太宗十一年（1239年）改顺天军为顺天路，保州为路治。

元至元十二年（1275年）改顺天路为保定路，保定之名自此始，取永保安定之意，寓保卫大都、安定天下之意。辖区与今行政区范围大体相近，历代政区变化多在此基础上调整。

明洪武元年（1368年）九月，废保定路改保定府，别名保阳郡。永乐元年（1403年）朱棣称帝，定都北京，北平行都司复名大宁都司迁出。正德十年（1515年），明王朝设保定巡抚署。崇祯十一年（1638年）设保定总督，同时置保定总监军。

清康熙八年（1669年），直隶巡抚由正定移驻保定，保定始为直隶省会。雍正二年（1724年），改直隶巡抚为直隶总督。

民国时期，沿清代直隶省建制，留保定府，撤清苑县。

民国二十五年（1936年）保定设行政督察区。抗日战争时期，日军侵占保定，为河北省日伪军政首脑机关驻地。日本投降后，国民党河北省政府由北平迁保定，民国三十六年（1947年）10月迁回北平。

二、名城传统特色构成要素分析

保定市地处太行山北部东麓，冀中平原西部，地势由西北向东南倾斜。地貌分为山区和平原两大类。保定属暖温带大陆性季风气候区，主要气候特点是：四季分明，春季干燥多风，夏季炎热多雨，雨、热同季，秋季天高气爽，冬季寒冷干燥。

保定民间艺术种类丰富多样，涿州皮影是流传于保北涿州、定兴等地的"皮影戏"。演出时使用的文场伴奏乐器有京胡、二胡、四胡、扬琴、小三弦等，随之就有了伴奏音乐和过门。武乐还有大镲、大铙等。音乐结构属于板腔、曲牌综合体，主要板式有头板、二板、琴腔、垛板、还魂调、悲调，曲牌有"三赶七"等。行当分生、旦、净、丑，各行当都有自己独特的唱腔。

保定有"红色之城"之称，是中国早期革命家的摇篮——留法勤工俭学的发祥地。在土地革命时期，保定创建了中国北方最早的红色政权"阜平苏维埃"；高蠡暴动、五里岗暴动、二师学潮等革命运动先后发生。在抗日战争中，保定军民写下了许多英雄诗篇，从狼牙山上的五壮士，到白洋淀的雁翎队，从保定外围的敌后武工队，到冀中平原游击战斗的冉庄地道战，到处是杀敌的战场。

三、城市肌理

保定古城垣最早雏形建于宋太祖建隆元年（公元960年），金贞祐元年（公元1213年）元兵陷城，毁之殆尽。元太祖二十二年（公元1227年）在废墟上重建城池，形成了城市基本格局。古城平面为特殊的靴形，异于《考工记》所描述的中国传统古城方正规矩的平面，凸出的部分用以将西南的西大寺围在城中，利于屯兵。特殊的路网系统。古城干道由东、西大街和南、北大街构成，四条道路分别连接四座城门。东、西大街直接贯穿全城，连接东西城门，南大街和北大街呈折线型、相互错开不贯通，折角处各有高大建筑，鼓楼、穿行楼、大慈阁直对城门。这种布局是为了阻击敌军在城内长驱直入，具有很明显的军城特征。古城中心区域（即现在古城中心历史街区）建筑样式古朴、空间形态丰富、商业文化荟萃[①]。

---

① 　朱静，保定市中心历史街区的保护与更新理论及对策研究[D]. 青岛理工大学，2011.

四、历史街区

保定市历史文化街区众多，以莲花区西大街为例。西大街东起莲池南大街，西至恒祥南大街，全长846米，均宽7.5米。沿街以二层明清建筑为主，建筑面积约3万平方米，是保定历史上繁华商街。

西大街以衙署起源，从北宋至民国有宋代杨延昭保州知府、缘边都巡检使、团练史、防御使衙署，金代顺天军节度使署，元代顺天路总管府，明代保定总兵署，清代直隶巡抚署（后改总督署），到民国时期有范阳道观察使署、保定道伊公署，解放后省公安厅、中共保定市委等都曾驻西大街。

西大街的特色建筑杨继盛祠堂位于西大街南侧金线胡同，建于明朝隆庆年（1568年），20世纪90年代西大街改造时，建北门与西大街联通。杨继盛祠前后各有一牌坊，正殿内塑杨继盛像，该殿主体保存完好，面宽三间，为勾联达结构。

第三节 冀中地区的传统建筑单体解析

一、居住类建筑

（一）平原丘陵多进院

平原丘陵多进院民居是冀中平原与丘陵地区的传统民居建筑形式，基本遵从北方合院的形制特征，多为中轴对称格局，分布在河北省石家庄市、保定市等地。

1. 形制与成因

冀中多进院多为中轴对称格局，以两进、三进居多，正房坐北朝南，一般三至五开间，两侧厢房对称，院墙高

大，房间的窗户朝向院落而不对院外开窗。[①]房屋多呈纵向矩形，轴线对称关系明确。青砖砌筑，屋顶为砖木承重的硬山顶。

冀中平原与丘陵地区地势平坦，可用建设用地面积广泛，在历史上一直为汉族聚集地，民居的建筑风格基本遵循了合院的传统规格制式，当单一的单进院不能满足居民居住需求，院落便依据中轴对称的格局进行平面布置，纵向发展，形成多进院的院落形式。

2. 比较与演变

冀中地区的砖木多进院民居在布局和居住功能上，遵循了中华传统文化中的礼制，正房坐北朝南、两侧厢房对称、院墙高大、西面围合。民居一般呈南北长东西窄的纵向长方形，受到所处地区气候环境条件的影响，有了各自不同的变化。因夏季炎热，院落的围墙为了更有利于遮挡日照直射比北京四合院要更加高大，院落整体更为狭长，整体的围合感更加强烈，这也是为了夏季遮阳通风所做出的极具地方特色的变化。

3. 典型建筑分析——以保定市顺平县腰山镇王家大院为例

王家大院庄园坐落在顺平县腰山镇南腰山村，[②]始建于1666年清顺治时期，距今已有300多年的历史，是华北地区现存规模最大、最为完整的清代砖木多进院民居，为全国重点文物保护单位。大院原占地18.6公顷，拥有合院50多套、房间500余间，现存约4.3公顷，房屋163间。

王家大院建筑规划布局是参照北京某王爷府的布局进行设计的，从建筑布局到装饰风格均受到了北京四合院的影响，庭院形制主要呈正方形，坐北朝南排列在一条直线上，大院内各个四合院前后贯通，左右两侧合院有院门相连，内有东西排列四合院三路，东路为二进院"梦合堂"，中路为四进

① 关红军. 浅谈超大沉箱的预制及过程中的质量控制[A]. 中国土木工程学会桥梁及结构工程分会. 第二十一届全国桥梁学术会议论文集（上册）[C].
中国土木工程学会桥梁及结构工程分会: 中国土木工程学会，2014: 6.
② 孟楠楠，沈占波. 保定市乡村旅游创新发展研究[J]. 商场现代化，2017（18）：184-185.

院"仁和堂"，西路仅存一单进院"义合堂"（图3-3-1、图3-3-2）。

王家大院的建筑以灰色调为主，古朴大方，给人以庄重典雅的感觉，大院内部有着精美丰富的砖雕、石雕、木雕（图3-3-3、图3-3-4）。王家大院的建筑制式既不同于皇宫官府，又不同于一般民居，在我国北方砖木多进院民居形式中极为少见，颇具研究价值。

（二）山区独院

山区独院是冀中山区一种传统的民居建筑形式，是以砖、石、木为主体的合院形式，广泛分布于石家庄市平山县、井陉县、鹿泉市等地。

图3-3-3　王家大院木制门楼（来源：住房和城乡建设部《中国传统民居类型全集》）

图3-3-1　保定市顺平县王家大院院落空间（来源：住房和城乡建设部《中国传统民居类型全集》）

图3-3-2　保定市顺平县王家大院合院（来源：住房和城乡建设部《中国传统民居类型全集》）

图3-3-4　保定市顺平县王家大院木雕（来源：住房和城乡建设部《中国传统民居类型全集》）

1. 形制与成因

山区独院的布局基本依据北方传统合院民居的建筑形式，但因地处太行山，平面布局会根据山势地形灵活变化，合院用地狭长，沿院落周边布置房屋，故而合院形式多为矩形、院落的长宽比大多大于1，南北长东西窄的形式也有利于过堂风的形成，适应冀中地区夏天炎热的气候特征。正房一般位于中轴线上，其典型形制为"一明两暗"三开间，根据合院占地面积的不同也有"一明两暗两次"的平面布局形式。大门主要分为屋宇式和墙垣式两种。

冀中地区的太行山脉，平地较少，且交通不便，故建筑材料多为就地取材，以石材为主。太行山区传统村落主要以石材砌筑，所以呈现的建筑色彩、建筑肌理有着不同于其他地区传统民居的形态特征。建筑整体古朴素雅、完整而统一。早期从山西迁来的居民也带来了山西的建筑风格，建筑的一层多采用典型的窑洞形式。

2. 比较与演变

冀中山区的传统民居并没有完全遵循北方传统民居的直线排布形制，其平面的布置更为灵活自由，多根植于山体走向形势发展。因交通、经济、地势的条件限制，建筑材料以石材为主，一层多为石块砌筑成拱券形式承重，二层以砖、石、木承重为主。民居主要以硬山顶和平顶为主，平顶主要是居民为了应对山区地区平地较少的地貌情况而作出的一种改善策略。

3. 典型建筑分析——以石家庄市井陉县于家乡于家村于联庭宅为例

于家乡中于联庭宅是冀中山区典型的砖石独院形式，始建于清代，占地300多平方米，院落中共有三栋建筑，其中二栋建筑为二层，一栋建筑为一层。正房和北房一层均为三开间，二层为宽大的前廊（图3-3-5）。外墙立面均为石头房，东西厢房两层瓦屋面，外墙立面均为石块砌筑（图3-3-6、图3-3-7）。南房为一层（图3-3-8）。四合院的房屋都是石墙瓦顶，大门多是巽门古式门楼，筒瓦飞檐。正房朝北，

图3-3-5　于联庭民居正房（来源：住房和城乡建设部《中国传统民居类型全集》）

图3-3-6　于联庭民居东厢房（来源：住房和城乡建设部《中国传统民居类型全集》）

一层中间为客厅，左右两间为卧室，二层为储藏间。民居室内装饰朴素，门为对开木质门窗，形式为双交四碗。建筑由条石为基础，中央回填素土夯实（图3-3-9）。下层石块砌筑窑洞，上层木瓦结构。墙体用青石块砌筑（北、西、南房），东配房用青砖砌筑墙体。由木匠制作对开木质门窗作为内部装饰。

（三）山区连宅院

冀中山区连宅院较多采用砖、石、木结构共同承重，正房与厢房一至两层，上层多为砖石结构，下层以拱券结构承重为主，分布于石家庄市平山县、井陉县、赞皇县等地。

图3-3-7　于联庭民居西厢房（来源：住房和城乡建设部《中国传统民居类型全集》）

图3-3-8　于联庭民居南房（来源：住房和城乡建设部《中国传统民居类型全集》）

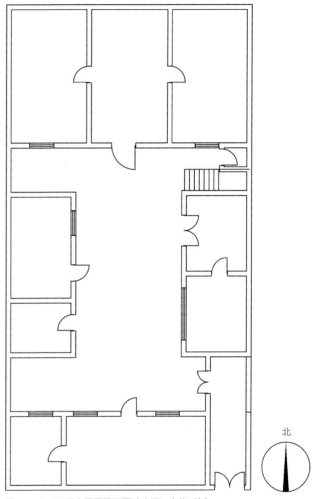

北

图3-3-9　于联庭民居平面图（来源：白梅 绘）

1. 形制与成因

冀中山区连宅院呈现传统四合院为基础的对称格局，形成"井"字形院落。民居根据山势地形灵活布局，向纵、横两方向发展，同时院院相连，形成了连宅院鲜明的平面特色。院落相对窄小，沿院落周边布置房屋，整体装饰简洁。正房一般位于中轴线上，其典型形制为"一明两暗"三开间，根据合院占地面积的不同也有"一明两暗两次"的平面布局形式。

冀中地区位于太行山脉，平地稀少，建筑材料多为就地取材，以石材为主。在村落早期建设中，村民人口较少，用地相对富裕，受到传统合院形制影响，虽然受到经济条件、山势地貌、建筑材料的限制，但是其合院基本特征明显，院落以二进院为主。部分地区早期居民由山西迁来，建筑风格以典型的山西建筑风格为主，正房及厢房一层多采用拱券形式。

2. 比较与演进

冀中山区的连宅院民居形式在村落建设早期为主流建筑形式，后因经济条件、人口密度、用地限制，逐渐变成以单进院为主的建筑形式。院落布局以中轴对称为基本，厢房布置跟随地势变化相对灵活，在用地面积有限的情况下，纵向或横向发展。屋顶形式主要为硬山顶和平顶。

3. 典型建筑分析——以石家庄市平山县杨家桥乡大坪村张明久宅为例

张明久宅为砖石二进院，第一进院落两侧有面宽三间的东西厢房，用于接待宾客；第一进院落与第二进院落由过门房连接，第二进院落正中为三间砖、石、木结构正房，两侧各有一两间厢房，用于户主起居，正房与东西厢房均为"浆砌"而墙外贴烧制青砖（图3-3-10~图3-3-12）。大门形制简朴，为厘宇式大门，坐落于院落东南角，后设置影壁墙，院落窄间狭长，呈"井"字形院落（图3-3-13）。这样的院落形式也称作"坎宅巽门"，在传统角度取吉利之意。房屋顶为硬山顶，石墙为主体承重结构，外檐挑出形成檐廊空间。

（四）山区窑院

冀中山区窑院是华北特有的一种建筑形式。区别于陕北地区和冀北地区，窑洞和院落不是用土坯或砖砌筑而成，而是用一块块打磨细致的石头或砌块垒砌而成。不仅很好地利用了当地盛产的石头原材料，而且融地域文化和自然环境为一体，体现人们对传统朴素自然环境观的理解以及对传统居住模式的追求。[①]主要分布在石家庄市井陉县。

图3-3-11 张明久民居第二进院落（来源：住房和城乡建设部《中国传统民居类型全集》）

图3-3-12 张明久民居正房柱子（来源：住房和城乡建设部《中国传统民居类型全集》）

图3-3-10 张明久民居第一进院落（来源：住房和城乡建设部《中国传统民居类型全集》）

图3-3-13 张明久民居院落大门（来源：住房和城乡建设部《中国传统民居类型全集》）

---

① 李诺. 太行山地民居的原生态艺术探析[D]. 苏州大学，2008.

1. 形制与成因

石家庄西部山区附近多以地上窑院为主。窑房用砖或石块砌成拱顶，内部一般高，宽为2米，进深4～5米。窑院有单进院，也有多进院落。

窑院这种居住模式已经有几千年的历史。它建造方便，节能环保。冀中地区石材丰富，取材方便，自然而然产生了石头窑洞这种居住形式。窑房冬暖夏凉，坚固耐用，院落宽敞明亮，制造了充满情趣的集会空间，还以用来种植农作物和堆放生活用品。居民对窑洞进行不同的组合排列，衍生出不同形制的石结构窑院。

图3-3-14 石家庄井陉县于家乡石头村窑院（来源：住房和城乡建设部《中国传统民居类型全集》）

2. 比较与演进

冀北山区窑院基本上以石头为材料，窑房屋顶平整，设有排水口，可以避免雨水对墙体的冲刷。院落以石材铺地，干净整洁，坚实耐磨。冀中山区的石头窑院从耐久性和防潮性能上来看，都要比其他地区的窑洞院落又有所提高。

3. 典型建筑分析——以石家庄井陉县石头村双门院为例

该院落位于石家庄市井陉县石头村，建筑形制为二进院落，由正房和厢房围合而成，正房开三孔窑，中间是厅堂，两侧是寝室（图3-3-14～图3-3-16）。左右厢房均为两孔窑洞，倒座房为两孔窑洞，每座窑洞均为一层（图3-3-17）。大门朝南，厕所位于西南角。窑洞以石头为基础，承重结构和维护结构也均为石头，地面用料为三合土，平屋顶覆石。窑洞安装木制对开门窗，用白灰涂抹内墙面（图3-3-18）。

图3-3-15 石家庄井陉县石头村双门院正房平屋顶（来源：住房和城乡建设部《中国传统民居类型全集》）

二、宗教类建筑——以隆兴寺为例

冀中地区主要的宗教建筑，如正定隆兴寺、开元寺、廊坊隆福寺、白塔寺等。

隆兴寺别名大佛寺，位于河北省石家庄市正定县城东门里街，原是东晋十六国时期后燕慕容熙的龙腾苑，公元586年（隋文帝开皇六年）在苑内改建寺院，时称龙藏寺，唐改称隆

图3-3-16 石家庄井陉县石头村双门院二进院内部（来源：住房和城乡建设部《中国传统民居类型全集》）

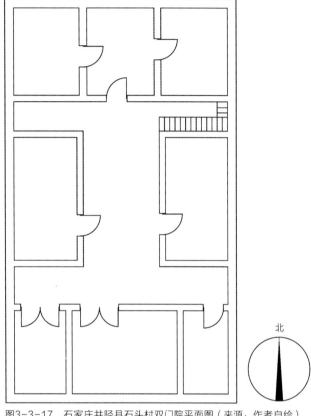

图3-3-17　石家庄井陉县石头村双门院平面图（来源：作者自绘）

图3-3-18　石家庄井陉县于家乡石头窑门窗（来源：住房和城乡建设部《中国传统民居类型全集》）

兴寺，是中国国内保存时代较早、规模较大而又保存完整的佛教寺院之一（图3-3-19）。寺院占地面积82500平方米，大小殿宇十余座，隆兴寺主要建筑分布于一条南北中轴线及其两侧。寺前迎门有一座高大琉璃照壁，经三路三孔石桥向北，依次是：天王殿、天觉六师殿（遗址）、摩尼殿、戒坛、慈氏阁、转轮藏阁、康熙御碑亭、乾隆御碑亭、御书楼（遗址）、大悲阁、集庆阁（遗址）和弥陀殿等。在寺院围墙外东北角，有一座龙泉井亭。寺院东侧的方丈院、雨花堂、香性斋，是隆兴寺的附属建筑，原为住持和尚与僧徒们居住的地方。

　　摩尼殿是该寺主要建筑之一，坐落在中轴线前部，始建于公元1052年（宋仁宗皇佑四年）（图3-3-20）。大殿结构属抬梁式木结构，平面呈十字形。殿内的梁架结构均与宋《营造法式》相符，大木八架椽屋，前后乳栿四柱结构形式。摩尼是梵语，意为珠、宝。佛经上说："摩尼珠，投入浊水，水即清。"（出自《涅槃经》卷九），摩尼殿取此

图3-3-19　正定隆兴寺（来源：侯幼彬 李婉贞《中国古代建筑历史图说》）

图3-3-20 摩尼殿（来源：解丹 摄）

图3-3-21 正定府文庙（来源：李腾 摄）

名，取其去浊取清、脱离尘垢、证得清静之意。摩尼殿内供释迦牟尼，平面布局为十字形，面阔七间、近深六间。重檐歇山屋顶，绿琉璃瓦覆顶。与一般重檐建筑不同处是把外墙砌到副阶檐下，另在副阶四面正中各加一座山面向外的歇山顶抱厦，宋代称"龟头屋"。

转轮藏阁始建于北宋，梁架结构十分特殊，楼阁下层由于转轮藏的安置，柱网布局突破了常规，采用了移柱造的做法，而檐柱则采用了插柱造法，这在中国古建筑中极为罕见。阁内的木制转轮藏是一个能够转动的大书架，直径7米，整体分为藏座、藏身、藏顶三部分，中间设一根10.8米的木轴上下贯穿。整个转轮藏的重量由底部藏针承受。转轮藏建造于北宋，是我国现存时代最早、体量较大的一个。

三、坛庙类建筑——以正定府文庙为例

坛庙的出现起源于祭祀，伴随着祭祀活动，相应地产生场所、构筑物和建筑。坛庙主要有三类：第一类祭祀自然神；第二类是祭祀祖先，帝王祖庙称太庙，臣下称家庙或祠堂；第三类是先贤祠庙，如孔子庙、诸葛武侯祠、关帝庙等。冀中地区主要的坛庙建筑，如正定府文庙、沧州文庙等。

文庙内建筑布局为：大成殿七间，东西庑各13间，庙东北为崇圣祠，东为六忠祠，庙西侧为明伦堂，堂后建尊经阁，阁左右建梯云步月楼，阁后建敬一亭（图3-3-21）。戟门五间，东为名宦祠，西为乡贤祠，庙东南为魁星阁，阁北建文昌祠，院内辟泮池，上架三孔石桥，另有沟塘、奎阁、观乐亭、棂星门、关帝庙、斋室、教授宅、训导宅、试院等建筑。新中国成立初期，府文庙建筑保存尚好，文化大革命时期，大成殿等建筑被拆毁，现府文庙仅存戟门五间和东西庑各三间。经专家鉴定，戟门为现存为数不多的元代遗存，具有较高的历史、科学、艺术价值。

四、陵墓类建筑——以清西陵为例

陵墓建筑是我国古代风水学最典型的代表，古代风水讲究方位、向背和位置的排列，陵墓的选择和布局都经过了详细勘察，在建筑上，很注意借助静态的建筑，体现出天地之间相交、相融的密切关系。冀中地区主要的陵墓建筑，如河北易县清西陵、深州大冯营汉墓、衡水北齐高氏墓群、定州汉中山王墓等。

清西陵位于河北省易县城西15公里处永宁山下，距离北京120多公里。周界约100公里，面积达800余平方公里。[①]这里有华北地区最大的古松林，数以万计的古松、古柏把这一带装点得清秀葱郁，古朴大方（图3-3-22）。清西陵北依峰峦叠翠的永宁山，南傍蜿蜒流淌的易水河，古木参天，

---

① 杨士均，张静茹，王景文，刘梅申. 河北省高等学校图书馆期刊工作专业委员会第七次学术研讨会侧记[J]. 河北科技图苑，2012，25（01）：16-18.

景态雄伟。陵区内千余间宫殿建筑和百余座古建筑、古雕刻，气势磅礴。建筑面积达5万多平方米，共有宫殿1000多间，石雕刻和石建筑100多座，构成了一个规模宏大、富丽堂皇的古建筑群。[1]

陵区内松柏葱郁，山清水秀，14座陵寝掩映在松林之中，若隐若现，俨然一幅绚丽的山水画。陵区内千余间宫殿建筑和百余座古建筑、古雕刻，气势磅礴。每座陵寝严格遵循清代皇室建陵制度，皇帝陵、皇后陵、王爷陵均采用黄色琉璃瓦盖顶，妃、公主、阿哥园寝均为绿色琉璃瓦盖顶，这些不同的建筑形制，展现出不同的景观和风格（图3-3-23）。清西陵共有14座陵寝，帝陵4座：泰陵（雍正皇帝）、昌陵（嘉庆皇清西陵地图帝）、慕陵（道光皇帝）、崇陵（光绪皇帝）；后陵3座：泰东陵、昌西陵、慕东陵；妃陵3座，其他陵寝4座（怀王陵、公主陵、阿哥陵、王爷陵等）。

图3-3-22　清西陵中清泰陵隆恩殿（图片来源：杨彩虹 摄）

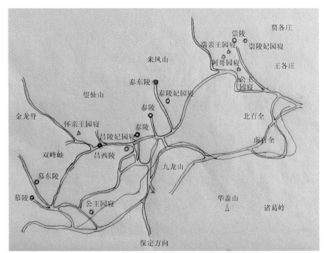

图3-3-23　清西陵陵寝布局图（来源：白梅 绘）

五、市政交通类建筑——以安济桥为例

在中国古代建筑中，桥梁是一个重要的组成部分，以隋唐宋为主，两晋、南北朝、五代为全盛时期，在建造各种桥型桥梁的技术上都有突破和创新，把古桥建筑推到了高峰。冀中所处区域以石拱桥居多，拱桥始建于东汉中后期，用天然石料作为主要建筑材料的拱桥，已有一千八百余年的历史，例如赵县安济桥。

安济桥在河北省赵县城南2.5公里处，凌跨洨河之上（图3-3-24），由著名匠师李春设计和建造，距今已有1400年的历史，是当今世界上现存最早、保存最完善的古代敞肩石拱桥。采用圆弧拱形式，改变了我国大石桥多为半圆形拱的传统。赵州桥的主孔净跨度为37.02米，而拱高只有7.25米，拱高和跨度之比为1：5左右，这样就实现了低桥面和大跨度的双重目的，桥面过渡平稳，车辆行人非常方便，而且还具有用料省、施工方便等优点。采用敞肩，把以往桥梁建筑中采用的实肩拱改为敞肩拱，即在大拱两端各设两个小

图3-3-24　安济桥（来源：杨彩虹 摄）

① 王珊子. 绿色易州 千年古县[J]. 绿色中国，2007（11）：30-31.

拱，这种大拱加小拱的敞肩拱具有优异的技术性能，首先可以增加泄洪能力，减轻洪水季节由于水量增加而产生的洪水对桥的冲击力。其次敞肩拱可节省大量土石材料，减轻桥身的自重，从而减少桥身对桥台和桥基的垂直压力和水平推力，增加桥梁的稳固。第三增加了造型的优美。这是我国桥梁史上的空前创举。

六、衙署类建筑——以直隶总督署为例

衙署，指中国古代官吏办理公务的处所。《周礼》称官府，汉代称官寺，唐代以后称衙署、公署、公廨、衙门。衙署是城市中的主要建筑，大多有规划地集中布置，采用庭院式布局，建筑规模视其等第而定。衙署中正厅（堂）为主建筑，设在主庭院正中，正厅前设仪门、廊庑，遇有重要情况才开启正门，使用正厅。正厅的附属建筑为长官办理公务的处所。衙署内有架阁库保存文牍、档案，有的还有仓库。地方府、县衙署附设军器库、监狱，如保定直隶总督署、清河道署等。

古城保定的直隶总督署是清代直隶总督的办公处所，是直隶省的最高军政机关，是我国现存的唯一一座最完整的清代省级衙署。始建于明洪武年间，初为保定府署，永乐年间为大宁都司衙署。自清雍正八年（1730）直隶总督驻此，至清朝灭亡（1911），直到清亡后废止，历经182年，可谓是清王朝历史的缩影，历史内涵十分丰富，有"一座总督衙署，半部清史写照"之称。

总督署的黑色三开间大门，坐北朝南，位于1米高的台阶上，大门上方正中悬一匾额，上书"直隶总督部院"（图3-3-25）。大门外还有一组封闭性的院落，由东西班房、东西辕门、鼓亭、乐亭、照壁、旗杆等组成。

直隶总督署的建筑布局，既承袭了前代衙署的特色，同时又受到了明清北京皇家宫殿建筑布局乃至民居建筑规制的影响。整座直隶总督衙署建筑座北朝南，东西宽134.4米（合清制42丈），南北纵深约224米，共占地三万余平方米，其

建筑分东、中、西三路。中路至今保存完好，有大门、仪门、大堂、二堂、官邸、上房五进院落，配以左右厢房耳房，均为小式硬山建筑。东路的东花厅、外签押房等建筑基本保存完好（图3-3-26）。①

总督署大堂，五开间，长22米，进深10米，高9米，是总督署的主体建筑。堂前有抱厦三间，堂外有砖砌的13米见方的露台，以黑色油饰为基调的大堂布置的森严肃穆。

图3-3-25   直隶总督署大门（来源：白梅 摄）

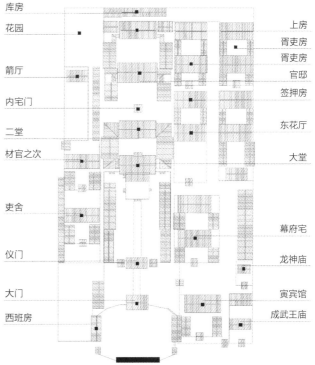

图3-3-26   总督署平面图（来源：白梅 绘）

---

①   朱静. 保定市中心历史街区的保护与更新理论及对策研究[D]. 青岛理工大学，2011.

第四节 冀中地区的传统建筑风格

一、传统建筑结构特点

冀中建筑的风格特征属于中国北方建筑的整体风格，而土、木、石、砖、瓦的不同组合与运用，体现在屋顶、墙身和基座上，又有不同的形式和风格。

（一）屋顶结构与构造类型

现存民居屋顶以双坡硬山式和平顶为主（图3-4-1）。

寺庙、城楼、皇家陵墓等公共建筑屋顶则以悬山、庑殿、歇山为主，规格较高，施工技术较复杂，建筑体量大，形象气魄雄伟（图3-4-2）。部分建筑根据功能的需求形成了不同特色的屋顶形式。

（二）屋身结构与构造类型

冀中地区建筑多使用砖与土坯、石与土坯、砖与石、石与木等混合墙体，既有墙承重体系又有柱承重体系。砖木结构的混合墙在冀中建筑墙体中占主导地位。

保定腰山王氏庄园（来源：《天津 河北古建筑》编写组）

石家庄市井陉县于家石头村（来源：杨彩虹 摄）

图3-4-1 民居屋顶

正定古城墙城门楼

图3-4-2 公共建筑屋顶（来源：杨彩虹 摄）

隆兴寺摩尼殿 重檐歇山

定州贡院魁阁正立面图

砖墙承重建筑　　　　　　　石墙承重建筑　　　　　　　　　　砖木结构承重建筑

图3-4-3　砖墙、石墙、木建筑（来源：杨彩虹 摄）

定州贡院

图3-4-4　抬梁式木结构（来源：杨彩虹 摄）

大道观玉皇殿（来源：《天津 河北古建筑》编写组）

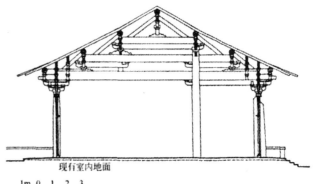

阁院寺剖面图（来源：莫宗江《涞源阁院寺文殊殿》）

图3-4-5　抬梁式特殊构造方式

1. 房屋中的墙体承重的结构与构造特点

冀中传统建筑墙体所用材料以砖、石料、木料为主（图3-4-3）。

2. 柱承重的结构与构造特点

冀中地区公共建筑木结构多以抬梁式为主（图3-4-4）。在抬梁式的基础上又有几种特殊的构造方式：减柱造、移柱造、叉柱造、缠柱造等，例如：大道观玉皇殿、阁院寺都采取了减柱造的做法（图3-4-5）。

在河北正定隆兴寺的转轮藏殿中运用了移柱造、叉柱造等方法（图3-4-6）。

3. 木柱、砖柱与墙体结合承重体系

这种建筑构造方式具有灵活性，将两种建筑构造结构模式相结合，一方面体现了建筑材料结构的灵活性，也体现了

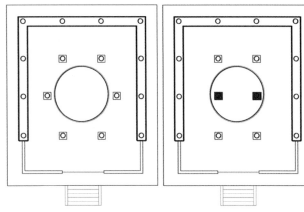

正定隆兴寺转轮藏阁平面图　　　　深色为移动的柱子

泊头清真寺花殿阁

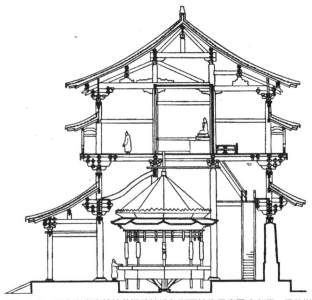

图3-4-6　正定兴隆寺转轮藏阁移柱造与断面结构示意图（来源：侯幼彬《中国古代建筑历史图说》）

泊头清真寺六角九层叠嶂式攒尖藻井

图3-4-7　木柱与砖柱混合承重（来源：《天津 河北古建筑》编写组）

阁院寺月台

建筑技艺的糅合与发展（图3-4-7）。

（三）台基结构及其构造

冀中地区的台基的做法也很丰富，分为以下三类：

1. 普通台基

石砌、砖砌普通台基，常用于小式建筑。河北省涞源县阁院寺殿前建有宽大的月台，台上植有两棵相对的古松。进殿入口处有踏脚石。王氏庄园主要建筑立在直壁式青石台基上，台基高三至五阶不等（图3-4-8）。

王氏庄园

图3-4-8　普通台阶（来源：《天津 河北古建筑》编写组）

2. 中级台基

较普通台基高，常在台基上边建汉白玉栏杆，用于大式建筑或宫殿建筑中的次要建筑，如冀中地区存有的我国元代砖木结构中最大的古建筑——河北保定市曲阳县城北岳庙德宁之殿。

3. 更高级台基

采用须弥座，又名金刚座，例如保定清西陵中清泰陵的隆恩殿汉白玉台基，是皇家陵寝，是当地最高级别（图3-4-9）。

二、传统建筑材料应用

冀中地区地势是西高东低，西部处在太行山脉附近，属于山地区域，主要为石家庄和保定区域。中部、东部大部分区域处在平原地带，土、木、石等建筑用主材来源丰富。冀中地区油田丰富，天然沥青的使用也不同于河北省其他地区，此外还有陶制砖、瓦、金属等人工材料[①]。

（一）自然建材

1. 土

冀中地区黄土取用方便，资源丰富。建筑的墙体、地基、屋面都大量用黄土来建造，更有用于夯土的城基、炮台、盐场等特殊场所，还有自古以来用于防御的长城。

2. 木材

冀中地区木材取材方便、强度好，建造的建筑物抗震性能好。在公共建筑中主要用于立柱和屋架，在民居建筑中主要用于墙柱、屋顶、楼面及门窗和家具，在坛庙、塔刹等建筑中均有独特的运用（图3-4-10）。

3. 石材

冀中西部属太行山脉，石材多为石灰石和山体碎石。保定市曲阳县的汉白玉石储量大，质地洁白晶莹、经久耐磨，是石雕的优质原料。

清泰陵隆恩殿汉白玉台基（来源：杨彩虹 摄）
图3-4-9 泰陵隆恩殿

---

① 李颖甄. 乡村景观建设中乡土材料的选择与运用[J]. 建材与装饰，2018（27）：48-49.

天宁寺凌霄塔（来源：杨彩虹 摄）　　　　　北岳庙（来源：《天津 河北古建筑》编写组）

图3-4-10　木材应用

在公共建筑中，石材多被用为基础、墙身、台基、石阶和路面等。而在桥梁上的应用，成就了举世闻名的赵州桥。在石塔、经幢石窟等佛教建筑也广泛使用，冀中地区还有石头砌筑的关口、驿道，以及大量采用石材建造石墙、石台基、石瓦、石材铺地的石头村落（图3-4-11）。村落中随处可见石楼石阁、石房石院等，堪称石头博物馆。

4. 农作物纤维

冀中地区常把麦秸用于建筑的屋顶和墙体。在墙体上，主要用草泥黏土的做法，将麦秸打碎，加入到泥土、石灰中，与水搅拌均匀，用来增加墙体拉结性。

在台西遗址中遗存房屋墙壁下半部夯土筑起，上半部用土坯砌垒，中间隔墙兼有草泥垛成和土坯混筑，内外涂抹草泥。

5. 天然沥青

冀中地区油田储量丰富分布，在传统建筑建造过程中不乏有对天然沥青的使用。天然沥青通常用于木材的防潮、防腐等。

（二）人工材料

冀中地区传统建筑中广泛使用的人工材料主要是由人工烧制的砖、瓦等材料，以及广泛用作涂装材料和砖瓦粘合剂的石灰，和冶炼出的铁、铜等金属材料，其中砖、瓦、石灰是常用建筑材料，而金属材料多做局部构件。

1. 砖

在冀中地区砖是普遍使用的建筑材料之一。砖的品种繁多，在普通建筑中主要用于铺地和砌墙面，是建筑的主要承重构件和围护构件材料。

1）两汉时代已有砖作墓室代替传统的木制墓穴，砖在陵墓、地宫、地道及窑中大量应用。

2）南北朝时期砖雕艺术发展迅速，以砖造密檐式佛塔为最佳，留下众多的砖造塔刹，正定广惠寺华塔（图3-4-12），又称"多宝塔"，是其中造型最为特异、装饰最为富丽的塔。

冀中地区还有用砖和其他建筑材料混合使用的塔。砖石结构的塔有易县燕子塔。赵县柏林寺塔则为砖木结构，台基下层石砌、上层砖砌，上有用砖仿木构，做出斗栱、平座的须弥座。定州市开元寺塔（图3-4-13）又称为"瞭敌塔"，是世界上现存最高的砖木结构古塔之一，有"中华第一塔"之称。

3）砖在其他公建及民居中的应用

砖作墙体时厚度较大，有冬暖夏凉之功效，适宜居住，是其他公建及民居的主要建筑材料。胜芳镇王家大院中西合璧的砖砌建筑风格在国内是独有的，称得上是现代建筑美学

赵州陀罗尼经幢　　　　　　井陉古驿道　　　　　　井陉于家石头村

图3-4-11　石材应用（来源：杨彩虹 摄）

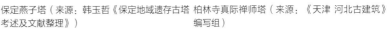

图3-4-12　正定广惠寺华塔（来源：杨彩虹 摄）　　　保定燕子塔（来源：韩玉哲《保定地域遗存古塔　柏林寺真际禅师塔（来源：《天津 河北古建筑》
　　　　　　　　　　　　　　　　　　　　　　　　　　考述及文献整理》）　　　　　　　　　编写组）

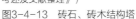

图3-4-13　砖石、砖木结构塔

的小博物馆①。

青县铁路给水所为欧式建筑、砖木结构，是河北省内现存最早，且数量极少的一座基本保持初建时原貌的铁路给水所。沧州市吕宅，是一处保存完好的中西建筑样式结合的青砖旧式四合院，被视为沧州居住文化的代表。

2. 瓦

冀中地区传统建筑中瓦应用于各类公建及民居中，多用琉璃瓦和青瓦。

易县燕下都遗址出土的半瓦当（图3-4-14）以饕餮纹以及衍生的各类纹饰为主。在黄骅海丰镇遗址，也出土了以兽面纹、龙衔鱼纹为主的圆形瓦当。

1）用于宫殿、庙宇、楼阁的瓦

冀中地区传统建筑中瓦的应用越来越多样，装饰作用也越来越强，宫殿、庙宇开始使用多种色彩琉璃瓦（图3-4-15），成为传统建筑的标志。

皇家建筑中多用金黄色琉璃瓦，庙宇殿阁以其他颜色覆顶居多。

2）用于塔的瓦

冀中地区瓦还用于不同形式的塔顶，如檐上覆筒板瓦的易县圣塔院塔、保定市双塔庵双塔（图3-4-16），其椽面为筒瓦捉节且各层檐均挂瓦置。

3）用于其他公建、民居的瓦

居住和其他公建多用青砖灰瓦，起到保护屋顶、排水及美观的效用，也展现了冀中地区的历史文化底蕴。

3. 石灰

冀中地区石灰储量丰富，主要用于传统建筑中的墙体砌筑粘结、墙面装修抹灰粉刷、夯实地基垫层等。

在冀中地区石灰作为建筑胶凝材料用于砌墙，可以有效地增加建筑的坚固性，一些建筑采用其做内墙面抹灰和外墙面粉刷。而用于地基、地面则坚固、防沉降、防潮湿。

图3-4-14　燕下都出土瓦当（来源：杨彩虹 摄）

泊头清真寺
图3-4-15　庙宇中的瓦（来源：《天津 河北古建筑》编写组）

---

① 于珂. 浅析中国传统民居的生态性[J]. 城市建筑，2013（22）：230.

4. 金属

在冀中地区的建筑中，金属材料一般只作为加固和附属构件，以铜和铁为主要使用材料，起到装饰或辅助作用。不同时期还出现了不同金属材质的工艺品。

1）金属辅助构件

冀中地区传统建筑中常见的金属材料为铁，主要出现在建筑的屋顶、门扉以及檐口等部分。在塔刹中有铁座、宝瓶、风铃等。

2）金属铸造品

冀中地区的铸造工艺也堪称奇绝，出现了大量金属铸造品，最具有代表性的是沧州铁狮子。沧州铁狮子是我国现存年代最久、形体最大的铸铁狮子。陵墓中的阿育王铁塔、寺院钟楼里悬挂的铜钟等（图3-4-17），这些金属物件的出现反映了当时冀中地区高超的铸造工艺和制作水平。

三、传统建筑装饰与细节

冀中地区传统建筑装饰艺术优美，风格朴素简洁，不仅具有北方传统建筑装饰的特点，还具有自身的明显特征。冀中地区传统建筑装饰分为石作、木作、砖瓦作、彩绘四方面。

（一）石作

冀中地区传统建筑的石作大致可分为单体建筑、附属建筑、建筑小品和石窟等，单体建筑中多见于石桥、石塔，附属建筑多见于碑刻、石像、牌坊等。

1. 单体建筑

冀中地区石桥上的雕刻装饰艺术风格质朴粗犷，大多取其神而舍其貌，例如沧州单桥拱顶的两端，栏板、栏柱上雕刻着不同的动物图案，形态各异，十分精美（图-4-18）。

双塔庵双塔
图3-4-16　双塔庵双塔（来源：韩玉哲《保定地域遗存古塔考述及文献整理》）

沧州铁狮子
图3-4-17　金属制造品（来源：李西岳《重铸沧州铁狮》）

赵县永通桥栏板通长无格，上有优美浮雕，在各小券的撞券上都有河神浮雕，北面东端小券墩上雕飞马，西端券面雕鱼，形象生动，内容丰富。

冀中地区的石塔不仅结构合理，造型美观，而且皆是雕工精美的艺术珍品。图案纹样有佛像、力士，有动物、植物，有仿木造建筑形象等，或浮雕或阴刻，形态各异，雕刻精美（图3-4-19），体现出明显的时代特征。

2. 附属建筑和建筑小品

冀中地区古朴典雅的石雕艺术在建筑小品中得到了充分体现。雕刻之乡曲阳北岳庙存有唐汉白玉大佛，南皮县城东北有两尊唐代雕刻的石金刚（图3-4-20），沧州"孙公庙"中之饰物石牛等作品，造型优美，刀工细腻，线条清晰流畅。

清苑宋祖陵、保定清西陵出土的石虎等石雕，造型雄伟高大，刀法简洁洗练。

龙头石雕

蛟龙出海

山虎云龙

图3-4-18　沧州单桥石雕（来源：李洪玮 姚春楠 王雪《沧州名桥艺术特色分析》）

图3-4-19　正定开元寺塔基力士像（来源：杨彩虹 摄）

曲阳北岳庙唐汉白玉大佛（来源：张皓《曲阳石雕的文化传承与产业化研究》）

南皮石金刚（来源：丁清玲《南皮"石金刚"艺术考察报告》）

图3-4-20　石雕建筑小品

井陉古驿道断续遗存在山岭和沟壑中，古道两侧留有石牌坊、石刻、石桥、驿站等众多历史古迹（图3-4-21）。

3. 石窟

冀中地区的龙窝寺石窟由于其独特的、具有地方特色的佛像雕刻以及石壁上诸多古人题刻而闻名。佛像均雕于崖上长方形弧顶石龛中，均以高浮雕形式雕刻而成。菩萨造像为此摩崖石窟中之佼佼者。

（二）木作

冀中地区传统建筑的木作装饰用于额仿、雀替、垂柱等结构构件，例如定州大道观玉皇殿木构架均用道教图案装饰，冀中地区有经千年风吹日晒至今仍保持完好的辽代棂花格子（图3-4-22）。

清西陵的隆恩殿大殿全用金丝楠木，是一散发楠木香味的建筑，用数以千计的楠木雕龙装饰。在天花板、门窗、隔扇和雀替上还以浅浮雕、高浮雕和透雕相结合的方式雕刻着许许多多的上行龙、下行龙和蟠龙[①]。这些雕龙图案精美、刻艺高超，每件都是绝世文物珍品。

（三）砖瓦作

砖瓦作根据其瓦的颜色不同、用法不同，可分为皇家建筑、宗教建筑、民居建筑三类，体现了严格的等级制度。

1. 皇家建筑

定州文庙大成殿单檐歇山顶，上铺黄绿琉璃瓦；魁星阁歇山式，四角飞檐，形制古朴壮观；文庙棂星门，四根盘龙通天柱尤为壮观。

井陉东天门及驿道车辙（来源：杨彩虹 摄）
图3-4-21　井陉古驿道

图3-4-22　阁院寺棂花格子门窗（来源：《天津 河北古建筑》编写组）

① 赵金皎. 清帝陵中风格独特的慕陵[A]. 中国紫禁城学会论文集（第五辑 下）[C]. 中国紫禁城学会，2007：6.

2. 宗教建筑

大道观玉皇殿、大慈阁、清真北大寺等都是宗教建筑的精品。大道观玉皇殿建筑形式为庑殿顶，琉璃瓦剪边，前出抱厦、罗锅椽。墀头属束腰型，须弥座式。雕刻纹饰有仰莲纹、如意纹、莲花纹、卷草纹、荷叶纹等，博风头为龙头抱鼓形式，琉璃以黄、绿色为主，雕刻有龙、凤、牡丹等。大慈阁重檐三层，歇山布瓦顶，各种脊兽栩栩如生。清真北大寺建筑面积和规模是华北最大的一座清真寺，礼拜大殿庄严宏伟，每层殿为一个顶，顶上有"五脊六兽"，雕刻精细，栩栩如生[①]。

冀中地区因一年之中寒冷时间长，且多风沙，不适合登高室外眺望。因此，砖塔多密檐式，无外栏杆，常做逼真模仿木结构，层层做斗拱，有繁复的基座。此外也有少量楼阁式塔，如河北涿州很多塔都是仿唐塔的形式，塔身大多雕刻佛像、伞盖、飞天，以及建筑形象如塔、经幢、城楼、角楼等（图3-4-23）。

定州开元寺塔（料敌塔）雄伟大方，秀丽丰满（图3-4-24）。此塔建造十分精巧。塔身分内外两层，外涂白色，东、西、南、北四面设券门，其余四面辟棂窗（假窗），窗由大方砖雕刻而成。回廊两侧设有25个壁龛，龛内有壁画或泥塑像，回廊顶端有雕花砖天花板，并加彩绘，刻制精美细腻。

修德寺塔造型奇特，第二层塔身特别高大，一反传统造塔的阁楼样式与密檐样式，周身砌小型塔龛，亦称为"花塔"（图3-4-25）。

广惠寺华塔（图3-4-26），属于花塔类型，造型独特，结构殊异，重要特征就是在塔身上半部分装饰有各种繁复的花饰，看上去好像巨大的花束。其设计和结构的科学性，工艺的精湛，均为古建筑的杰作，为中国现存佛塔中之孤例。

图3-4-23　涞水镇江塔（来源：韩玉哲《保定地域遗存古塔考述及文献整理》）　　　　图3-4-24　定州开元寺塔（来源：杨彩虹 摄）

---

① 张康刘，蓝振山，马玉林，崔子君. 清真寺修葺情况[J]. 中国穆斯林，1985（03）：34-37.

图3-4-25 曲阳县修德寺塔（来源：王丽敏《修德寺塔》）

图3-4-26 正定广惠寺华塔（来源：杨彩虹 摄）

3. 民居建筑

冀中地区民居一般为烧制青砖砌筑而成，风格朴素简洁。建筑装饰主要集中在雕刻方面，以门头、门窗框、边框、檐口、屋脊等为重点装饰部位，多在院落大门、正房墀头上雕刻出精美的雕饰，以各种吉祥图案为主，彰显主人家的富贵并祈求好兆头[①]。

河北保定顺平县王家大院是华北地区现存规模最大、最为完整的清代砖木多进院民居（图3-4-27）。建筑以灰色调为主，古朴大方，庄重典雅，大院内部有着精美丰富的雕刻。

吕宅位于沧州市区新华桥南侧大运河边上，是一处保存完好的中西建筑样式结合的青砖旧式四合院。宅子坐北朝南，青堂瓦舍。房顶为五脊重檐，青灰瓦垄。屋前檐下均建有抱厦和卷云顶梁圆柱。

（四）彩绘

冀中传统建筑的彩绘装饰多见于寺庙建筑、陵墓、塔内等，以壁画、梁架彩绘等方式出现，例如北岳庙中的壁画（图3-4-28），其有三大：第一，画幅大，最大的一幅面积为216平方米；第二，人物画像大，最高的6.5米，次高也有3.3米；第三，气魄大。壁画画面完整，布局疏密得当，绘画技艺精湛，是宋、元艺人仿唐代大画家吴道子的画风所绘。

石家庄毗卢寺以保存有精美的古代壁画而闻名（图3-4-29），毗卢寺壁画共200多平方米，绘有儒、释、道三教各种神像人物500多位，形成了三教合流的壁画艺术特点。

梁架彩绘也经常被运用在寺庙建筑当中，例如阁院寺的文殊殿中梁架彩绘图案样式显系原构（图3-4-30），与我们常见的描龙画凤的明清绘法大相径庭。

---

① 兰云凤. 邯郸地区传统民居建筑的保护与更新[D]. 邯郸：河北工程大学，2010.

图3-4-27　顺平县王家大院（来源：住房和城乡建设部《中国传统民居类型全集》）

图3-4-28　曲阳北岳庙的壁画（来源：郝伟坤《"曲阳鬼"——吴道子画风的真实再现》）

图3-4-29　石家庄毗卢寺的壁画（来源：《天津 河北古建筑》编写组）

最令人称奇的是正定隆兴寺摩尼殿北壁明代通壁悬塑的五彩海岛观音（图3-4-31）。整面壁上，人物多样，山石、祥云萦绕其间，色彩鲜艳，至今仍光彩照人。最特别的是明朝嘉靖年间重塑的高3.4米的倒坐观世音（倒坐，表明观世音菩萨不度尽众生、永不回头的大慈大悲），优柔端庄，被鲁迅誉为"东方美神"。

汉代壁画在西汉末开始呈现出由虚幻的驱邪升仙主题向现实的人间生活旨趣转化的趋势。这一趋势在东汉时代的墓室壁画中得到了充分的展示和张扬。例如定州静志寺塔基地宫壁画、净众院塔基地宫壁画（图3-4-32），有装饰性，有气势。

塔中也经常会出现彩绘装饰，例如开元寺料敌塔规模宏大，描绘人物众多，内容丰富，技艺精湛，为存世古代道教壁画之最佳作品。回廊内侧壁画，中间绘佛像，两旁是菩萨、罗汉和侍从、弟子等，上绘三顶色彩绚丽的华盖，其两侧各绘一对飞天。

图3-3-31 通壁悬塑的五彩海岛观音（来源：杨彩虹 摄）

图3-4-30 阁院寺文殊殿梁架彩绘（来源：《天津 河北古建筑》编写组）

图3-4-32 净众院塔基地宫壁画（来源：李晓东《河北古墓壁画和塔基地宫壁画的保护》）

第四章　冀东地区传统建筑文化特色解析

　　燕山山脉文化区（图4-0-1）深刻影响着冀东地区建筑文化、城市建设发展。

　　燕山山脉文化区历史悠久。元成吉思汗六至十年（1211年~1215年），三次围攻金中都（北京），主力都是翻越燕山山脉，以丰利（张北县西）、宣德（宣化）、居庸关和古北口、擅州（密云）、顺州（顺义）为主要进攻路线。抗日战争时期，八路军晋察冀军区第4纵队与冀东人民一道，依靠燕山山脉的复杂地形，开展游击战争，并以雾灵山地区为中心，坚定不屈地抵御外敌。所以冀东地区的燕山山脉文化带拥有很多宝贵的历史文化遗产，其中以唐山和秦皇岛为最。唐朝时期，唐山因唐太宗李世民东征高句丽驻跸而得名，素有"北方瓷都"之称，这里有战国时期建造的白羊峪，有传承悠长的乐亭县等等，不胜枚举。秦皇岛同样是国家历史文化名城，因秦始皇东巡至此派人入海求仙而得名，是中国唯一一个因皇帝帝号而得名的城市。

图4-0-1　冀东文化区分布图（来源：刘星　绘，底图参考：《河北省地图集》，星球地图出版社）

第一节 冀东地区自然、文化与社会环境

一、冀东地区的自然环境

（一）地理位置

冀东地区（图4-1-1）北接辽宁省，西临河北省承德市，东、南临渤海，地处燕山山脉丘陵地区与山前平原地带，地势北高南低，形成北部山区—低山丘陵区—山间盆地区—冲积平原区—沿海区。依据当地地形地势，建筑大多以砖木、石木为主，院落规模扩大，除中轴线上院落向纵深发展外，横向还增加了跨院。北部山区海拔在1000米以上的山峰有都山、祖山等4座；低山丘陵区海拔一般在100~200米之间；山间盆地区位于西北和北部区域的抚宁、燕河营、柳江三处较大盆地；山前平原区地势平坦，海拔在50米以下；南部滨海盐碱地和洼地草泊，海拔在15~10米以下。

（二）气候特点

冀东地区属暖温带半湿润季风气候，因受海洋影响较大，气候比较温和，春季少雨干燥，夏季温热无酷暑，秋季凉爽多晴天，冬季漫长严寒。建筑整体呈南北长东西窄，开窗南向大，北小或不开窗，东西墙不开窗的特点，在建筑形式上达到夏季的隔热通风和冬季的保温采光的效果。

二、冀东地区的社会背景

冀东地域文化吸纳了很多以满族为代表的多民族文化因素，但并没有被满族文化所覆盖，也没有泯灭汉族文化的主体意识，反而是汉文化的顽强生命力和无穷魅力在相当程度上，维护了本民族文化因素的主体地位，影响着少数民族文化的衍变，最终奏响了以汉文化为主体，兼收满族文化因素的冀东地域文化的新特质。

在宗教方面，佛教延续时间较长，传播地域最广。佛教为我们留下了丰富的建筑和艺术遗产。净觉寺建筑结构精美，彩绘雕刻浓艳，是独具一格的佛教建筑。秦皇岛白衣庵为明代仅存的佛教单体古建筑。

三、冀东地区的历史演变

（一）先秦时期

秦皇岛最早属冀州。

商代冀东地区属孤竹古国，商朝以后，孤竹又归属周朝。

春秋战国时期冀东地区为燕国地。

（二）秦汉时期

秦始皇统一中国，分天下三十六郡，秦皇岛属辽西郡。

图4-1-1 冀东地区（图片来源：刘星 绘）

注：冀东地区位于河北省东部，北接辽宁省，西临河北省承德市，东、南临渤海

西汉时，冀东地区属幽州，秦皇岛分属北平郡、辽西郡。

（三）两晋南北朝时期

东汉时期，秦皇岛归属幽州辽西郡。

南北朝时，秦皇岛改属平州。

（四）隋唐五代时期

隋统一南北朝，分天下为五十七郡。秦皇岛市以今戴河、榆关分为东西两部分：东半部为辽西郡；西半部，初属平州。

唐初，秦皇岛榆关以西为北平郡，公元619年，改为河北道平州。公元742年，平州改为北平郡，公元758年又复为平州。

五代十国，秦皇岛为营州、平州之地。

孟姜女庙（图4-1-2）的修建，是民间故事"孟姜女哭长城"的产物，是我国现存最早、保存最完整的祭祀孟姜女的庙宇。

999年，建韩文公祠（图4-1-3），是中国现存最早纪念唐代文学家韩愈的祠庙。

辽时，秦皇岛榆关、戴河以西属南京道；榆关、戴河以东及长城以北属中京道。

金朝，改榆关、戴河以西属中都路平州，以东及长城以北属北京路瑞州。

辽金时期佛教在冀东地区快速发展，留下了大量的佛教艺术建筑。源影寺塔（图4-1-4）是北方现存古塔中所罕见的密檐塔实例；大佛顶尊胜陀罗尼经幢（图4-1-5）为保存较完好的辽金时期石雕经幢。

元时，改中都路为中书省；1215年改平州兴平军为兴平府；1260年，改兴平府升为平滦路；1300年，将平滦路改名永平路。

1275年，榆关、戴河以东及长城以北属辽阳行省大宁路，南部由瑞州总管府管辖。

明初，秦皇岛隶属山东行省永平路。

1369年，改秦皇岛隶属北平行省平滦路；1371年，改

图4-1-2　孟姜女庙（图片来源：周红 摄）

图4-1-3　韩文公祠（图片来源：刘步云 摄）

图4-1-4　源影寺塔（图片来源：舒平 摄）

图4-1-5　大佛顶尊胜陀罗尼经幢（图片来源：毕丹紫玉《卢龙县大佛顶尊胜陀罗尼经幢考》）

名永平府，并设府治。

1421年，秦皇岛直隶京师。

河北山海关长城是万里长城的入海处，是明代创建"卫所兵制"的产物。山海关建关设卫以来，商贾往来频繁，经济贸易活跃，对于发展民族之间的友好往来，促进经济文化交流，保卫首都、巩固明王朝的统治起到了重要作用。无论从规模上、布局上、结构上山海关都是中国古代建筑史上所罕见的。

清代冀东地区分属直隶省永平府和遵化直隶州。

1661年，开始修建清东陵，陆续建成217座宫殿牌楼，组成大小15座陵园。是中国现存规模最宏大、体系最完整、布局最得体的帝王陵墓建筑群。

1881年，建李大钊居所，故居是至今保存最为完整的冀东地区穿堂套院民居。

1900年，改秦皇岛属直隶省。

（五）民国时期

1914年，改秦皇岛属直隶省津海道。

1928年，撤消津海道，秦皇岛直隶省改称河北省；1929年，唐山属直隶省改称河北省。

1931年，以山海关为"国境线"，成立"满洲国"。

1933年，割迁安县和抚宁、临榆两县长城以北的绝大部分为青龙县地，属热河省管辖。

1935年，在秦皇岛成立"冀东防共自治政府"，各县先后成立伪县政府。

1939年，设唐山市，初称"唐山市政府"，后改称"唐山市公署"。

1942年，在秦皇岛建立联合县办事处和抗日民主政权。

1945年，撤销联合县，恢复各县制。同年11月，国民党军进犯解放区，先后建立伪县政府，除青龙属热河省外，其余均属河北省管辖。

1946年，正式设唐山市，建立唐山市政府。

1948年，冀东地区解放。

四、冀东地区聚落选址与布局

（一）建制城镇

在规划理念方面，冀东地区较早的城市建设也遵循传统城市规划理念的基本原则，以府建城，以衙开府建造了乐亭县城这些历史古城镇。

乐亭县（图4-1-6）位于唐山市东南部。乐亭县城平面呈正方形，除西北城角外其余城角都为直角。城四门居于各面正中，东南城角建有魁星楼，各有瓮城，瓮城门与城门不正对。县城图上对城内道路没有绘出，但根据这一地区其他城的道路特点，城四门正对以及城内公共建筑的分布和城中央的拱真阁，可以推测城内道路也应该是东西、南北大街相交成十字街口的形式。城内的公共建筑大部分分布在东半城，东西大街南侧为县治，左为书院、儒学、文庙，右为典史衙，南为常平仓，东半城北部为都司署和火神庙，西半城比较空旷，仅有福严寺和城隍庙。城外建筑和护城河图中没有绘出。乐亭县城规划比较简洁，城内没有太多的公共设施，面积也比较小，是一般的县城[①]。

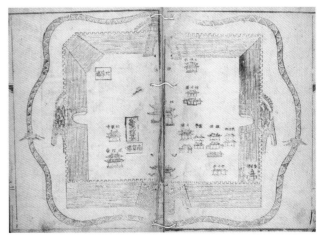

图4-1-6 乐亭县平面图（来源：《[乾隆]乐亭县（直隶）志 十四卷首一卷》第1册）

① 侯崇智. 河北省平原地区明清古城初步研究[D]. 石家庄：河北师范大学，2010.

第二节　冀东地区历史文化名城特色解析

山海关古城是明万里长城上的重要的军事城防体系，东门镇东楼气势雄伟，因地处要隘，形势险要，又是万里长城东起第一关，故称"天下第一关"，是山海关古城的标志性建筑。由于处在中原农耕文化和东北游牧文化的枢纽位置，山海关在明清时期的商贸地位尤为显著，中原和少数民族商旅往来频繁，山海关既是军事重镇，又是商贸重镇。

一、城市发展的历史变迁

山海关古称榆关、渝关、临渝关、临闾关。古渝关在抚宁县东二十里。北倚崇山，南临大海，相距不过数里，非常险要，在1990年以前被认为是明长城的东北起点（现已发现的明长城的起点于辽宁省丹东市宽甸县虎山镇——虎山长城）。

隋开皇三年（公元583年），筑渝关关城。

五代后梁乾化年间，渝关为契丹所取。

宋宣和末年，渝关为女真所得。

明洪武十四年（1381年），以古渝关非控扼之要，于古渝关东六十里移建山海关，因其北倚燕山，南连渤海，故得名山海关。

山海关长城历经洪武、成化、嘉庆、万历、天启、崇祯六朝修筑，耗用大量人力、物力和财力，前后用二百六十三年时间，建成了七城连环，万里长城一线穿的军事城防系统。

民国二十二年（1933年），日寇占领山海关。

民国三十四年（1945年）九月，八路军冀热辽部队配合苏联红军攻占并解放了山海关城。

民国三十五年（1946年），中国人民解放军进行了山海关保卫战。所有这些战争，对山海关关城和东罗城城墙均造成程度不同的破坏。

1958年，在山海关南门西260米的南城墙上，开21米宽的城墙豁口作为通道。

1961年，山海关被列为第一批全国重点文物保护单位。

20世纪60年代末、70年代初在墙体内修建互相连通防空洞，墙体现有砖砌洞口。

1985年，山海关被列为"全国十大风景名胜"之首；

1987年，包括山海关在内的中国长城被列入世界文化遗产名录。

二、名城传统特色构成要素分析

山海关位于中国东北部渤海之滨，是隶属于秦皇岛市的一个城区，在市之东北部，北依燕山，南临渤海，东接辽宁，西近京津，自然区域面积180平方公里，人口12.5万。境内有石河、潮河、沙河等主要河流。气候属东部季风暖湿带湿润气候。夏无酷暑，冬无严寒，雨量充沛，气候宜人。

山海关景区内名胜古迹荟萃、风光旖旎、气候宜人。山海关旅游以长城为主线，形成了"老龙头""孟姜女庙""角山""天下第一关""长寿山""燕塞湖"六大风景区。其中，山海关长城汇聚了中国古长城之精华。万里长城老龙头，长城与大海交汇，碧海金沙，天开海岳，气势磅礴，驰名中外的"天下第一关"雄关高耸，素有"京师屏翰、辽左咽喉"之称；角山长城蜿蜒，烽台险峻、风景如画，这里"榆关八景"中的"山寺雨晴，瑞莲捧日"及奇妙的"栖贤佛光"，吸引了众多的游客。孟姜女庙，演绎着中国民间传说——姜女寻夫的动人故事。中国北方最大的天然花岗岩石洞——悬阳洞，奇窟异石，泉水潺潺，宛如世外桃源。塞外明珠燕塞湖，美不胜收[1]。

三、城市肌理

国家重点文物保护单位——山海关，是长城东部海上

---

① 曲奇，刘玉辉，佟志民. 人文生态名城——山海关[J]. 旅游纵览，2012.

起点的边防要塞，在长城发展史中有着重要的地位，其城市空间是以军事防卫空间而存在的，历代王朝不断增修防御工事，使其成为保卫京师的重要关隘。位于城防建筑群中心的是关城，关城依附于长城上，东城墙即是万里长城城墙，城墙是政治、军事和城市发展的一个相当重要的实物，关城设置了城门、城楼、广场、钟鼓楼等，高低错落，抑扬开合，布局非常严整。

山海关城内主要街道为十字大街，与东西南北门相通，十字街中心，有四孔穿心的钟鼓楼与四门城相望，形成良好的对景。四门城楼、钟鼓楼与平缓的城墙、四合院民宅、店铺相结合，构成了城市丰富的轮廓线。关城四周围以高大的城墙，外有护城河，内以东西南北十字大街为骨架，沿南北大街为纵轴线，鳞次栉比的胡同则两散在东西两侧，南北向又配以通天沟、南北马道等次干道，形成典型的棋盘式道路网格局。这种棋盘式的道路网系统将城市的生活区、商业区、文化区及政治区等各功能分区，有序且有机地组织起来，并不断延伸、衍生，形成了今日的城市肌理。

四、历史街区

秦皇岛市山海关是全国首批重点文物保护单位。2001年8月10日，被国务院列为国家级历史文化名城。2011年，山海关东头条至东三条及东三条至东八条历史文化街区被河北省人民政府批准为历史文化街区。两条历史文化街区位于山海关古城东南，东大街以南，南大街以东，通天沟、东小二条胡同以西。东头条至东三条历史文化街区面积5.2公顷，东三条至东八条历史文化街区面积5.8公顷。

两条历史文化街区内现有文保单位5处。东三条胡同29号、30号、31号现为王家大院，又叫山海关民俗博物馆，属清末建筑，具有较高的历史和艺术价值。王家兴起于咸丰年间，光绪年间成为富商巨贾，号称山海关"南半城"。大院主体为明清四合院式建筑群，建筑风格粗犷凝重又不失雅

致，现共分布四套院6个展18个展厅59间房，展品大到床铺家具，小到针头线脑，从金银首饰到衣裳布匹、烛台灯火、床橱柜桌、枕箱被帐、冠巾鞋袜、铜盆器皿、瓷漆杯盘、梳洗用具到珠宝珍玩、文房四宝等等。东四条胡11号现为机关招待所，是清末建筑，质量、风貌均保存较为完好。东四条胡同14号为清末建筑，质量较差。

除文保单位外，两条历史文化街区保留有39处(东头条至东三条18处，东三条至东八条21处)，能体现山海关传统民居特色的院落民居，且建筑风貌、结构保存较好，具有较高的历史价值和艺术价值。

历史文化街区自清代以来就是古城居民的居住区，部分沿街民居在历史中曾承担着居住、商业、客栈等功能。街区的一条条街巷，连结着一座座地方色彩浓郁的民宅。这些民宅以四合院的形式，按南北纵轴对称布置房屋和院落。一般分一进、二进、三进院落三种形式，有的亦有跨院，规模较大。民居建筑风格多为清末、20世纪80年代后建筑，多为1层，以砖木结构为主，砖墙与木质椽檩混合承重结构体系。传统民居建筑色调为青砖墙、灰瓦顶、木本色外露横梁及挑檐、红绿蓝色门窗。

第三节　冀东地区的传统建筑单体解析

一、居住类建筑

（一）平原与丘陵地区的多进院

冀东平原与丘陵地区的多进院在占地规模、房屋数量、装修装饰、设施配备、庭院布置、室内陈局设等各方面，与普通合建筑布局方面看，除了中轴线上的院落向纵深发展外，还增加了横向的跨院，有些多进院建筑房间数目多达50余间，其建造与发展离不开当地各名门望族的兴起与发展，同时北京城的发展带动周边城市兴盛。[①]官宦名门与商户望族

---

① 解丹，舒平，魏文怡. 解读胜芳传统民居：中西交融的四合院[J]. 建筑与文化，2015.

092 中国传统建筑解析与传承 河北卷 The Interpretation and Inheritance of Traditional Chinese Architecture Hebei Volume

于此兴建府邸、家宅，多进院落则为其首选。冀东的砖木多进院以中西合璧的建筑特色出名。

1. 形制与成因

多进院依四合院发展而来，以"外实内虚"为原则，围绕中间庭院于北方设正房、南方设倒座房、东西两方设厢房，形成平面布局。形成"南北纵向为轴对称布置"、"封闭独立院落"的基本特征。[1]多进院沿着纵轴增加院落数量，形成二进院、三进院、四进院等，或者沿横轴增加院落数量，或者沿着纵轴、横轴两向增加院落。随着西洋式建筑圆明园的修建，在民间也出现了大量的中西合璧的多进院落，被百姓形象地称为"圆明园式"。

冀东平原与丘陵地区历史悠久，因明朝燕王迁都北京、清朝光绪年间火车通行，带动冀东地区风气开化，农渔业蓬勃发展。清末民初时期，城市不断繁荣发展，其建筑也随之不断演变，包容并进。大多民居为四合院，多则数进院落，建筑风格多样，其装饰、雕饰、彩绘处处体现着当时的多种文化思潮，表现出人们对传统民族文化的继承和对新事物、新理念的追求。现存的多进院大多建于这个时期，展现着城市在那个特殊时期的发展历史。[1]

2. 比较与演变

冀东平原与丘陵地区多进院大多为四进，将院落设于四角，以其中西合璧的建筑特色而独具韵味。[2]北京多进院建造手法更加"官式"，多为中国传统清式风格，组合方式丰富，一些比较奢华的院落甚至还有花园和假山，而山西多进院更加讲究"外雄内秀"。山西多进院院落外观封闭，院落外墙皆为灰色清水砖墙，对外的山墙一般都不开窗，颜色古朴单一，外观高耸封闭。建筑沿街轮廓线丰满舒展，视觉层次丰富。随着时代变迁，院落空间不再封闭，使用砖混结构

较多，更加适应大众现代生活需求。[3]

3. 典型案例分析——以河北省霸州市胜芳镇中山街张家大院为例

张家大院始建于1830年（清道光十年），总占地面积1648平方米，建筑面积1015平方米，共有房屋51间。[3]宅院为四进四合院，从官式敞亮的北门进出，西侧两院均为清式木构架硬山建筑，东侧两院为欧式建筑，四个合院靠小门、回廊相连贯通。宅院四周为封闭式砖墙，临街有垛口和女儿墙，房间四周有更道（图4-3-1~图4-3-4）。张家大院"中西结合、南北结合、官民结合"，体现独特的清代民居建筑风格，具有重要历史价值和借鉴意义。

（二）东部沿海穿堂套院

穿堂套院民居是河北省东部沿海平原地区的主要传统民居建筑，一座穿堂套院的院落平面多为矩形，以坐北朝南的正房为核心，配以东西厢房，砌筑砖墙进行院落分隔与围合，院落建筑青砖平顶，顶部略微起鼓，砖木结合承重。院落以两进、三进居多，主要分布在唐山市的乐亭县、滦县、滦南县和秦皇岛的昌黎县等地。

1. 形制与成因

冀东穿堂套院平面形式为矩形，大多由南至北分为前院、中院、后院，由大门和二门分隔，其中大门高大宽敞，可进出车马，二门小巧精致供人进出。院落的前院多布置碾棚、猪圈等生活配套建筑；[4]中院为正房和东西厢房，是主要的居住、起居空间；[5]后院多为菜园和储藏室，在前后院中也会根据主人生活需要配置不同使用功能的东西厢房。

穿堂套院的核心为中院，中院中正房坐北朝南，一般为三个开间，东西两侧为正室、中间为"过道屋"。也有的

① 解丹, 舒平, 魏文怡. 解读胜芳传统民居：中西交融的四合院[J]. 建筑与文化, 2015.
② 于东明. 鲁中山区乡村景观演变研究——以山东省淄博市峨庄乡为例[D]. 泰安：山东农业大学, 2011.
③ 芦瑞峰. 论文化营销与景区核心竞争力——以晋商大院为例[D]. 扬州：扬州大学, 2009.
④ 温静. 秦岭河谷型乡镇住宅节能适宜性技术研究[D]. 长安：长安大学, 2013.
⑤ 鲍润霞. 北京鲜鱼口传统街区与建筑研究[D]. 北京：北京建筑工程学院, 2004.

图4-3-1 霸州市张家大院宅门（图片来源：住房和城乡建设部《中国传统民居类型全集》）

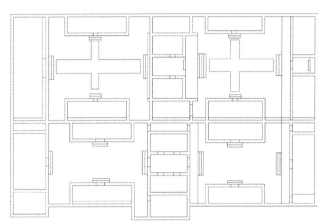

图4-3-3 霸州市张家大院平面图（图片来源：白梅 绘）

图4-3-2 霸州市张家大院西式院落（图片来源：解丹 摄）

图4-3-4 霸州市张家大院中式院落（图片来源：白梅 摄）

是"四破五"，即除过道屋外，东西屋各为一间半。厢房一般为两开间或三开间。院内建筑均为青砖平顶，屋顶略微起鼓，即可晾晒粮食，又有一定排水坡度。所有建筑由砖墙包围成一整体，同时分隔为既独立又相互连通的单元。房屋内部垒砌火炕与灶台相通，烟囱伸出屋面。

冀东地区地域辽阔、地形丰富，既有山区、平原，又有沿海地带，传统民居的形式和建筑材料也因地而异。此地区属暖温带半湿润大陆性季风气候，四季分明，雨热同季，适宜农作物的生产，收获季节农民都会将收获的农作物放置在屋顶上进行晾晒，为此地区穿堂套院平顶民居形成的一个重要原因。

2. 比较与演变

冀东地区的穿堂套院民居，用略微起鼓的简洁平顶代替了传统合院民居中繁复的坡屋顶，更为实用，显得更加平朴自然。随着人民生活水平日益提高，穿堂套院民居也发生着变化，素净的青砖被艳丽的红砖代替，土坯已不再使用。到20世纪90年代后，钢筋混凝土材料被广泛应用，新建的穿堂套院大部分已不再使用传统的砖木结构，改为砖混结构，屋顶采用支模水泥现浇方式，外墙面装饰水磨石、水刷石、瓷砖。院落也已简化为只有正房、厢房以及前后两院。

3. 典型案例分析——以唐山市乐亭县大黑坨村李大钊故居为例

李大钊故居是至今保存最为完整的故居。冀东地区穿堂套院民居6故居始建于清光绪七年（1881年），正房坐北朝南，两进三院式，整个院落平面为矩形，南北长约50米，东西宽18米，围墙用一丈高的十字花墙眼封顶的青砖围砌而成正房、厢房、耳房，院墙高低错落、匀称有序。前院、中院、后院三院一体，层次清晰，整体布局工整（图4-3-5～图4-3-11）。建筑采用传统的建造方式，砖木结构，外青砖内土坯，椽木伸出屋外，形成富有韵律美感的屋檐。

图4-3-5　唐山市乐亭县李大钊故居厢房（图片来源：住房和城乡建设部《中国传统民居类型全集》）

图4-3-6　唐山市乐亭县李大钊故居正房（图片来源：住房和城乡建设部《中国传统民居类型全集》）

图4-3-7　唐山市乐亭县李大钊故居围墙（图片来源：白梅 摄）

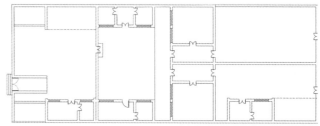

图4-3-8　唐山市李大钊故居平面示意图（图片来源：白梅 绘）

图4-3-9　唐山市李大钊故居屋檐（图片来源：白梅 摄）

图4-3-10　李大钊故居整体概貌（图片来源：白梅 摄）

图4-3-11　李大钊故院院落布局（图片来源：白梅 摄）

（三）沿海近代住宅

冀东地区沿海近代住宅主要分布于北戴河海滨自西联峰山到鸽子窝沿海各处，它的出现与清末民初激荡的社会背景紧密相关，与中国近代史上许多著名人物与著名事件密切联系。作为特定历史时期社会物质生活的载体，它们是历史上形成的大型多国居住群落，大多依据当地地形地势，俯瞰大海，在错落有致的空间布局中配以红顶、素墙、深远的阳台和挑檐，社区生活与山水园林巧妙地结合在一起。冀东地区沿海近代住宅是我国重要的文化景观建筑，具有较高的历史、艺术和科学价值。

1. 形制与成因

现存的沿海近代住宅主要有四种类型，包括：

欧洲大陆式：多为二层石木结构，采用四坡大屋顶，红色水泥瓦或铁瓦，同时结合壁炉烟囱、老虎窗等。墙体采用石材，墙面门窗洞口和柱廊多采用西洋各式拱券。

欧洲古堡式：二层石结构，平面布局较复杂。外墙通体用剁斧石砌筑，白水泥勾缝；柱廊亦为石制，泥平顶屋面常采用乱石插花墙体做法。屋顶采用坡顶和平顶相结合，部分为钢筋水泥，石砌女儿墙。

中西合璧式：多为一层砖混或砖木结构。两坡悬山或四坡顶，红色砖瓦，在局部位置如台基等处使用石材。柱廊多

为木构，施以深色漆绘，或砖砌白色粉刷；廊檐及栏杆采取中式或西洋式精巧风格，柱廊、台阶的栏杆花纹精美。

中式：筒瓦两坡硬山、卷棚勾连搭屋顶，灰色砖墙。室内装饰亦呈中式风格。

沿海近代住宅的开发始于19世纪末。在1893年英国工程师金达的无意发现之后，来此避暑的外国人士逐渐增多，清政府在1898年正式辟北戴河海滨为避暑地，准中外人士杂居。因距离京津适中，辛亥革命后，每年夏季来海滨避暑人数增长迅速。特别是1919年公益会成立后，在会长朱启铃的领导下，北戴河海滨的建设步入正轨，逐渐成为我国北方的避暑胜地。[1]

2. 比较与演变

北戴河沿海近代住宅不同于中国传统民居，多数都强调与大海之间视廊的通畅，建筑的式样简洁大方，普遍采用石墙、毛石勾缝、木门窗，没有过多的雕饰。配套设施高档且环境优美，与我国近代另外三大别墅区相比，北戴河沿海近代民居是有组织有规划建设，但风格多样，从而形成了多元共存的世界性居住聚落，虽然建筑物的使用功能类似，但风格各异，形式多样，造型丰富而又互不雷同，体现了浓厚的东西方文化的交融。

3. 典型案例分析——以河北省秦皇岛市北戴河区五凤楼为例

五凤楼又名平安公司别墅，建于20世纪20年代，位于北戴河草厂西路，今北京工人疗养院北院。

五凤楼由周学熙次子周志俊与美国人爱温斯合办的中华平安公司设计建造，传说是周志俊为其五个女儿建造的别墅（图4-3-12～图4-3-16），其建筑面积1960多平方米，欧式建筑风格，具有典型的北戴河沿海近代民居特色，包括防潮建造的地下室、高高的红色铁瓦顶、优美时尚的百叶窗等五座建筑风格一致，却又同中求异。

① 戴利华. 北戴河近代建筑保护规划研究[D]. 天津：天津大学，2006.

图4-3-12　北戴河五凤楼细部（图片来源：陈怡如 摄）

图4-3-13　北戴河五凤楼瓦顶（图片来源：陈怡如 摄）

图4-3-14　五凤楼入口（图片来源：陈怡如 摄）

图4-3-15　北戴河五凤楼入口台阶（图片来源：赵洪辉 摄）

图4-3-16　北戴河五凤楼立面（图片来源：白梅 绘）

二、宗教类建筑——以源影寺塔为例

　　源影寺塔位于河北省昌黎县城西北侧的源影寺内，现存塔为密檐实心佛塔，八角十三级，平面呈八角形，底边长4.2米，塔高36米。塔由塔基、塔身、塔刹构成，主体为砖木结构，各层椽、飞和角梁为木质，其余均为青砖砌筑、雕刻仿木结构（图4-3-17～图4-3-19）。

　　塔基上建有须弥基座，座上有砖雕斗栱托起的平座，平座的栏板上雕刻着几何图案及优美的花卉纹，平座以上由两层砖制莲瓣承托塔身。塔身的第一层较高，周面砖雕重层的天宫楼阁。一层楼阁的八面设有假门，东、西、南、北门上各饰有四排门钉和两个门环，上部有两个门簪，其余四门为直棂三木末头隔扇。八角处均设有砖雕佛龛。一层楼阁的上部建有楼阁平台，平台上有勾栏、望柱。二层楼阁的八面均设花棂假窗，八转角的两侧共有16个砖雕直棂窗。楼檐为砖雕仿木椽结构，平台及檐为上下错落的曲线形，设计造型优美。天宫楼阁以上至第一层塔檐下的转角处作圆形依柱，各层塔檐均由两排木椽、飞、角梁构成，并以青瓦覆盖。各层檐飞有明显卷刹，角梁下均悬挂有铁质风铎。平座及各层檐下均施砖雕仿木斗栱，平座及第一层的斗栱为双抄五铺作斜华栱，其余均为单抄四铺作。[①]平座补间斗栱为单抄四铺作，第一层补间铺作为双抄五铺作，目为45度斜华栱，其余各层补间斗栱为单抄四铺作，双层只用华栱，第三、五、七、九、十一、十三层除华栱外，还出45度斜栱。塔刹由砖砌刹座覆钵及铁质相轮、圆光、仰月、宝珠构成。刹座上有砖雕两层蕉叶，其上的两层仰莲托起球形覆钵，矗立覆钵顶端的刹杆串联着相轮、宝盖、圆光、仰月及四个宝珠。

此塔从设计造型到建筑技巧、雕刻艺术都显示了较高的工艺水平，特别是平座的雕刻栏板、栏杆，第一层塔身上的天宫楼阁更是雕刻精致而华丽，富有浓郁的北方文化色彩，是北方现存古塔中所罕见的密檐塔实例。

三、陵墓类建筑——以清东陵为例

清东陵坐落在河北省唐山市的遵化境内，占地80平方公里，是我国现存规模宏大、体系最完整、布局最得体的帝王陵墓建筑群，是世界文化遗产，埋葬着顺治、康熙、乾隆、慈禧等众多清朝帝王和皇后（图4-3-20）。

清东陵是一块难得的"风水"宝地。北有昌瑞山做后靠如锦屏翠帐，南有金星山做朝如持芴朝揖，中间有影壁山做书案可凭可依，东有鹰飞倒仰山如青龙盘卧，西有黄花山似白虎雄踞，东西两条大河环绕夹流似两条玉带。[②]群山环

图4-3-17　源影寺塔（图片来源：舒平 摄）　　图4-3-18　塔刹（图片来源：初春英 摄）

图4-3-19　基座（图片来源：初春英 摄）

图4-3-20　清东陵定陵隆恩殿（图片来源：杨彩虹 摄）

① 王曦. 古代艺术遗址在中学美术欣赏课中的开发与应用——以正定古城文化艺术为例[D]. 石家庄：河北师范大学，2015.
② 秦妍. 从目的论角度看唐山外宣资料的英译[D]. 石家庄：河北师范大学，2012.

抱的堂局辽阔坦荡，雍容不迫。[①]当年顺治到这一带行围打猎，被这一片灵山秀水所震撼，当即传旨"此山王气葱郁可为朕寿宫"。从此昌瑞山便有了规模浩大、气势恢宏的清东陵。

　　清东陵的建筑恢宏、壮观、精美，由580多单体建筑组成的庞大古建筑群中，有中国现存面阔最宽的石牌坊，五间六柱十一楼的仿木结构巧夺天工。[②]中国保存最完整的长6000多米的孝陵主神路，随山势起伏，极富艺术感染力。乾隆裕陵地宫精美的佛教石雕令人叹为观止，班禅大师赞誉为"不可多得的石雕艺术宝库"。慈禧陵三座贴金大殿，其豪华装修举世罕见，"凤上龙下"石雕匠心独运。整座东陵在木构和石构两方面都有精湛的技巧，可谓集清代宫殿建筑之大成，其中孝陵的石像生最多，共达18对，造型多朴实浑厚；乾隆的裕陵规模最大、最为堂皇，而慈禧的菩陀峪定东陵则是首屈一指的精巧建筑。[③]

四、防御类建筑——以山海关长城为例

　　山海关长城是万里长城的入海处。[④]"两京锁钥无双地，万里长城第一关"，属河北省秦皇岛市山海关境内，[⑤]全长26公里，主要包括老龙头长城、南翼长城关城长城、北翼长城、角山长城、三道关长城及九门口长城等地段。老龙头长城是长城入海的端头部分，有"中华之魂"的盛誉（图4-3-21—图4-3-24）。

　　山海关城由关城、东罗城、西罗城、南翼城、北翼城、威远城和宁海城七大城堡构成，四周有长4769米、高11.6米、厚10余米的城墙，墙体高大坚实，气势宏伟。在东、西、南、北建有四个城门，城东南隅、东北隅建有角楼，城中间建有雄伟的钟鼓楼。[⑥]

图4-3-21　长城（图片来源：张兴瑞 摄）

图4-3-22　山海关（来源：张兴瑞 摄）

图4-3-23　山海关夜景（图片来源：张兴瑞 摄）

① 杨光. 以墓葬环境设计论园林纪念情感的表达[D]. 北京：北京林业大学，2009.
② 梁玉坤. 清福陵造园特点研究[D]. 沈阳：沈阳建筑大学，2018.
③ 李为. 河北省"重点文保建筑"资源构成分析及开发利用策略研究[D]. 天津：河北工业大学，2008.
④ 张雅娜. 乡土史课程资源及其在高中历史教学中的运用——以秦皇岛市乡土历史为例[D]. 石家庄：河北师范大学，2015.
⑤ 王湃. 浅谈秦皇岛市旅游开发问题[D]. 秦皇岛：中国环境管理干部学院，2002.
⑥ 闫中远. 河北新课改与县域高中历史教师教学思路转型——以秦皇岛市昌黎县域高中为例[D]. 石家庄：河北师范大学，2007.

图4-3-24　山海关掠影（来源：张兴瑞 摄）

第四节　冀东地区的传统建筑风格

一、传统建筑的结构特点

冀东地区处于华北平原，冀东传统建筑有着中国北方建筑的典型风格。各地方对土、木、石、砖、瓦等的灵活组合与运用，使建筑在结构上既统一又因地制宜，形成不同的建筑形式和局地地域风格。

（一）屋顶结构与构造类型

冀东地区现存民居屋顶以硬山为主。屋顶做法简单，规格较低，如河北省遵化市马兰峪镇村落民居（图4-4-1）。唐山市迁西县北部汉儿庄乡是满族聚居村，村庄的屋顶具有当地民族特色。

图4-4-1　河北省遵化市马兰峪镇村落民居（来源：马兰峪宣传部提供 徐贺齐 摄）

公共建筑以寺庙居多，屋顶形式依其建筑等级不同各异，有庑殿、单檐歇山、重檐歇山、三檐歇山（图4-4-2）等。公共建筑的屋顶施工技术较为复杂，建筑体量也更为气派雄伟。

（二）屋身结构与构造类型

屋身作为支撑屋顶的重要部分，结构构件主要是墙体和梁柱。

1. 柱承重的结构与构造特点

柱承重的结构体系是大多数建筑的首选。在基本的体系

图4-4-2　唐山市 寿峰寺（来源：《燕赵遗韵》2016年第10期，作者：孟韬）

图4-4-3　净觉寺门殿（来源：《天津河北古建筑》编写组）

上进行巧妙的变形，成就了众多的有特色的建筑，如净觉寺正殿的"悬梁吊柱"（图4-4-3），秦皇岛白衣庵的减柱造等。

2. 房屋中的墙体承重的结构与构造特点

冀东传统建筑墙体所用材料以砖、石料为主，砌筑墙体后直接支承屋架。合理巧妙利用材料特性，发挥工匠技艺，也成就了一些特殊的建筑，成为美谈。

位于玉田县有"京东第一寺"之称的皇家寺庙净觉寺，门殿皆为砖石拱券灌以澄浆而成，它无梁无檩无柱，其内壁外壁都是磨砖对缝，缝细而匀，全殿除去门窗，没有任何木制品，在建筑学上堪称一绝。寿峰寺砖砌无梁阁为三重檐琉璃瓦顶的楼阁建筑。第1层和第3层为由墙到顶的砖砌弧形拱券顶。

3. 木柱、砖柱与墙体结合承重体系

冀东地区以砖木结构为主，但也有木柱、砖柱与墙体结合承重体系，这种建筑结构和构造方式的相结合，既体现了建筑材料与结构的灵活性，也体现了建筑技艺的糅合与发展，如河北省霸州市胜芳镇中山街张家大院、北戴河观音庙。

4. 其他承重结构

在一些特殊建筑中，出现了特别的结构形式，如詹天佑所建的滦河大桥，利用"充气沉箱法"将桥墩基础立于河床深处的岩石之上，并采用古老的粘结材料和方法，将一块块料石砌合在一起，层层叠叠，直至桥面，这种神奇的砌石古法，民间给了它一个响亮的称号——"万年牢"。

（三）台基结构及其构造

在中国古代建筑中，高出地面的建筑物底座称为台基，用以承托建筑物，起到防潮、防腐的作用，同时是等级制度的象征。中国古建筑单体体量较为矮小，台基在一定程度上弥补了中国古建筑单体建筑不甚高大雄伟的欠缺。

冀东地区的台基一般有以下3类做法[①]：

（1）普通台基：用素土或灰土或碎砖三合土夯筑而成，高约一尺，常用于小式建筑。

（2）中级台基：常在台基上边建汉白玉栏杆，用于大式建筑或宫殿建筑中的次要建筑。

（3）高级台基：多采用须弥座（又名金刚座），常用作佛像或神龛的台基，例如唐山清东陵景陵隆恩殿基座。

二、传统建筑材料应用

冀东地区包括唐山和秦皇岛地区，传统建筑的原材料多源于自然，有取自当地的土、木、石，以及植物和农作物也作为辅助用材。大量地使用在建筑中的仍旧是人工的陶制砖、瓦、金属等材料。

（一）自然建材

1. 木材

木材也是冀东地区传统建筑中重要的原材料之一。秦皇岛因其地形地貌西部处于山地丘陵地带，大量产出木材，

① 杨新平. 浅淡须弥座[J]. 南方文物，1993.

一般与砖共同作为建筑材料，普遍用作屋顶的制作，也被用于建筑装饰和雕刻上。桃林口白衣庵，正殿采用木料构筑梁架。孟姜女庙又称贞女祠，位于河北省山海关城东约6公里的望夫石村后山岗上。是我国现存最早、保存最完整的祭祀孟姜女的庙宇（图4-4-4），是一座灰砖青瓦、砖木结构的小庙。

2. 石材

冀东地区有山地、丘陵地带，高程依次递减，石材众多，成为冀东地区的主要建筑材料之一。建筑多为石材或砖石共同作为建筑材料、也用于建筑装饰和构筑物中。

冀东地区自古有使用石材进行建造活动的案例。西寨遗址位于河北省迁西县东部滦河北岸台地上，为新石器时代遗址。现存的红山长城采石场遗址在长城重峪口关南9公里处的红山北坡上，是明代修建长城时所开设的采石场。

石材也被运用于石刻雕塑之中。位于在抚宁县白家堡子的天马山石刻有明人题刻"天马行空"、"山河一览"、"海天在目"、"带砺山河"等大字，字体工整，笔迹秀劲。秦皇岛卢龙陀罗尼经幢位于市卢龙县城内南门里的十字路口中央，为八棱形多层式石质建筑[1]。

九门口（图4-4-5）位于河北省抚宁县城，是中国万里长城中唯一的一段水上长城。桥墩四周及上下游地面上，铺砌了连片的巨型花岗岩条石，水门下用一片片条石铺出的河床。 喜峰口是燕山山脉东段的隘口，古称卢龙塞，路通南北。喜峰口关建筑结构十分独特，关有三重，三道关门之间由坚固的基砖墙连接成一体。城堡坐落在群山包围的盆地里，四面亦使用条石砌筑。

（二）人工材料

冀东地区传统建筑中常用由人工烧制的砖、瓦等人工材料做墙身、铺地、屋顶，以及被广泛用于墙面涂装材料和砖瓦粘合剂的石灰，另有金属材料做装饰、铸造等。

图4-4-4　孟姜女庙（来源：《天津 河北古建筑》编写组）

图4-4-5　九门口水上长城（来源：姜丽彬《姜丽彬绥中长城摄影作品选》）

1. 砖

砖在冀东地区的应用广泛，根据功能不同砖在不同类型的建筑中均有使用。

在河北抚宁县发现了长城砖窑中最有代表性的"板厂峪窑址群遗址"，砖窑里面大都保存着当时烧好的筑长城用的青砖，是我国迄今发现的最早的砖窑。

1）长城、关口及城墙

长城、关隘等多用青砖砌筑成大跨度的拱门，城墙也多用砖砌或砖石混合砌筑。九门口右面山上的长城是一色青砖，以条石为基础，外包砖墙。九孔城门桥的两端的围城，内侧用砖砌成，外侧用石砌成，与桥城浑然一体。

另有位于卢龙县境内的永平府城墙为砖石结构，还有素

---

① 张梦娇. 乡村生态旅游规划与景观设计研究[D]. 燕山大学，2012.

有"天下第一关"之称的山海关（图4-4-6），以及集山、海、关、城于一体的海陆军事防御体系——老龙头。

2）陵墓

清东陵是中国现存规模最宏大、体系最完整、布局最得体的帝王陵墓建筑群，其方城、明楼（图4-4-7）、宝城、月台、疆碓，全部为砖石结构。其嫔妃地宫（图4-4-8）的结构是由一砖券、一砖床组成。而常在型的地宫则是一座砖池。

3）寺庙及塔

冀东地区的寺庙及塔中砖的应用也较为普遍，多为砖石结构或砖木结构。北戴河观音寺又名"广华寺"，其山门、东、西配殿、正殿均为砖木结构。

板厂峪塔则为冀东地区塔的代表，此塔为六面七级实心砖塔。另外塔东北30米有一"天然洞"，外部有砖拱券门。

4）民居及其他公建

砖在冀东地区不同的民居及公共建筑中都有使用。例如丰润中学校原址，即前"遵化州官立中学堂"。其图书馆楼、教室、会议室和校长室、总务处均为砖石结构。大门两侧院墙也是由透孔式灰砖砌成。

江浩故居则是青砖小瓦建造的清代民间建筑。洪山口古戏楼亦为砖木结构，戏楼中间有隔扇，将楼分为南、北两部分，北半部分为砖砌戏台，前台口左右纵列2根明柱。

2. 瓦

在冀东地区不同规模的建筑所用瓦的样式不同，皇家庙宇多用彩色琉璃瓦，民居住宅则多用青砖灰瓦，另外还有红瓦顶的别墅住宅多见于滨海地区。

1）琉璃瓦顶

琉璃瓦多见于宫殿庙宇类建筑，以清东陵（图4-4-9）为例，区内所有带屋顶的建筑除班房覆以布瓦外，全部以黄琉璃瓦覆盖。妃园寝则以绿琉璃瓦覆顶。

2）灰瓦顶

民用住宅及公建多用灰瓦或青瓦，如背牛顶太清观无梁殿为石墙砖拱券，硬山灰瓦顶。江浩故居亦是青砖小瓦的四合院布局建筑。

图4-4-6　山海关（来源：杨彩虹 摄）

图4-4-7　清东陵方城明楼（来源：杨彩虹 摄）

图4-4-8　清东陵地宫（来源：杨彩虹 摄）

3）红瓦顶

秦皇岛滨海建筑中，许多别墅、欧式公建多为红色屋顶，如五凤楼，它是欧式建筑风格，高高的红色铁瓦顶都是典型的北戴河沿海近代民居特色。

3. 石灰

在冀东地区，石灰储量丰富，使用广泛，大量用于墙体抹灰和作为粘合剂进行使用，如宝峰禅寺殿顶砖拱券，石灰罩面，涂以红料，是典型的抹灰式用法。

明代在砌筑城墙时，广泛采用石灰砂浆和糯米汁一起搅拌后作胶结材，以增加胶结力。

4. 金属

冀东地区的金属不常见于建筑承重，多做装饰和工艺品，但值得一提的是冀东地区出现了用钢铁构筑的大桥，这些都是对当时传统工艺以及金属运用的深刻反映。

1）金属装饰

冀东地区金属构筑物常见于塔、寺庙檐口下的风铃、宝刹宝顶以及墙钉等，如永旺塔檐角悬挂的方形铁铃（图4-4-10），沈阳铁路局山海关疗养院内的意大利营盘窗边的铜质装饰，还有九门口过水条石上凿有燕尾槽，边缘与桥墩周围用铁水浇注成银锭扣。

2）金属铸造品

冀东地区寺庙钟楼中常见有铁铸或铜铸的大钟，如北戴河观音寺内东南角有铁钟1口，早年由如来寺迁来，以及孟姜女庙内的铜铸古钟。

3）桥梁

冀东地区现存一座由钢铁造就的滦河大铁桥，是由詹天佑参与设计施工的当时全国最长的铁路桥，也中国近代第一座大型铁路桥。

图4-4-9　清东陵定陵隆恩殿与定陵妃园寝大殿（来源：杨彩虹 摄）

图4-4-10　永旺塔（来源：《文物春秋》2001年第6期，"永旺塔与戚继光"，作者：李子英、赵国英）

三、传统建筑的装饰艺术

冀东传统建筑装饰主要分为居住建筑装饰和公共建筑装饰，主要体现在石作、木作、砖瓦作和彩绘方面。

（一）居住建筑装饰

冀东传统民居建筑风格多样、包容并蓄、造型丰富而又互不雷同，尤以中西合璧的建筑特色而独具韵味，其装修、雕饰、彩绘处处体现着多种文化思潮，体现了浓厚的东西方文化的交融。

1. 石作

冀东传统民居中的石作大多是以圆形为主的抱鼓石和大门口的石狮，抱鼓石鼓面中间有装饰图案，由中间的莲叶纹向两边翻卷形成的圆鼓形纹，线条柔美简洁[①]。

2. 砖雕

冀东传统民居大多建于清朝，带有个性鲜明的中西合璧特色，例如胜芳古镇的张家大院和王家大院，门楼上、墙上、影壁以及瓦当的砖雕细致精美，山墙檐口雕花和镂空的手法朴实而淡雅，格栅窗的空洞处穿插布置而达到半隔半通、似隔非通的效果，体现独特的清代民居建筑风格。

3. 木作

冀东穿堂套院民居整体色彩格调偏灰，纵横交错的木窗格是房屋立面的主要装饰，门窗均漆成黑色，古朴简洁。大门上有方形、圆形、花瓣形等样式的门簪，为了增加装饰的效果，正面或雕刻，或描绘，装饰以花纹图案。

4. 彩绘

由于地位和阶层的限制，冀东民居彩绘仅出现在王公大臣府邸中，尤以张家大院和王家大院内的彩绘格外精美，挂

檐、椽头以及砖垛上绘有百花、葫芦、万字图案，寓意驱凶就吉，人丁兴旺。

（二）公共建筑装饰

1. 宗教建筑装饰

石作、木作、砖瓦作和彩绘等装饰都常见于宗教建筑当中。宗教建筑的装饰艺术也是古代森严等级制度的体现。

1）石作

宗教建筑中的石作构件较为突出，宝峰禅寺殿内板石铺地，四壁镶嵌27块高80厘米、宽60厘米青石线刻敷色神像，圆拱石门两侧各镶嵌青石卧碑一通。净觉寺被称为"京东第一寺"，作为皇家建筑，其建筑艺术兼具明清两代风格，融会宫廷民间两种特色。

2）木作

宗教建筑中的木作亦是建筑艺术和工匠技艺体现较多的地方。净觉寺正殿为木结构，无一钉一铆，天窗下面制有36个木格，每个木格都有彩绘的风景和泥塑的人物。雀替上镶嵌着红木精雕而成的佛门八宝：轮、罗、伞、盖、花、罐、鱼、长。

3）砖瓦作

先师庙大成殿为单檐歇山顶，四角飞檐下悬有挂铃，屋脊有龙头鸱尾兽四组，正脊为二龙戏珠砖雕，殿内用方砖铺就。净觉寺主殿重檐歇山，黄色琉璃瓦，可见其皇家规格。

净觉寺最夺人眼目的是门殿——"无梁殿"，内壁外壁都是磨砖对缝，缝细而匀，它的椽、飞、昂、栱均用青砖精工雕琢，砖雕祥云状斗栱迭涩出檐，其间为莲花和佛雕，昂嘴间还刻有九十六尊神态各异的佛像。左右分列钟鼓楼，十字脊砖雕精美异常。

砖雕也常常见于塔，例如永旺塔基座六十余幅砖刻浮雕图案，在束腰、上枋、栏杆处，饰有四十八块雕画砖，画砖之间都有假窗，两面为拱券门。车轴山花塔塔基莲花须弥座，塔身各浮雕高大菩萨立尊，层层环砖雕像。

---

① 曲扬洋. 山海关古城内传统民居的保护和利用[D]. 河北工程大学，2014.

4）彩绘

净觉寺的彩绘装饰既有宫廷色彩的飞龙舞凤，又有民间情调的"招财进宝"。檩柱的外表、殿堂的四壁、门窗的裙板、斗栱的端头，都有彩绘的精雕。

壁画彩绘在宗教建筑中也较为常见，例如孟姜女庙中有"姜坟雁阵"彩绘壁画，观音寺的东西两侧墙壁上也绘有壁画。

5）其他

孟姜女庙前殿大门上挂着被誉为"天下第一奇联"（图4-4-11）的"海水朝朝朝朝朝朝朝落；浮云长长长长长长长消"。

2. 陵墓建筑装饰

清东陵是冀东陵墓葬建筑的代表，是中国现存规模最宏大、体系最完整、布局最得体的帝王陵墓建筑群，其装饰艺术也是十分精美，气势恢宏。

1）石作

石雕是清东陵中最伟大的装饰之一，例如孝陵石牌坊（图4-4-12）是中国现存面阔最宽的石牌坊，夹杆石的顶部圆雕麒麟、狮子，看面分别浮雕云龙、草龙、双狮戏球等图案。梁枋上雕刻旋子彩画。折柱、花板上浮雕祥云。斗栱、椽飞、瓦垄、吻兽、云墩、雀替均为石料雕制。孝陵石像生（图4-4-13）共18对，所有石雕像均以整块石料雕成。

裕陵地宫（图4-4-14）所有的平水墙、月光墙、券顶和门楼上都布满了佛教题材的雕刻，刀法娴熟精湛，线条流畅细腻，造像生动传神，布局严谨有序，被誉为"石雕艺术宝库"和"庄严肃穆的地下佛堂"。

四根白色大理石雕刻的华表，柱身上雕刻着一条腾云驾雾的蛟龙。八角须弥底座和栏杆上亦雕满了行龙、升龙和正龙，一组华表上所雕的龙达98条。

2）木作及彩绘

菩陀峪定东陵隆恩殿（图4-4-15）及东西配殿木构架

图4-4-11　天下第一奇联（来源：杨琳《天下第一奇联之我见》）

图4-4-12　孝陵石牌坊（来源：《天津 河北古建筑》编写组）

图4-4-13　孝陵石像生（来源：杨彩虹 摄）

全部采用名贵的黄花梨木。梁枋彩画不做地仗，不敷颜料，而在木件上直接沥粉贴金，其图案为等级最高的金龙和玺彩画。

3）砖瓦作

清东陵的所有带屋顶的建筑（包括墙垣）除班房覆以布瓦外，全部以黄琉璃瓦覆顶（包括墙顶）。黄琉璃瓦是皇家建筑的最高等级。

3. 市政交通建筑装饰

1）石作

桥梁作为交通建筑的主要类型，其装饰艺术也很丰富，例如清东陵孝陵七孔拱桥在石桥中是等级最高的一种，远观似长虹卧波。裕陵玉带桥（图4-4-16）桥面两侧安装白石栏杆、龙凤柱头。

桥的装饰多见于柱头上形态各异的动物雕刻和分水兽，例如彩亭桥（图4-4-17）上的狮子、莲花瓣、寿桃等，还有栏板上形象生动的浮雕。

4. 防御建筑建筑装饰

冀东地区秦皇岛因其独特的地理位置与历史原因，防御建筑留存较多，如山海关、喜峰口、九门口长城等，其中最为完善著名的山海关城池，有多种古代的防御建筑，是一座防御体系比较完整的城关，有"天下第一关"之称。

1）石作

山海关城中沿街依次排列的五座石牌坊，柱子上安横

图4-4-14　峪陵地宫石雕（来源：杨彩虹 摄）

图4-4-15　普陀峪定东陵隆恩殿（来源：杨彩虹 摄）

枋，横枋上再加屋顶等装饰，雕刻有精美的图案花纹。敌台石券门上，拱形门楣、门柱上雕有传统吉祥纹样的缠枝莲。

2）木作

长城上的望楼，一面为木制隔扇门（图4-4-18），其余三面饰68孔箭窗。

3）砖瓦作

山海关的澄海楼，九脊黑黑活歇山顶，顶脊双吻对称，四角饰以脊兽瓦饰，青砖碧瓦，斗栱飞檐，蔚为壮观。长城的瞭望孔上有柿蒂纹砖饰，甚为精美。

4）彩绘

长城望楼内外檐上、雀替上均饰有明式彩画，为明青绿墨线旋子小点金做法，色彩艳丽夺目，形象生动。

图4-4-17　彩亭桥（来源：安春明《河北玉田彩亭桥》）

图4-4-16　峪陵玉带桥（来源：杨彩虹 摄）

图4-4-18　山海关木质门（来源：杨彩虹 摄）

第五章　冀南地区传统建筑文化特色解析

冀南地区在行政区划上地处河北省邢台、邯郸一带。该地区地形复杂，西部是山地环绕，东部是平缓平原，运河贯穿整个冀南地区，并形成了独特的气候带，属于典型的暖温带半湿润大陆性季风气候。

因复杂地势造就了丰富多彩、各具特色的三个不同的文化区域：

1. 南起邯郸西部，途经邢台，北至衡水西部的太行山山脉文化带。

2. 地势自西向东呈阶梯状下降的河北平原文化圈。

3. 下起邯郸西北部，上至邢台东北部的运河文化圈。

冀南地区地处晋、冀、鲁、豫四省要冲，从古到今都有着不可多得的区位优势，必然受到多种文化的影响，从而决定了冀南地区文化的多样性，现存的传统村落建筑与建筑群也印证了多种文化对冀南地区的陶染（图5-0-1）。

图5-0-1　冀南文化区分布图（来源：连海涛 绘，底图参考《河北省地图集》，星球地图出版社）

第一节　冀南地区自然、文化与社会环境

一、冀南地区的自然环境

（一）地理位置

冀南地区（图5-1-1）地处太行山脉和华北平原交汇处，位于太行八陉之一滏口陉。东傍大运河和山东省，南连河南平原，西依太行山和山西省，北接石家庄市和衡水市，是晋冀鲁豫四省的交界区。

地区地势自西向东呈阶梯状下降，高差悬殊，地貌类型复杂多样，依次以山地、丘陵、平原阶梯排列。西部属于山区和山前丘陵区，位于太行山东麓，海拔在100~1000米之间。中东部属于华北平原，中部以山前冲积平原为主，东部则为子牙河和古黄河系冲积平原，海拔在100米以下。平原区缓岗、自然堤、废河道随处可见，洼地较多，有宁晋泊、大陆泽、永年洼三大洼地。辖区内的河流属于海河流域子牙河和黑龙港两大水系。最低海拔仅20米，最高海拔1898.7米，相对高差1878.7米。

（二）气候特点

冀南地域属典型的暖温带半湿润大陆性季风气候，具有年内温差大，降水集中的显著特点。该地域日照充足，雨热同期，干冷同季，依次呈现春季干旱少雨，多扬尘风沙，气候干燥；夏季炎热多雨，气温潮湿；秋季天气稳定，气候凉爽；冬季雨雪偏少，干燥寒冷。

（三）物产资源

冀南地区农业作物主要以小麦、玉米、谷子、花生、棉花为主，是全国优质粮和棉花生产基地，同时拥有丰富的"两黑"——煤、铁资源，是河北省重要的煤炭钢铁能源基地，此外还有较为丰富的非金属矿资源，如铝矾土、耐火土、硫铁矿、含钾砂页岩、丹霞岩、碳石等40种以上矿藏。

二、冀南地区的社会背景

冀南地区是中华文化重要的发祥地之一，8000年前，就有人类繁衍生息，孕育了新石器早期的磁山文化、赵文化、女娲文化、北齐石窟文化、建安文化、广府太极文化、梦文化、磁州窑文化、成语典故文化、边区革命文化等，博大精深，风格丰富多彩。

在冀南地区出现过多种宗教，比较重要的是佛教、道教、伊斯兰教、基督教和天主教，其中印度传来的佛教延续时间较长，传播地域最广。佛教为我们留下了丰富的建筑和艺术遗产，如殿阁、佛塔、经幢、石窟、雕刻、塑像、壁画等。道教居第二位，但道教建筑本身并未形成独立的系统与风格。道教建筑一般称宫、观、院，其布局和形式，大体

图5-1-1　冀南地区位置图（图片来源：刘星 绘）

仍遵循我国传统的宫殿、祠庙体质，即建筑以殿堂、楼阁为主，以中轴线对称式布置。元明时期伊斯兰教快速发展，逐渐形成穆斯林聚集居住区。早期清真寺的建筑构造简单，其后随着穆斯林建筑艺术的发展，结构严整、带有装饰艺术的建筑群相继出现。基督教会建筑主要分为巴舍里卡式、罗马式、拜占庭式和哥特式。天主教于明朝传入，邯郸大名"宠爱之母"教堂平面呈十字形，钟楼钟面三面可观，堂内外华丽而不失庄严，是国内现存最古老的西方哥特式建筑之一。

三、冀南地区的历史演变

冀南地区在上古时期形成了距今已有8000多年的新石器早期的磁山文化，是中国华北历史最悠久的地区，是中华文明的发源地，也由此华夏民族不断活跃在冀南地区。冀南地区拥有中国最古老的城邑，历朝历代都有着重大的战略意义，在漫长的积淀洗礼孕育而成的以"赵文化和邢文化"为核心的文化脉系，在现代文化产业发展中依然不断演绎和传承着古文化的魅力。

邯郸的城邑，肇起于商殷，邯郸二字作为地名，经过3000年兴衰变革沿用不改，是中国地名文化的一个特例。而邢台历史源远流长，3000多年行政建制一脉相承，虽多次改名，但未有断绝。通过整理冀南历史沿革与代表性文化特征（表5-1-1）与邢台地域名称变革（表5-1-2），我们得以清晰地看到冀南地区历史演变的历程。

冀南历史沿革与代表性文化特征　　　　　　　　　　　　　　　　　表5-1-1

时间	地点	代表性文化特征	代表成就
上古时期	冀南	仰韶文化	中国家鸡、粟和中原核桃的发现地
先秦时期	邢州（邢国）	邢文化	商代祖乙迁都于邢；西周初期，建立邢国
春秋、战国、两汉时期（前770～220年）	邯郸	赵文化	建都邯郸为赵国，赵文化集中反映了北方地区诸民族冲突与融合的过程
东汉末－魏晋时期	邺城	建安文化	都邺城、铜雀台三台
	南宫市	佛教文化	普彤塔
	襄国郡		开元寺
北朝～东魏时期（534～550年）	邢州	铁冶文化	灌钢技术
北齐（550～577年）	峰峰矿区、涉县、武安	石窟文化	响堂山石窟群、娲皇宫石窟
隋朝～唐宋时期（581～1279年）	邢州	白瓷文化	邢窑白瓷
	大名县、馆陶县、魏县、临漳县、临西县、清河县	运河文化	大名府故城、永济渠和卫运河河段
宋元时期（960～1368年）	磁县、峰峰矿区西部	磁州窑文化	漳河流域观台和滏阳河流域彭城两大窑厂
	武安	傩戏文化	傩戏《捉黄鬼》
	顺德府	武术文化	梅花拳
明朝时期（1368年～1644年）	邱县、邢台县和沙河市	长城文化	邢长城
	沙河市	武术文化	藤牌阵
清朝时期（1644～1911年）	永年县	太极文化	太极宗师杨露禅和武禹襄
	冀南	戏曲民俗文化	隆尧秧歌
抗日战争～解放战争时期（1937～1950年）	冀南地区	红色文化	《人民日报》、《人民画报》、华北新华广播电台、《新华日报》华北版、太行版

（表来源：连海涛 绘）

邢台地域名称变革

表 5-1-2

朝代	时期	地域名称
夏	公元前 2070～约公元前 1600 年	冀州
商朝	商代祖乙九年（前 1500 年）	邢州
西周	西周初期	邢国
秦朝	前 221 年	钜鹿郡
秦朝	钜鹿之战后	襄国
汉朝	前 202～220 年	钜鹿郡
晋朝	319 年	襄国城
晋朝	335 年	襄国郡
隋朝	隋开皇十六年（596 年）	邢州
隋朝	大业二年（606 年）	襄国郡
唐朝	武德四年（621 年）	邢州
唐朝	天宝元年（742 年）	钜鹿郡
唐朝	至德二年（757 年）	邢州
宋朝	北宋宣和元年（1119 年）	信德府
宋朝	南宋建炎二年（1128 年）	邢州
元朝	元中统三年（1262 年）	顺德府
元朝	至元元年（1264 年）	顺德府
明朝	洪武元年（1368 年）	顺德府
民国时期	1913 年	撤销顺德府设冀南道
民国时期	1925 年	顺德市
民国时期	1936 年	日本军占领顺德市成立冀南道辖今河北
民国时期	1940 年	冀南道分设为顺德道和冀南道，其中顺德道辖今邢台市 15 县
民国时期	1945 年	邢台
近现代	1949 年	邢台专区
近现代	1958 年	撤销邢台专区和邢台，划归石家庄和邯郸
近现代	1961 年	邢台专区
近现代	1970 年	邢台专区
近现代	1983 年	邢台市

（表来源：连海涛 绘）

四、冀南地区的聚落选址与布局

冀南地区历史传统聚落，在选址中遵循着择水而居、负阴抱阳、靠近资源、有利防卫、交通便捷的方式。城乡聚落多以稳固的血缘关系作为聚落形成基础，以家族聚居、人口繁衍来逐渐扩大聚落规模。聚落规模的大小是由多方面的因素决定的。一般而言，距离城镇较近、交通便利、土地肥沃、耕地较多的乡镇，往往聚居人口较多，因而聚落的规馍较大，甚至形成城市，而那些地处偏远山区，自然条件差、交通不便、土地贫瘠的乡村一般规模都比较小。

（一）聚落选址与规划

概括来讲，冀南地区传统村落的选址有如下几方面的特征：

1. 择水而居

传统聚落往往靠近水源，在山区建造的乡村，大多是在基岩裸露的山涧盆地附近进行建造，以便充分利用雨水或溪水。

冀南地区的很多传统聚落，符合人类择水而居的规律，如环河而建的武安市万谷城村，两河交汇而建的涉县王金庄村，沿河而建的涉县岭底村、武安市固义村、磁县南王庄村、峰峰八特村、邢台沙河市册井乡北盆水村，河流穿村而建的武安市后临河村、磁县北贾璧村、邢台沙河市城湾村、邢台沙河市渐滩村、英谈村等，都是择水而居的聚落选址（图5-1-2）。

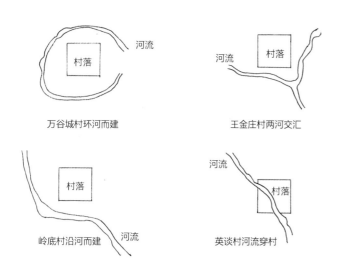

万谷城村环河而建　　　　　　　王金庄村两河交汇

岭底村沿河而建　　　　　　　　英谈村河流穿村

图5-1-2　择水选址图示（图片来源：连海涛 绘）

2. 负阴抱阳

以起伏绵延的山势作为背景建设乡村，无论从自然景观还是从生态环境来看，都是最佳的选址（图5-1-3）。许多山地聚落结合山势灵活布置，依山就势，因地制宜，高低叠置，参差错落。聚落通过自然山势与人工建筑交相辉映，形成了符合当地自然地理环境特点的民居建筑特色，聚落与自然环境融为一体，是理想的居住环境[1]。

3. 靠近资源

传统聚落的选址不仅与自然环境相融合，而且出于生产需要，人们常在靠近资源的位置形成聚落。冀南地区西部山区与丘陵区多煤炭、铁矿、瓷土等，在这些矿脉附近即形成了以生产煤炭、烧制瓷器、冶炼铁器为主的村落。今天我们从村落的名字上仍可以看出当初村落以资源为聚的影子，如武安冶陶镇，磁县白土村等。

4. 有利防卫

现存的冀南西部山区乡村聚落，大部分形成于明末清初，当时社会动荡，战事多，劫匪出没，给居民造成了很大恐慌，由此安全保障也是聚落选址的重要因素。

磁县偏城镇（亦称刘家寨）（图5-1-4）是一处我国北方不可多得的以防卫为聚落理念的山寨式古建筑群。刘家寨地处太行山东麓涉县偏城镇偏城村，建在一处独立方整的高岗之上，设东南北三门，四周用石头筑成高达10米的城墙，俨然一处小山寨，居高临下，易守难攻。

5. 交通便捷

在自给自足的农耕社会中，聚落的交通条件并非是最主要的因素，但随着商品经济的发展，居民逐步打破了"居不近市"的传统观念，于是在古驿道或交通枢纽处，出现了规模较大的聚落，如武安阳邑镇。

阳邑镇地处太行山东麓，太行余脉小摩天岭、十八盘山

① 高兴玺，明清时期山西商帮聚落形态研究[D]. 山西大学，2014.

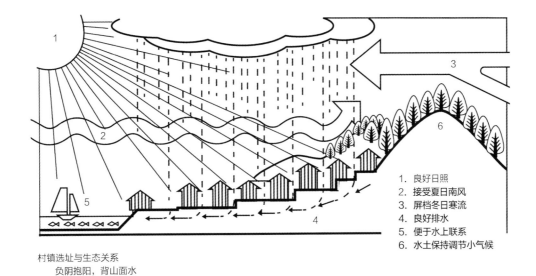

村镇选址与生态关系
负阴抱阳，背山面水

1. 良好日照
2. 接受夏日南风
3. 屏档冬日寒流
4. 良好排水
5. 便于水上联系
6. 水土保持调节小气候

负阴抱阳

金带环抱

山（玄武）

道路
（白虎）

河流
（青龙）

池（朱雀）

最佳住宅选址

图5-1-3　风水理论选址（图片来源：连海涛 绘）

脉盘亘左右，中为山间盆地，称"阳邑盆地"。南洺河支流管陶川、木井川于镇西北交汇流向东南，贯穿全境。镇居武安西陲，西与涉县马布、木井交界，北与本市管陶接壤，东与本市贺进相邻，南与本市冶陶、石洞相连。阳邑镇古代有太行八陉之说，它是晋冀豫三省相互往来的咽喉通道，也是重要的军事关隘所在地。阳邑镇占据着太行八陉之一釜口陉的咽喉要道，沿南洺河西向过黄泽关可达山西境内，可谓西通秦晋，东接中原大地（图5-1-5）。由于其特殊的地理交通位置，自古以来商业贸易就很繁盛，村子里建造了大量用于贸易和歇宿的建筑。

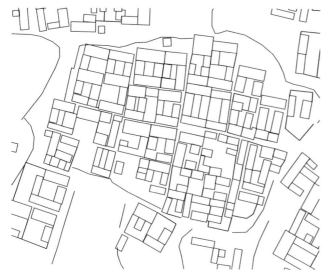

图5-1-4　涉县偏城刘家寨总图（图片来源：连海涛 绘）

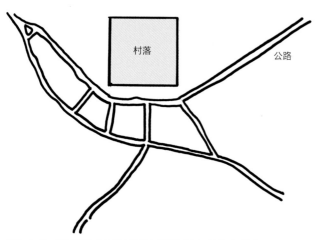

图5-1-5　阳邑镇依交通选址图示（图片来源：连海涛 绘）

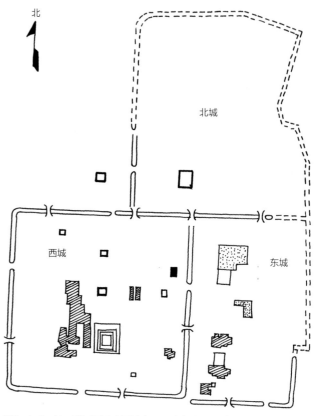

图5-1-6　赵王城平面图（图片来源：连海涛 改绘）

（二）聚落的布局与特征

聚落形态受自然、人文因素的影响，概括起来讲，其布局方式有两大类，即有规划的建设城镇和无规划的自由发展的村落。在自然条件稳固的情况下，宗族观念是聚族而居的前提，地缘性与血缘性是聚落布局的一个重要布局形式。

1. 建制城镇

传统规划模式大致有三种类型：新建城市、依靠旧城建设新城、在旧城基础上的扩建。

在规划理念方面，冀南地区较早的城市建设也遵循传统城市规划理念的基本原则，依照《周礼·考工记》的"匠人营国，方九里，旁三门。国中九经九纬，经涂九轨，左祖右社，面朝后市，市朝一夫"的思想建城，建造了赵王城、邺城、广府城、大名府、邢台古城这些历史古城镇。

（1）赵王城

位于邯郸市区西南郊的赵王城是战国赵王的宫城所在地。公元前386年，赵敬侯迁都邯郸，建王城于此，历经8代国君，前后计158年。该城址由西城、东城、北城三个小城组成，平面呈"品"字形（图5-1-6）。

（2）邺城

位于河北省邯郸市临漳县境内的漳河岸畔的邺城遗址，是中国曹魏、后赵、冉魏、前燕、东魏、北齐都城遗址，由南北二城构成。邺城（图5-1-7）是一个功能分区明确、结构严谨的城市，它首次体现了"先规划、后建设"的城市建设理念。邺城的规划和建设，既影响到了唐长安、宋洛阳的建设，也影响到后期日本东京、奈良的城市规划与建设。

（3）广府古城

位于永年县的广府古城（图5-1-8）城墙周长4.5公里，墙高10米，厚8米，城内面积1.5平方公里，分布30多条街道。

（4）大名府

大名府位于大名县，历史上三次成为国都，始建于前燕建熙元年（公元360年）。唐僖宗中和年间（公元881年~884年），为魏博节度使乐彦桢就西城外旧堤筑罗城，周长80里。至宋仁宗庆历二年（1042年），对大名城廊进行了增修，改名为北京。当时主要是增修了内城和外城，修内城为宫城，宫城南有三门：中为"顺预门"、东为"省风门"、西为"展义门"；东有东安门；西有西安门。至明洪武三十四年（1401年），漳、卫两河同时发大水，水位漫溢城墙，城沦于水中，淤泥土一丈多深，此城遂成为废墟，而后又迁修于艾家口，即今大名城。

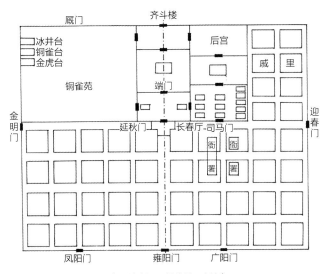

图5-1-7　邺城平面图（图片来源：连海涛 改绘）

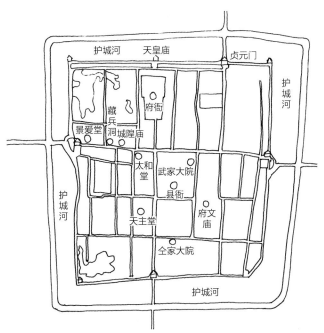

图5-1-8　广府古城平面图（图片来源：连海涛 改绘）

2. 自然村落

自然自发的村落呈现出分散型布局，一方面受水系的影响，自发形成于水陆交界。交通要害之处，往往呈现出带形、三角形、方形、山字形等形态特征；另一方面受宗族礼仪的影响，村内建筑主要围绕始祖墓等祭祀建筑而建。

（1）以地缘性为基础的自由式布局

冀南太行山区农村村落布局多为背山面水，以山为屏障，具备良好的地利条件。良好的防御性是乡村聚落得以生存发展的重要条件。

山上聚落：山上建村的重要特点就是依山就势，因地制宜，高低叠置，参差错落。聚落与山地环境融为一体，建造成符合人居住的理想聚落。英谈村民居都是依山而建，随坡就势，因地形差异而千姿百态，就地取材的红石民居层层叠叠，参差错落，房前屋后，树影离离，绿荫婆娑，别具一格，自成特色，是古太行最具有典型意义的建筑风格群体。

山前聚落：山前建村地势平坦，布局发散且相对自由。北贾璧民居多是依山而建，村中心最低处有一条河沟，横穿过北贾璧村，村中的民居多是依此河沟向两边山坡建起。

环水而建的聚落：水域在村落布局中起着重要作用，水域流经使得村落建造出现了河道邻村、河道穿村的情况。代表村落——金村（图5-1-9），在太行山余脉鼓山西麓，距离北响堂景区两公里，依跃峰渠而建[①]。

河流穿村的聚落：代表村落——北贾壁村，村落布局呈现由河流一分为二特色。

（2）血缘性为基础的组团式布局

千百年来的以宗族祠堂为核心的、尊卑有序的建造房屋的布局，这种布局形式是以血缘关系作为聚落形成的基础，以宗族长者所居住为聚落布局中心，按辈分、尊卑向外扩展，形成了亲缘关系为主导的聚落组团。这种组团式布局也是在冀南地区分布较广的布局形式。

涉县刘家寨在太行山深山区涉县的一个山谷里，山寨的设计和建造过程中结合当地的人文、气候、地理等因素，呈现出不同的模式，寨中道路布置整齐，路面平整，寨中主要道路贯穿全寨，且与各出入口相通，方便与外界联系，又可保持其相对独立性。

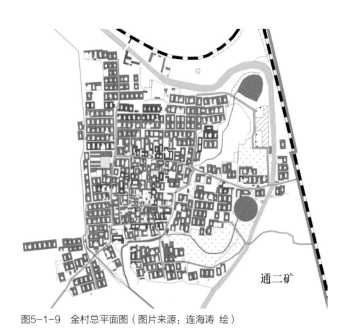

图5-1-9 金村总平面图（图片来源：连海涛 绘）

第二节 冀南地区历史文化名城特色解析

冀南地区邯郸市是我国的历史文化名城，漫长的积淀洗礼孕育而成了以"赵文化"为核心的女娲文化、磁山文化、建安文化、石窟文化，以及广府太极文化、磁州窑文化、成语典故文化和红色文化等十大文化脉系。在融入历史文化元素的现代文化产业发展中，人们探寻到了现代邯郸的历史印痕，也更感受到在演绎传承中的邯郸古文化魅力。

一、城市发展的历史变迁

邯郸城邑，肇起于殷商。商代建都于邢（邢台），迁都于殷（今安阳）的数百年间，邯郸为畿辅之地。

公元前386年赵敬侯迁都于邯郸，赵武灵王实行胡服骑射的军事改革，使赵国成为战国七雄之一。

公元前430年，魏文侯把魏都城从安邑迁都洹水（今魏县旧魏县村），并以邺城（今临漳）为陪都。

战国时期，邯郸作为赵国都城达158年之久，是我国北方的政治、经济、文化中心。

秦朝，秦始皇将全国分为三十六郡，邯郸是邯郸郡的首府。

东汉，曹操于邺城建都。邺城（今临漳）的兴起导致黄河以北的政治、经济、军事、文化中心南移。魏都临漳邺城继而先后为后赵、冉魏、前燕、东魏、北齐的国都。

隋唐、隋末把广府作为夏的都城。

公元621年，魏州首府大名已成为黄河以北中心城市。宋代，大名为河北路治所（省府）。

1042年建大名为陪都，称北京大名府。金朝，大名为大齐的都城。

明代，邯郸县属北直隶省广平府。

① 徐艳辉，现代文化产业激活邯郸"黄粱美梦"[N].《今日信息报》，2009.

1928年，直隶省改为河北省，邯郸直归省辖。

解放战争时期，涉县是八路军一二九师司令部和晋冀鲁豫边区政府所在地。1945年10月5日邯郸城解放，直属晋冀鲁豫边区政府。

1949年8月河北省人民政府成立，设立了邯郸专区。

1952年12月22日，邯郸镇复升为邯郸市。1954年改省辖市。1956年地级峰峰市并入邯郸市。1983年邯郸县并入邯郸市。

1984年成为省辖市，1986年武安县（后改市）划归邯郸市。

1993年经国务院批准，撤销邯郸地区，实行地市合并，将邯郸地区所辖各县划归邯郸市管辖，称邯郸市。

二、名城传统特色构成要素分析

邯郸市位于河北省南端，太行山东麓，西依太行山脉，东接华北平原，与晋、鲁、豫三省接壤，市区总面积12073.8平方公里。邯郸市地势自西向东呈阶梯状下降，高差悬殊，地貌类型复杂多样。以京广铁路为界，西部为中、低山丘陵地貌，东部为华北平原。邯郸市自西向东大致可分为五级阶梯：西北部中山区、西部低山区、中部低山丘陵区、中部盆地区、东部冲积平原。邯郸市属典型的暖温带半湿润大陆性季风气候，日照充足，雨热同期，干冷同季，随着四季的明显交替，依次呈现春季干旱少雨、夏季炎热多雨、秋季温和凉爽、冬季寒冷干燥。

邯郸是中华文化重要的发祥地之一，孕育了新石器早期的磁山文化、它是刘邓大军诞生地和晋冀鲁豫边区政府所在地，中央人民广播电台的前身华北新华广播电台在邯郸开播，《人民日报》、《人民画报》在邯郸创刊，中国人民银行前身之一的冀南银行在邯郸诞生，邯郸还是中国成语典故之都、太极之乡、指南针的故乡、五大祭祖圣地之一（娲皇宫）。

三、城市肌理

邯郸城区特色主体框架可以概括为："一环两河"、"两轴一道"、"九区一网"，这些是塑造邯郸城市古城特色的核心问题。

"一环两河"指的是环路与沁河、滏阳河，是主城区的生态廊道。"两轴一道"就是指由人民路、中华大街这两条城市主轴及滏东大街这条生态大道构成的主城区整体街道环境特色。"九区一网"是强化城市风貌特色，凸显名城古城特色，将邯郸市景观风貌规划为十大区的城市格局，并连接成为一张覆盖全市的绿色网络。"九区一网"中除了城市基本功能特色区——居住区、城市中心区、工业区、滨水区、教科区、体育区、公园绿地区、铁路区，特别加入了邯郸城旧城风貌特色区、赵王城遗址风貌特色区。邯郸城旧城风貌特色区包括现有串城街地区的保护与改造，体现传统旧城区的风貌特色[①]。

四、历史街区

邯郸道，俗称串城街或称文化一条街，位于河北省邯郸市丛台区明清时期邯郸县城中心大道上。这条街南起城南街，北至学步桥，全长1760米。

"邯郸道"位于明清时期邯郸城中心大道上，是邯郸市历史上一条传统街区。这条街南起城南街，北至学步桥，全长1760米，俗称串城街，也是城市规划中的步行街。这条老街两侧分布的重要文物古迹有："玉皇阁"、"回车巷"、"慈禧行宫－城隍庙"、"王琴堂故居"、"秦始皇出生地"、"邯山书院"、"观音阁"、"学步桥"等，这些历史古迹在邯郸城市发展史上占有重要地位。

串城街分为"三轴"、"四片区"、"四节点"。三轴包括项目片区的一个空间主轴和两个空间次轴。主轴是城内中街主要步行道，次轴则是休闲娱乐片区内的沿沁河景观

---

① 陈君尔. 邯郸市主城区城市意象研究[D]. 河北工程大学，2013.

带和历史文化片区内陵西大街至丛台公园的重要步行通道。"四片区"从南至北分别为传统商业片区、地方产品体验片区、休闲娱乐片区、滨河居住片区。"四节点"分别为传统商业片区内的城墙遗址广场、地方产品体验片区内的文化广场、休闲娱乐片区内的丛台公园西门广场、滨河居住片区内的沁河滨河广场。

邯郸道在传承邯郸历史文脉的同时，充分体现了时代特征和地域特色，做到了历史文化和现代文明相互融合，其中武灵丛台相传始建于战国赵武灵王时期（325年～299年），是赵武灵王"胡服骑射"的发生地。现存古丛台，重修于清代同治年间，是一个方圆1100多平方米、高28米的三层青砖高台。丛台在2000多年的漫长岁月里，经过历代的修缮和改建，已经失去原貌，但它仍然保存着古代亭榭的独特风格。经过几次大的维修，古老丛台的气势更加雄伟，建筑愈臻精美，犹如一个昂首挺胸，坐北向南，拔地而起的"英雄武士"，耸立在邯郸市中心，成为中原地区一处游览胜地。

第三节 冀南地区的传统建筑类型与特征

一、居住类建筑

（一）九门相照院

冀南地区多采用合院的建筑形制。四座院沿进院方向穿套排列，门户相通，形成了九门相照院的基础。在冀南合院中，这种建筑布局属于典型的代表大户民居形式，在邯郸各地均有遗存。

1. 形制与成因

九门相照院四座院南北排列，入户门开在中轴线上，临街房一般是仆人居住的地方。二门是两层门，前檐为悬柱式，进门从两侧走，顺廊达二进院。二进院中的二门只有红

白喜事或贵宾来时才打开。二进院主房为会客室，东厢房为厨房，西厢房为仆人住处。三进院主房为主人书房、卧房。过三进院主房，设一道小门，小门后为内室，一般为家眷住处。厕所一般在三进院厢房北侧和内宅西厢房北侧。有小姐的家庭，一般在内宅左侧修一小院，建有绣楼。

冀南民居中，合院的院落形式十分常见，随着合院纵向与横向的发展，逐渐形成了四座院南北穿套的九门相照院。

2. 比较与演变

院落内的砖雕、木雕、石雕等精细的装饰代表着主人的身份。现在人们的思想、生活方式的改变，带来了对原有建筑布局、使用功能的改造，同时九门相照院广阔的布局形式，也增加了该种合院被改造的可能性。这就导致了遗存较完整的九门相照院较少的现状。

3. 典型建筑分析——以河北邯郸市武安市伯延镇伯延村徐家大院为例

徐家大院坐北朝南，南北长80余米，东西宽40余米，由两部分组成，西侧是有"九门相照"之称的西宅区，又叫"嫁妆区"。每座院落按功能和居住人的身份与地位而异，除装饰豪华程度不同外，门楣窗户上的雕刻内容也不一样。

第一、二进院落是管家和佣人住的地方，装饰雕刻比较简单，从第三进院落开始变化（图5-3-1）。第四进院落，主房及厢房变为二层楼房，明柱廊台隔扇，通体透明敞亮，彩绘精美，北房两根硕大的廊柱支撑着高大的小姐绣楼（图5-3-2、图5-3-3）。

九门相照的建筑布局，文化色彩高雅，精美的彩绘装饰、石雕、木雕和砖雕，在当年显赫冀南大地（图5-3-4～图5-3-6）。

（二）布袋院

冀南传统民居院落"布袋院"是华北独有的，多分布在河北省邢台市，为清末民初时期的一种前店后居式建筑。院落布局形式为沿着店面的纵向由狭长幽深甬道串联，像一个

图5-3-1　邯郸市武安伯延镇徐家大院第三进院（来源：住房和城乡建设部《中国传统民居类型全集》）

图5-3-3　邯郸市武安伯延镇徐家大院小姐绣楼（来源：住房和城乡建设部《中国传统民居类型全集》）

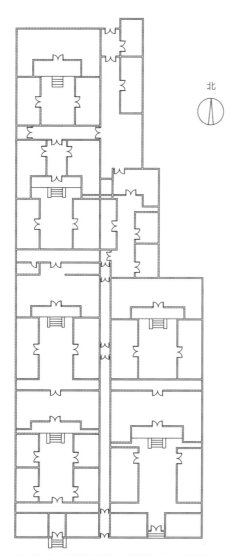

北

图5-3-2　邯郸市武安伯延镇徐家大院平面示意图（来源：白梅 绘）

图5-3-4　邯郸市武安伯延镇徐家大院窗格木雕（来源：住房和城乡建设部《中国传统民居类型全集》）

图5-3-5　拴马石（来源：住房和城乡建设部《中国传统民居类型全集》）

图5-3-6　邯郸市武安伯延镇徐家大院窗格木雕（来源：住房和城乡建设部《中国传统民居类型全集》）

图5-3-7　邢台市羊市街沿街立面（来源：住房和城乡建设部《中国传统民居类型全集》）

可以收口的布袋，因此称为"布袋院"。

1. 形制与成因

冀南地区"布袋院"院落布局的特征有：沿街的拱券门、几进几出的深宅窄院、院落两侧窄而长的厢房、前店后居的商住模式。[①]狭长的"布袋院"前店后场，主人生活在内，仆人生活在外，设置有影壁重门、过厅、回廊、花园。

清同治、光绪年间顺德府（现邢台）毛皮业高度发展，随着贸易的逐步扩大，集市形式的经营方式已经不能适应当时的经营发展，临繁华街道选址建设店铺成为一种需要。由于商家多临街面窄，因此铺面只能沿着摊点的纵向进行建设，于是形成了二进、三进甚至五进不等的狭长院落，有的深达50多米。

2. 比较与演变

冀南邢台清末民初的"布袋院"传统平面院落形制、空间形态也是四合院的一种变形。四合院由正房、倒座和两侧的厢房围合，形成一个"口"字形。"布袋院"的平面为长方形，一般长为50～80米，宽为10～13米。另外，一

般四合院正房为北房，倒座为南；而"布袋院"因"院随商起"，与道路朝向有关，如羊市街为南北道路，则该道路两侧"布袋院"的正房为东房，倒座为西房。[②]在功能上四合院为纯居住院，而"布袋院"则强调商住两用功能。[①]

3. 典型建筑分析——以河北省邢台市桥东区羊市街86号"布袋院"为例

羊市街86号"布袋院"为多进院，保留了基本的院落形式，最里端的正房和中轴线上的主房为清末保留建筑，院落两侧厢房均为翻建，还有一些私搭乱建，院落破坏较严重（图5-3-7～图5-3-9）。院落长约80米，正房为坡顶瓦房，墙体局部砌法为外层青砖，内层土坯，形制规模较高，尺度较大，是目前该片区唯一一座瓦房坡顶建筑。主房为平顶，规模次之（图5-3-10）。

（三）平原丘陵多进院

1. 形制与成因

冀南平原与丘陵地区的院落一般坐北朝南，房屋多呈矩形，轴线对称关系明确。大门居中，一道院南侧房屋为倒

① 曹宽义，王凤军. 邢台特色民居"布袋院"的保护与利用[J]. 规划师，2006（08）：88-90.
② 王晓梅，刘晓冰. 邢台清末民初"布袋院"民居的特点及设计理念[J]. 大舞台，2011（09）：152-153.

坐，倒房中间设置挑檐式大门，每进院落设东西厢房，前后院之间由二门或厅堂隔开，保持各院独立完整性。冀南砖木多进院属于房房相离模式，这种房屋优点在于抗震、纳阳、防风，有利于冬季保温、夏季通风。

2. 比较与演变

冀南平原与丘陵地区的多进院民居，与北京四合院民居相比较，在平面的布置上都是坐北朝南、四面围合、层层深入，但邯郸地区传统民居中的建筑呈现分离状态。其次在屋顶的形式上，冀南地区的砖木多进院多采用平顶、有组织排水的屋顶。

3. 典型建筑分析——以河北省邯郸市涉县偏城镇王金庄村刘改的宅院

刘改的宅院为两进院落，属于保存较为完好的石木房民居。此院落由一道过门一分为二，院内铺地与墙体全部为石材。该院落坐南朝北，正房与门房为两层，一进院东西厢房为一层；二进院东厢房为两层，西厢房为一层。院落内建筑高低错落，院子较小，围合感极强图（5-3-11、图5-3-12）。屋顶结构采用传统的抬梁式，形成排水效果好的坡顶。作为正房和门房二层的平台，西厢房为单层平顶（图5-3-13、图5-3-14）。

图5-3-8 邢台市羊市街86号过厅匾额（来源：住房和城乡建设部《中国传统民居类型全集》）

图5-3-9 邢台市羊市街86号局部鸟瞰（来源：住房和城乡建设部《中国传统民居类型全集》）

图5-3-10 邢台市羊市街86号主房（来源：住房和城乡建设部《中国传统民居类型全集》）

图5-3-11 邯郸市涉县刘改的宅院挑檐式大门（来源：住房和城乡建设部《中国传统民居类型全集》）

图5-3-12　邯郸市涉县刘改的宅院一道院（来源：住房和城乡建设部《中国传统民居类型全集》）

图5-3-13　门头装饰（来源：住房和城乡建设部《中国传统民居类型全集》）

图5-3-14　邯郸市涉县刘改的宅院屋顶抬梁结构（来源：住房和城乡建设部《中国传统民居类型全集》）

（四）两甩袖

两甩袖民居是河北省南部平原地区的主要传统民居建筑，尤其在武安地区最为典型，为青砖平顶、砖木结构。院落多为单进院，类似于北京的四合院，大户人家也会将多个两甩袖串联，形成多进院落。

1. 形制与成因

两甩袖住宅，正房坐北朝南，平面呈凹字型，在正房两侧进间，各突出一间或半间偏房，形似甩出的两只袖子，故称两甩袖。单进院落正房位于高台基上，甩袖一般临院面留窗不留门，通常是次要房间，轴线正中是堂屋。[①]住宅多为一层，坡屋顶。厢房多为平屋顶，上圈女儿墙。宅与宅内部纵向相通，多进院落采用南北轴向穿套排列形式。每个院落东西两侧外门与街道相连。

冀南地区寒冷季节长，春季的风沙大。古镇布局利用地形，背山面水。院落用高大厚实的砖墙围合，对外不开窗，起到防寒、保温、采暖、防风沙的效果。建筑两"袖"围合的入口处空间多位于高台基上，不仅成为室内外的过渡空间，更是居家生活的休闲空间。在遮阳隔热及通风上，以大出檐形成宽阔的前廊，正厅的门扇可活动，利于形成穿堂风，户之间留有通风巷道，形成流动的凉风道。

2. 比较与演变

冀南地区地势西高东低，因此，单栋民居平面多样、空间最大限度地利用地形。邯郸民居的院落平面受到环境和民俗、居民经商外渠接受时尚风气等因素的影响，逐渐形成了自己的风格。

3. 典型建筑分析——以河北省邯郸市武安市北安庄乡同会村宋士诚宅院为例

宋士诚宅院，坐南朝北，一进院落。正房与两甩袖房均为两层，其中靠近门房的部分为一层，所有建筑均为平顶，

① 兰云凤. 邯郸地区传统民居建筑的保护与更新[D]. 河北工程大学，2010.

图5-3-15   邯郸市武安宋士诚宅院（来源：住房和城乡建设部《中国传统民居类型全集》）

图5-3-16   邯郸市武安宋士诚宅院门头装饰（来源：住房和城乡建设部《中国传统民居类型全集》）

上房月台前有垂带踏步五级（图5-3-15、图5-3-16）。正房与甩袖房的门均开在中间，上方均有拱形砖饰（图5-3-17）。

（五）平顶石头房

冀南地区的太行山里，存在大量石头房古村落，比较集中的有临城县和内丘县等。平顶石头房是比较特殊的一类，它的墙体和地面均选用石材，少部分墙体是灰砖砌筑。村落顺山势而建，可以看作是山地建筑与平原建筑的混合体。

1. 形制与成因

平顶石头房民居格局多为四合院，有的为二进院或多进院。房屋以青石为建筑材料，屋顶为平檐式，大多为单层建筑，有少量的二层建筑，院以墙相隔。正房一般为一明两暗三开间或者五开间，在正房两端一般会甩出半间或一间房间作为卧室，筑土炕并与炉灶相连，中间为厅堂活动空间。院子一般尺寸不大并且狭长，石墙顶部一般为青砖砌筑。

平顶石头房民居是冀南山区本土民居，建筑特点与本地气候、地理、文化等因素密切相关。太行山一带石材遍布，建筑材料就地取材。从气候以及村民的生活习惯出发，由于

图5-3-17   邯郸市武安宋士诚宅院院落大门（来源：住房和城乡建设部《中国传统民居类型全集》）

农民需要平整的空间晾晒农作物等，平屋顶能很好地满足这一需求，且平屋顶有利于雨雪的排放。

2. 比较与演变

平顶石头房与砖木结构房屋相比，不仅坚固，同时还具有优于砖块的隔热性。相比之下，平顶石头房的面宽进深较小，门窗洞口也较小，造价上能减轻村民的负担。而且平顶更能满足当地居民的使用需求，这种山地自然环境和特殊的地理地势，客观上决定了太行山区传统民居的建筑风格和形态特征。

3. 典型建筑分析——以河北省邢台市内丘县南赛乡神头村刘建兵老宅为例

神头村刘建兵老宅是清朝时期的建筑，是一个两进院，外院较窄小，犹如一个过道；内院较为开阔，内院院落狭长，有后门（图5-3-18～图5-3-21）。建筑墙体大部分为石块砌筑，顶部为青砖砌筑，石块砌筑整齐。屋顶均为平顶，门窗过梁为青石条，部分为拱券门，窗口面积较小。目前建筑损坏较严重，部分屋顶修补处理了，部分房屋已坍塌（图5-3-22～图5-3-24）。

图5-3-19　河北省邢台市内丘县神头村刘建兵老宅前院（来源：住房和城乡建设部《中国传统民居类型全集》）

图5-3-18　河北省邢台市内丘县神头村街景（来源：住房和城乡建设部《中国传统民居类型全集》）

图5-3-20　邢台市临城县驾游村街景（来源：住房和城乡建设部《中国传统民居类型全集》）

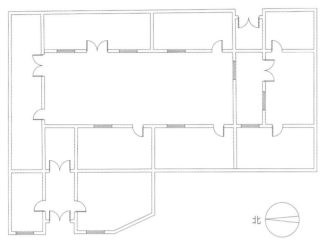

北

图5-3-21　邢台市内丘县神头村刘建兵老宅平面图（来源：白梅 绘）

图5-3-24　邢台市临城县驾游村冯三缺民居院落正房（来源：住房和城乡建设部《中国传统民居类型全集》）

图5-3-22　河北省邢台市内丘县神头村刘建兵老宅院落（来源：住房和城乡建设部《中国传统民居类型全集》）

图5-3-23　河北省邢台市内丘县神头村刘建兵老宅外墙（来源：住房和城乡建设部《中国传统民居类型全集》）

（六）瓦顶石头房

冀南山区瓦顶的石头房不多见，主要分布于在河北省南部太行山脉地区，如河北省邢台市邢台县以及邯郸市涉县、武安等地。

1. 形制与成因

王硇村聚落呈雄鸡形，民居格局现在多为围合院，原来均为套院式结构，甚至有一进七套院。建筑多为二层或三层，院落外东南方位多留有缺角（当地称东南缺），临街房屋或临路口靠外墙的顶端多建有碉楼（当地称耳房），屋顶为"三瓦一平"，正房均为瓦顶，其余三面房间会有挨着碉楼的一处为平顶。

据记载，王硇村始祖王得才因所护"皇纲"被劫，落荒逃命到此居住，参考老家四川成都一带的建房习俗，对所建石楼进行军事化设计，临街临路口处必设碉楼，且院院相通，以便逃跑，形成了彰显军事防御功能和四川民间色彩的石头房民居。

2. 比较与演变

与别的地方不同之处有：这里的街道是弯曲的，如此可以和来犯者周旋；每座石楼都有相通之处，院院相连，户户相通，逢岔路口的石楼上都有碉楼，具有瞭望功能；最独特的到处可见的东南缺建筑，每一排右楼，不是左右对齐成一排，而是自前向后均闪去东南角一块，错落而建，这是为了遵循"有钱难买东南缺"的习俗。

3. 典型建筑分析——以河北省沙河市王硇村孔芹的老宅

孔芹的老宅是建于清朝时期的四合院，入口处建有碉楼，与院落平屋顶相连，院子狭长，正房为两层层，一层住人，二层存放物品。厢房门窗都被更换，平顶厢房后期修缮过，立面基本保持原貌，但屋顶表面已经改变（图5-3-25、图5-3-26）。南屋屋顶破坏较严重，已有部分坍塌。院内居住人口较多，现在主房、厢房均住人，瓦顶保存情况较好。

（七）石板石头房

冀南地区传统民居建筑石板石头房墙体是用石板充当瓦盖顶、石条或石块砌筑，主要分布在冀南太行山山脉，山西、河北两省交汇处，邢台市邢台县英谈村等地。石板石头房石墙可垒至5~6米高，以石板盖顶，风雨不透。整个建筑除梁、檩条、椽子等是木料外，其余全是石料。这种房屋冬暖夏凉，防潮防火，只是采光较差。

1. 形制与成因

传统石板石头房民居平面布局以合院布局为主，院落依山而建，还有个别的院子是建造在泄洪河或者山溪上的，依桥筑屋，当地称此类院落为"桥院"。平面布局方整紧凑，而不呆板局促，格局虽然统一但仍变化多端，主要有一字形房，"U"字形三合院和"口"字形四合院三种类型。房屋面宽进深、门窗洞口均较小。英谈村史上有"三支四堂"之说，每一堂都是一组院落群，院院相通，现在基本上已经被居民封堵起来，成为单独院落。

英谈村处在太行山南部被自然封闭的天地中，几百年前山中交通不便，山村里土地的贫瘠与平原地区不同，建筑材料运进山村难度较大，而山中有着富足的石料资源，为当地特有的山石特征也为石板石头房的形成奠定了基础。

图5-3-25　河北省沙河市王硇村孔芹的老宅（来源：住房和城乡建设部《中国传统民居类型全集》）

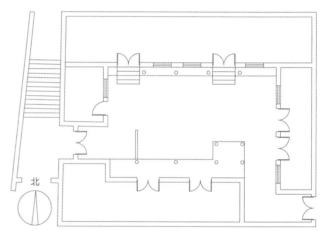

图5-3-26　河北省沙河市王硇村孔芹的老宅（来源：白梅 绘）

2. 比较与演变

太行山一带的民居建筑多以木材、石头、黄土为主。红色小楼若隐若现于郁郁葱葱的山林之中。房前、宅后和半隐蔽的花园都是其独特的室外特征，使村落更好地融于自然。

3. 典型建筑分析——以河北省邢台市邢台县英谈村中和堂主院为例

中和堂也是英谈村"三支四堂"之一，始建于明末清初，为二进院，占地 2200平方米，原来共有院落七处，院院相通，现在已经分割成独院（图5-3-27~图5-3-29）。

图5-3-27　邢台市中和桥上的中和堂主院（来源：住房和城乡建设部《中国传统民居类型全集》）

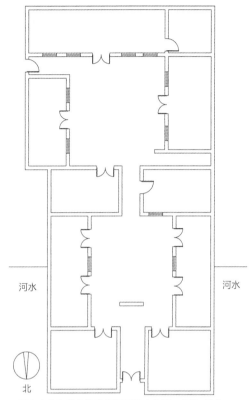

图5-3-28　邢台市中和堂主院院落平面图（来源：白梅 绘）

图5-3-29　邢台市中和堂屋顶鸟瞰图（来源：住房和城乡建设部《中国传统民居类型全集》）

中和堂主房坐南朝北，正房为二层石楼，依山就势，填沟筑桥而建，所以又被称为桥院，山溪从中和堂第一进院子下面穿过。

二、宗教类建筑——以响堂山石窟、娲皇宫、开元寺为例

　　石窟在南北朝时期传入我国，佛教石窟和一般寺庙在形制和功能上有所不同：建筑以石洞窟为主，附属之土木结构很少，与一般寺院不同，总体平面依崖壁作带形展开。冀南地区邯郸市峰峰矿区的响堂山石窟是我国著名的佛教石窟之一。邢台开元寺和普利寺塔是在隋、唐、五代至宋时期建造。

　　道教在我国宗教中居第二位。道教建筑大体仍遵循以殿堂、楼阁为主，以中轴线做对称式布置的我国传统的宫殿、祠庙体制。大型宫观多为一串纵向布置，随地平面逐渐升高的院落，有的还利用建筑群附近奇异地形地物建置楼、阁、台、榭、亭、坊等，如邯郸涉县的娲皇宫。

1. 响堂山石窟

　　响堂山石窟位于邯郸市峰峰矿区，分南北两处，相距约15公里，分称南响堂石窟和北响堂石窟（图5-3-30），是北齐时代造像最集中的石窟群。

　　北响堂石窟分为南、中、北三区，每区都有一个北齐大窟：南区刻经洞，中区释迦洞，北区大佛洞。

　　南响堂第一窟和第二窟的外观表现为三开间木构殿堂的形式：外壁上方雕出柱子，栌斗，双抄五铺作斗栱以及檐椽和瓦顶的形象，是中国石窟中惟一采用出跳斗栱形式的石雕窟檐实例（图5-3-31）。响堂的造窟艺术，综合地反映了北齐时代建筑匠师们的聪明和智慧。响堂石窟也因其石窟外观形式的建筑化与窟檐雕凿的立体化程度而在建筑史上占据重要地位。[①]

图5-3-30　响堂山石窟（来源：白梅　摄）

图5-3-31　跳斗栱形式石雕窟檐（来源：朱伟　摄）

---

① 武晶. 峰峰响堂山石窟及纸坊玉皇阁建筑研究[D]. 天津大学，2008.

2. 娲皇宫

娲皇宫，位于河北省邯郸市涉县中皇山上，始建于北齐时期，如今保留建筑多为明清时期的建筑。娲皇宫由山下部分的朝元宫、停骖宫、广生宫和山上部分的娲皇宫四组建筑组成，中间以十八盘相连（图5-3-32）。

大乘殿（中殿）为朝元宫的主殿，面阔五间，单檐硬山布瓦顶。北侧的三官殿、华佗庙为砖木石结构，面阔四间，进深两间，前出廊，硬山小式布瓦顶建筑。

停骖宫为独立的四合院，由正殿、南北厢房、门楼和倒座组成。受地形所限，前筑高台、后拓山坡而建。

广生宫地处山脚，是一个独立四合院，由正殿、南北厢房、门楼和倒座组成。正殿，即子孙殿，砖木石结构，面阔五间前带出廊，两端各开拱门，硬山布瓦顶。

娲皇宫坐东朝西，利用山崖下一个半圆形石坎，中置主体建筑——娲皇阁，两旁有梳妆、迎爽二楼相陪衬，左钟楼、右鼓楼南北对峙。这种依山就势的布局，打破了中国传统寺院中轴线完全对称的格局。

图5-3-32　娲皇宫（来源：陈怡如 摄）

3. 开元寺

邢台是中国佛教发展史上的重要地区之一，后赵时，佛图澄以襄国（邢台）为中心建立寺院893所。开元寺始建于唐开元年间（713～741年），是佛教曹洞宗的发源地之一。

现留存的开元古寺是明清时期的建筑布局，在主轴线上依次是石照壁、石桥、山门、天王殿、毗卢千佛阁、观音殿、大雄宝殿（图5-3-33、图5-3-34）。

邢台大开元寺作为我国城市型寺庙之一，具有一定代表性，在寺庙建筑、宗教文化传播和寺观园林景观艺术上都有一定成就。

图5-3-33　开元寺石牌坊（来源：王英杰 摄）

三、宫殿遗址类建筑——以赵王城为例

宫殿建筑，集中体现了中国传统建筑美学原则和艺术手法，代表了中国古代建筑的最高成就。邯郸地区赵王城是春

图5-3-34　开元寺山门（来源：王英杰 摄）

秋战国时期盛行的高台宫室的代表之一，以高大的夯土台为基础，层层建屋，木构架紧密依附夯土台而形成土木混合的结构体系。

位于邯郸的赵王城遗址是我国目前保存最为完好的战国时期王城遗址。现遗址由北、东、西3个小城组成，平面成不规则"品"字形。城内保存有大小夯土台8个，位于西城中心偏南最大的夯土台称"龙台"，台底基四周均为梯田状，顶部平坦，是典型的战国高台回廊建筑基址，也是同时期规模最大的建筑基址。"龙台"与其北编号为2号、3号的夯土台形成一条南北中轴线，构成了西城建筑沿中轴线对称的格局，开启了我国古代建筑高台建筑对称格局的先河。

四、市政交通类建筑——以清风楼、弘济桥为例

市政建筑常见的有为全城报时的鼓楼、钟楼、望火楼（消防瞭望塔）、路亭、桥梁，以及官办慈善机构等。位于河北省邢台市的清风楼及邯郸市永年县广府古城的弘济桥是冀南地区非常著名的古代市政建筑。

1. 清风楼

清风楼位于邢台市旧城中心，在原顺德府衙前左侧，此处现改成府前南街，清风楼即位于街北端。清风楼共分三层，由下而上，第一层为砖石所筑楼台，中有拱券门以通车轿行人。第二层用青砖砌成四周围栏，中间正厅南北两门对开，门两旁连有大型花窗以采光。二层正厅东南角设有楼梯可直登第三层，两层以木质楼板相隔。楼高七丈有余，飞檐斗栱，雄伟庄严，为重檐歇山式建筑，具有明代建筑风格，为省级重点文物保护单位（图5-3-35）。

2. 弘济桥

弘济桥位于河北邯郸市永年县广府古城城东2.5公里的东桥村。明万历年间重修，尽管弘济桥在外形设计上继承了赵州大石桥的作法，但在内部结构上是有其独特创新的。首

图5-3-35　清风楼（来源：王英杰 摄）

图5-3-36　弘济桥（来源：白梅 摄）

先，弘济桥主拱券每道单券券石都是榫卯串联交接，这使得整体性、稳固性和抗震性能大大加强。弘济桥两侧边券拱背都是用出檐钩联石铺漫的。这种作法，不但造型美观，更主要的是钩联石把两侧边券紧紧地拢住，大大减少了边券外倾的可能性（图5-3-36）。

第四节　冀南地区的传统建筑风格

建筑风格因受到时代的政治、社会、经济、科学的发展水平以及建筑材料和建筑技术等的制约以及建筑设计思想、观点和艺术素养等的影响而有所不同。建筑风格指建筑设计中在内容和外貌方面所反映的特征，主要在于建筑的平面布局、形态构成、艺术处理和手法运用等方面所显示的独创和完美的意境。

一、传统建筑的结构特点

从建筑结构上看，冀南建筑符合中国北方的建筑风格，而土、木、石、砖、瓦的不同组合与运用，体现在屋顶、屋身和基座或是建筑群体组合上，又有不同的形式和风格。

（一）屋顶结构与构造类型

屋顶是中国传统建筑三大构成中的上分，对塑造建筑立面起着很大作用，是中国传统建筑外形主要特征之一。现存传统建筑屋顶多以两坡硬山式为主，亦有悬山屋顶以及冀南特有的平顶房屋（图5-4-1）[①]。

冀南现存建筑多为传统的瓦屋面，其构造层次自下而上为：苫背垫层、苫背层、粘合泥层、瓦面层。

（二）墙身结构与构造类型

墙身是建筑物的重要组成部分，是承重结构和围护构件，按承重体系分为墙承重体系和柱承重体系。

1. 房屋中的墙体承重的结构与构造特点

冀南传统建筑墙体所用材料以砖、土坯、木料、石料为主。不同的搭配可砌出多种不同的混合墙（图5-4-2），如

冀南较多的是砖与土坯的混合墙、石与土坯的混合墙、砖与石的混合墙、砖与木的混合墙、石与木的混合墙（图5-4-3）。砖与土坯的混合墙，可以说在冀南建筑墙体中占主导地位，由此有"里生外熟"、"金包银"、"砖包边，坯填心"、"金边银心"等砌墙的说法。

而墙体上土坯的表面经素泥粉刷找平，再经白灰浆罩面，整体墙面色彩灰白相间，效果甚佳。山墙的山尖和墀头上部的盘头部分是山墙的重点装饰部位（图5-4-4），精细砖雕、石雕（图5-4-5）主要集中于此[②]。

在冀南传统建筑的民居院落中，影壁（图5-4-6）、障墙（图5-4-7）等是较富裕家庭的重点装饰墙体。

2. 柱承重的结构与构造特点

冀南现存的传统建筑柱承重结构类型有：木支柱与木构架柱承重体系、砖柱与木构架承重体系、砖柱与墙体结合与木构架承重体系（图5-4-8）。

各种方式都很好地发挥了材尽其用、因地制宜的特点。

（三）台基结构及其构造

台基是中国传统建筑的三大组成部分之一，是全部建筑物的基础。

图5-4-1　冀南常见屋顶类型（来源：杨彩虹 摄）

① 张宏. 邯郸民居建筑装饰艺术[D]. 河北工程大学，2013.
② 赵媛媛. 涉县刘家寨传统居民建筑研究[D]. 河北工程大学，2016.

图5-4-2　不同材料承重墙体（来源：杨彩虹 摄）

图5-4-3　混合材料墙体（来源：杨彩虹 摄）

图5-4-4　各种混合材料砌筑的山墙（来源：杨彩虹 摄）

图5-4-5　墀头（来源：杨彩虹 摄）

图5-4-6　影壁（来源：杨彩虹 摄）

图5-4-7　障墙（来源：杨彩虹 摄）

木架与墙体承重　　　　　　　　墙体承重体　　　　　　　　　混合材料墙体　　　　　　　　　木构架承重

图5-4-8　各种承重体系（来源：杨彩虹 摄）

图5-4-9　民居台基（来源：杨彩虹　摄）

冀南传统建筑中的台基（图5-4-9）多为矩形平台式普通台基，材料以砖石为主。

（四）其他

冀南地区有些建筑，采取了较为特殊的建筑结构和构件类型，如邯郸涉县娲皇宫，主体为木构建筑贴崖壁而建，为了抵抗地震力和人多时的较大荷载，木柱与岩壁间有八条铁链相连（图5-4-10）。冀南地区多处有利用叠涩砌筑技术，采用单一材料建筑的"无梁殿"，如峰峰纸坊村的玉皇阁大殿（图5-4-11）。而沿着太行山区由南至北，工匠们根据山体岩石的特性，利用拱形结构的受力原理，雕凿出大小、形式不同的洞窟——响堂山系列石窟、娲皇宫石窟等，并在窟洞内外雕刻佛陀造像和经书等（图5-4-12）。在城市建设中，也有为特殊功能建造的设施，如赵王城遗址中的排水系统（图5-4-13）。

图5-4-10　涉县娲皇宫悬链（来源：杨彩红　摄）

图5-4-11　彭城玉皇阁无梁殿（来源：杨彩虹 摄）

图5-4-12　响堂石窟（来源：杨彩虹 摄）

图5-4-13　赵王城遗址排水槽（来源：杨彩虹 摄）

二、传统建筑材料应用

冀南地区传统建筑用原材料大都来源于自然，主要有取自当地自然界的土、木、石等，以及人工的陶制砖瓦、金属等。自然界生长的植物也作为辅助用材被大量地使用在建筑中，正如李诫在《新修〈营造法式〉序》中所说"五材并用，百堵皆兴"。

冀南地区传统建筑土、木、石、砖、瓦"五材"的使用长期的营造活动中，一直是主要材料。建筑材料的选择和应用主要是基于人们对当时当地各种材料的认识和要求来取舍的，尽量使用各种材料，使之能够各尽所能，各展所长。

（一）自然建材

1. 黄土

冀南地区黄土分布广泛、资源丰富，是传统建筑中最重要的材料之一。

以黄土为原料进行建造活动，有承重结构作用的黄土通常被用来作为台基、墙体、屋顶、道路等的原材料，按施工方法有夯土和土坯砌筑两种方式，也常用作泥背、垫层和胶接灰料、室内外墙面饰面抹灰等非承重部位。

在冀南地区传统建筑中如赵王城宫殿台基遗址为夯土高台（图5-4-14），广府古城的城墙为内部夯土外部砌砖的做法（图5-4-15）。

黄土材料的廉价易得，使其在冀南地区传统民居建筑中使用更为广泛，建筑不同位置上用料和制作方法也各有不同。

2. 木材

木材是冀南地区传统建筑重要的原材料之一，取材方便、自重轻、强度高、抗振性能优越、装饰性好。冀南地区传统建筑的墙柱、门窗、屋顶、室内外装饰、家具等大量使用木材。在结构上，木材主要用于立柱和屋架，如梁、柱、橼、望板、斗栱等，例如，河北省古建筑十大奇观之一的涉县娲皇宫的娲皇阁，素有"活楼"、"吊庙"之美称（图5-4-16），建筑采用木构架，以叠柱式与通柱式结合，紧依悬崖修建楼阁。

在民居建筑的墙体、屋顶、楼面、门窗等处均大量使用木材，工匠根据木材材质特性，材尽其用。

图5-4-14 赵王城宫殿台基遗址（来源：杨彩虹 摄）

图5-4-15 广府古城的城墙（来源：杨彩虹 摄）

图5-4-16 娲皇宫（来源：杨彩虹 摄）

3. 石材

冀南西部山地属太行山南段东麓，石材丰富。在建筑中常用的有石灰石和红砂石。人们依据不同石材特性，用毛石、料石和卵石砌筑基础、台阶、墙体，铺筑路面，甚至用作立柱，用大片石材铺筑屋顶，垒砌桥梁，开凿石窟，镌刻造像，立经幢，刻石碑，等等，在建造活动中进行着巧妙的应用（图5-4-17、图5-4-18）。

尤其在民居建筑中，大量采用石材建造石墙、石台基，石瓦做顶，石材铺地。而在深山区石材与木结构结合使用更是普遍，为了加强整体性和御寒能力多采用串枋和扣样，并用硬山石板挑檐以满足稳定和防风的需要[①]。地处邢台沙河市西南部的王硇村（图5-4-19），红色的石材使得村落呈现独特的建筑形式和面貌。武安的许多村落也是相同的建造，绿色植被里的红色村落是一道美丽的风景。

4. 农作物纤维

冀南地区为粮棉产区，收获后会产生大量的麦秸等，人们常把这些植物纤维用于建筑的屋顶和墙体。在墙体上，主要用草泥黏土的做法，将麦秸打碎，加入泥土、石灰，与水搅拌均匀即可，用来增加墙体拉结性[②]；而在屋面则主要用作被覆材料。冀南地区拥有河北省三大洼地的"永年洼"及衡水湖，其水生植物生长优良，盛产芦苇；而太行山灌木植物丛生，荆条丰富，因而屋面被覆材料还多用芦苇、荆笆等。

（二）人工材料

人工材料主要是人工烧制的砖、瓦、石灰等陶制材料和冶炼的铁、铜金属材料，砖、瓦、石灰是冀南传统建筑广泛使用的建筑材料，金属材料也有少量运用。

1. 砖

砖材是冀南地区常用的建筑材料之一，在传统建筑中广泛用于基础、墙身、屋面、台基、台阶和路面等，是建筑的主要承重构件和围护构件材料，亦用来砌筑城墙、高台、佛塔等（图5-4-20、图5-4-21）。

在冀南传统民居中，砖是传统建筑材料中普遍采用的材料之一。传统民居中大多是砖和其他建材建造的混合墙体，有砖石，砖土，砖木等。墙体用砖大小为270毫米×60毫米×140毫米，一般来说外墙厚600毫米左右，所以在传统民居内冬暖夏凉，十分舒适。

图5-4-17　响堂山石窟（来源：杨彩虹 摄）

图5-4-18　五礼记碑（来源：杨彩虹 摄）

图5-4-19　王硇村（来源：《河北民居》）

① 陈志伟. 邢台地区传统民居建筑装饰研究[D]. 河北科技大学，2014.
② 尚栋. 基于冀南地域建筑的生态适宜技术研究[D]. 河北工程大学，2015.

冀南地区传统建筑中木、土、砖、石都是大量使用的材料。一般来说，土（包括木骨泥墙、版筑、土坯墙等）、木、砖、石等材料在墙体中使用量的多少，基本上可以作为辨别建筑技术和建筑等级的标志，石最高、砖次之、土最次[①]。

4. 金属

冀南地区传统建筑中金属材料常见为铁，主要用作铺首、角叶、铁钉、铁箍、铁榫等辅助构件。而在涉县娲皇宫娲皇阁的背立面（东面）与悬崖之间则由九条铁索链连接着木质楼阁与山体，铁索链是该建筑的重要的承重构件。与赵州桥齐名的永年广府弘济桥则用众多的铁制燕尾榫嵌固在桥体的石板中，保证桥梁的稳固安全。

三、传统建筑装饰与细节

冀南地区传统建筑装饰具有鲜明的艺术特征，即建筑及其构件的功能、结构与艺术的高度统一性。凡露明的构件都是经过美的加工而后成为装饰件，小的如瓦当、滴水，大的如月梁、梭柱、梁枋头部的菊花头、麻叶头等。

（一）木作

冀南传统建筑的木作装饰主要由以下做法：

柱头梁头等的美化雕刻、额枋、雀替、花罩、垂柱等结构构件装饰（图5-4-22），还有斗栱韵律美的斗栱与栱眼雕饰（图5-4-23），更具有裙板以落地雕法居多，绦环板则以贴雕技法为主隔扇、门窗雕刻装饰和匾额、楹联、对联的雕刻装饰（图5-4-24）。

（二）石作

石材在以土木为主的中国传统建筑中一直充当配角作用，冀南地区的石刻艺术源远流长，早在8000年前，磁山先

图5-4-20　丛台公园（来源：杨彩虹 摄）

图5-4-21　广府城墙（来源：杨彩虹 摄）

2. 瓦

瓦是用泥土烧制而成，一般作为屋顶防水排水构件。瓦用在屋面主要有黏土瓦、琉璃瓦，而形状又有板瓦、筒瓦、脊瓦等。不同等级的建筑、建筑的不同位置又有不同类型的瓦，在屋面上具有很强的装饰作用。

在民居中大部分使用的是青灰色的板瓦，与墙体砖一起形成冀南地区传统建筑青砖灰瓦的风貌。

3. 石灰

在冀南地区，石灰石储量十分丰富。石灰是冀南地区传统建筑中的主要墙体砌筑粘接材料和墙面抹灰、粉刷材料，它有很强的吸湿性，又是传统的防潮材料。

---

① 右史. 中国建筑不只木[J]. 建筑师，2007（03）：69-74.

图5-4-22 结构构件装饰（来源：杨彩虹 摄）

图5-4-23 斗栱及装饰（来源：杨彩虹 摄）

图5-4-24　楹联（来源：杨彩虹 摄）

民便开始凿石为器，创造了石磨盘、石磨棒等原始的石刻艺术形态[①]。

1. 公建中的石作

石材因其坚硬耐久，制作难度大，在公建中用作大型构件或雕塑。

邯郸南北响堂石窟和娲皇宫等众多石窟中的单体石造像，创造了佛教造像艺术的"北齐样式"，花纹线条精美细致，人物表情丰富细腻，面色祥和，石窟雕刻与壁画彩绘完美地结合在一起表现了佛教文化（图5-4-25），而在响堂山石窟洞内的崖壁上还有丰富的经文雕刻（图5-4-26）。

在邯郸广府弘济桥上石雕精工细刻，栩栩如生（图5-4-27）。大名县的五礼记碑碑形体庞大，为石灰石质结构，自下而上，由基石、龟趺、碑身、碑额四个部分累叠而成，碑座为一硕大的赑屃，虽然头残缺，但仍然看得出雕刻工艺精

湛，神态活灵活现。

邯郸黄粱梦吕仙祠中，有一块梦字碑，字中有字，梦中有梦。还有一块梅花碑，以其精湛的诗书画刻而闻名。邢台开元寺在三殿前增加了四根雕花滚龙石柱，做工精细，栩栩如生。邢台的马君起造像碑，系两石凿合之石室，其石料为凤眼石，这种石头质地高贵，一遇水即显现出象黑珍珠一样绿豆粒大的鸟眼。石室内有女菩萨像一、侍女二，下为飞禽走兽的石浮雕，石室两旁各有一武士卫其侧。人们评价此碑"字画尤精绝，海内传宝之"。

2. 民居中的石作

冀南民居中石雕用量以及石雕艺术水平在平原地区与山区差别较大，与石材资源的分布直接关联（图5-4-28）。

其中门枕石雕刻、柱础雕刻（图5-4-29）以及上马石、拴马石及日用器物（图5-4-30）等比较常见。

---

① 李久君. 太行山南部地区民居建筑研究[D]. 河北工程大学，2009.

图5-4-25　响堂山石窟雕刻（来源：杨彩虹 摄）

图5-4-26　响堂山石窟刻经（来源：《天津河北古建筑》）

图5-4-27　邯郸弘济桥（来源：杨彩虹 摄）　　　图5-4-28　石雕（来源：杨彩虹 摄）

图5-4-29　柱础雕刻（来源：杨彩虹 摄）

图5-4-30　上马石、拴马石及日用器物（来源：杨彩虹 摄）

（三）砖瓦作

1. 砖雕

冀南传统建筑砖雕包含有塑（雕塑）的成分，如前后檐墙封檐处的砖雕斗栱与栱眼壁，个别房屋山花部位的砖雕花饰等。在有些民居建筑中，还有砖仿木作门楼、平檐式门楼和起脊式门楼等（图5-4-31）。

2. 瓦作

冀南地区多用灰瓦，一些大型或高级别公建会用琉璃瓦，如涉县娲皇宫为歇山斗栱琉璃瓦顶、邢台开元寺单檐歇山琉璃瓦顶。黄粱梦吕仙祠屋顶是烧制的灰瓦，在大面积灰色调上局部点缀红色、青色（图5-4-32）[①]。

玉泉寺大殿瓦顶现存有琉璃花脊、吻、兽等，五彩釉色，红陶胎体。邢台龙王庙单檐悬山布瓦顶，琉璃瓦剪边。

峰峰玉皇阁是砖瓦结构的无梁拱顶建筑，琉璃瓦顶，上置宝刹。

在冀南民居建筑中，均用灰瓦，但有些民居檐口装饰瓦当。瓦当的形式多为半圆形带花纹的瓦当，其中花纹有动物纹也有植物纹图。

3. 陶塑

陶塑构件在冀南传统建筑中早有应用，如脊兽等大小构件，门窗洞口周边以及门洞的匾额屡有表现（图5-4-33）。

（四）壁画

壁画艺术在冀南地区多有展现，既有石窟中的佛教题材，也有墓室中的纪念题材，如邯郸磁县城西南2.5公里的湾漳村湾漳大墓，墓道东西两壁有保存完好的壁画，有出行仪仗队、青龙、白虎等形象（图5-4-34）。

图5-4-31   涉县刘家寨民居砖雕门头（来源：杨彩虹 摄）

图5-4-32   黄粱梦吕仙祠（来源：《天津河北古建筑》）

① 席晖. 黄粱梦吕仙祠的建筑美[N]. 中国旅游报，2014-09-19（012）.

图5-4-33　陶塑（来源：杨彩虹 摄，杨彩虹 绘）

图5-4-34　磁县湾漳大墓墓道西壁壁画局部（来源：《天津河北古建筑》）

下篇：河北传统建筑文化传承与发展

第六章　河北省近现代建筑发展概况及特征解析

中国社会自1840年起开始了艰难的近代化历程，同时也是世界主动走向中国、中国被迫卷入到资本主义世界体系的过程。在这一时期，中国的社会结构、社会生活和社会意识都发生了巨大转变，具有其自身的特性。河北省在发展初期作为直隶省，地理位置上围绕着北京市，必然首先卷入这场巨变当中。随着西方资本主义的入侵，晚清、民国社会变革的推动，近代河北社会发生了巨大变化，封建小农经济逐渐解体，兴办实业浪潮出现，河北城市不断发展和变化，并开始步入由传统城市向现代城市转型的过程。各地发展的不平衡现象更加严重，即使在甲午战争开辟租界的高潮时期，实际上进行了大量建设的开埠城市也只有有限几个（河北地区有张家口等）。河北地区大部分城市处于内陆地区，当时的中央政府历来对农村的实际控制力有限，而地方的主事者本身对"现代"和西方的认识不如城市知识阶层系统、深刻，大多停留在表面的模仿，所以它们的近代化并无清晰单纯的轨迹可循，表现为纷繁多样的方式，如洋楼民居、碉楼。基于这一事实，河北省城市以及建筑所体现的多样性是中国建筑近代化进程中的一个突出特点。

第一节　河北省近代建筑发展概述

一、河北地区近代建筑发展背景

近代中国从传统农业社会走向现代社会，开"千古未有之奇变"，其影响遍及整个社会的方方面面，而建筑以其物质形态能直观地反映一国政治、社会、文化的发展面貌，历来为史学家所重视，如梁思成在《中国古建筑之特征》所说："建筑之规模、形体、工程、艺术之嬗递演变，乃其民族特殊文化兴衰潮汐之映影；一国一族之建筑适反鉴其物质精神，继往开来之面貌。今日之治古史者，常赖其建筑之遗迹或记载以测其文化，其故因此。建筑活动与民族文化之动向实相牵连，互为因果者也。"研究近代建筑的形制、技术、思想及其应变递嬗，无疑能加深我们对中国近代历史和近代社会变迁的认识。

清末民初是社会变迁较为明显的时期。这一时期，河北作为与中国政治、经济中心联系密切的重要区域，成为全国铁路建成最多的地区，具有一定的代表性。与近代河北铁路的逐步建设与发展同时，河北城乡间的贸易、城乡对外贸易较以前均有了重大发展，并且出现向铁路沿线地区集中的趋势。商品流向的改变意味着其经济重心的转移，铁路所经地区的经济有了新的发展，而相比之下，远离铁路地区的经济地位则相对下降。与此相适应，铁路所经城市愈益繁荣，而远离铁路的城市发展则相对迟滞，这就最终导致了铁路沿线农村市场体系及城市布局的改变。随着铁路的建设发展，新的建筑类型，也传播到了河北各个地区。

民国时期，时局动荡，百姓不得安宁，在这种环境中的建筑与装饰艺术的发展是非常缓慢的，甚至处于停滞状态。期间一段时间中，以及抗日战争结束后的一段时间里，由于战乱平息外部环境相对稳定，为建筑与装饰艺术的发展提供了空间。建筑数量增加的同时也给了建筑师对于建筑细部装饰的仔细推敲提供了更大的空间，从某种程度上也可以说这是长期积蓄的能量瞬间或短时间内的爆发。新文化运动和1919 年"五四"爱国运动的高潮，导致了外来文化在中国被接纳，也促使了本土文化的转型，在这样的大背景下也很大程度上刺激了民国时期建筑的发展。庚子赔款的返还条约的签订，催生了中国的第一批留学生，这些有过欧美留学经历的留学生归国后纷纷成为了各个行业的中坚力量，比如留学美国的吕彦直、杨廷宝、梁思成、林徽因等，留学日本的刘敦桢等，学成归来后，这些留学生都变成了民国时期建筑界的主力军。

同一时期，国际建筑的发展处在改变前的酝酿期。在此期间，西方各个国家基本上都处于现代主义出现前的混乱阶段。这样一来势必造成了建筑风格的多元化，很难用一种风格来笼统概括一个时期的风格和发展趋势。这些西方国家在建设他们自己国家的同时，也把这些建筑风格通过各国的通商口岸传入其他国家或是强加给他们所控制的殖民地。基于这种大的国际建筑思潮，形成了民国时期建筑多元化的局势。

经历了五十多年战乱的中国积贫积弱，经济发展缓慢，国民生产以军备为主，建筑材料工业上的发展少之又少。在这样的大环境下，任何建筑师都难为无米之炊，建筑装饰艺术发展也受到了极大的阻碍。然而从建筑学科的自身发展而言，民国建筑装饰艺术的技术背景也归属其中。民国初年，西方的现代主义已经萌芽，新的材料、结构和技术开始更为广泛的传播，不仅在欧美，甚至传播到了亚洲的各个国家。在当时的中国，木构造建筑经历了隋唐到明清的繁荣，已经出现了衰败的形式，面对新的局面，建筑上的转型也有着十分的必要。在接受新技术的同时，对于新的材料和结构的运用，也就成为了当时建筑师面对的主要课题，在吸收西方建筑精华的同时如何将之合理地应用于国内建筑，又如何延续传统中国建筑中的精华，在新的时代赋予其新的生命力都成了当时建筑师们所思考的问题，例如中国人民银行总行旧址为省级文物保护单位，俗称"小灰楼"，位于石家庄市中华北大街，是中国人民银行总行成立旧址和人民币的诞生地。始建于1942年（日伪时期），人民银行旧址呈现日式风格建筑，坐东朝西，建筑面积1870平方米，砖混结构，正面正中为三层，两侧为二层。平面呈"U"字形，后面有一座小花园，楼内有地下室。

二、近现代建筑发展分期

（一）近、现代建筑概念的界定

根据我国近代建筑史学对"近代"和"现代"作比较明确的划分：一般1949年新中国成立之前这一段称作"早期现代"或"近代"，把1949年后称为"现代"（表6-1-1）。

近现代建筑的发展分区　　表 6-1-1

时期	历史因素	主要内容	年份
第一阶段 发展萌芽	外国势力开始进入，晚清社会变革	中体西用，洋务运动带来的城市与建筑发展	1840 年起
第二阶段 发展初期	交通建设带动内陆城市发展，例如石家庄市、邯郸市	由铁路建设带动交通枢纽以及关键节点地区的发展	1906 年京汉铁路通车
第三阶段 发展繁盛期	北洋政府成立	政府主导的建设，以及外国势力在华租界建设，民族认同近现代化	1912 ~ 1928 年
	南京政府成立		1928 ~ 1949 年
第四阶段 发展停滞期	法西斯入侵，民族认同	抗日战争带来社会巨变，近现代化	1937 ~ 1945 年

（二）第一阶段（1840~1906年），发展萌芽

1840年前后，在河北大地上就陆续出现了由外国人主导的各类建筑活动，如租界地、外国人避暑地和租借地的城市建设及各类教会建筑等。这种现象慢慢影响了河北各地的建设，而在当地居民自身建设实践当中，也逐渐出现融入了西方特色的建筑样式和建筑思想。河北地区建筑"早期现代化"的一个主要特点是西方文化的主动进入。不可否认，整个近代中国的现代化过程的确是在发达西方国家的影响下进行的，并以之为蓝本来改进中国传统社会。

中体西用是这一时期近代建筑的主要思维和特点。以外廊式建筑为例，到19世纪末和20世纪初，随着我国民族主义运动声势的不断高涨，这一时期由外国人建造的外廊式建筑，虽然平面和早期相差无几，但在外观上普遍采用了中国民族形式的大屋顶。随着殖民政策的迁变，外廊式建筑的象

征意义也发生了根本的改变。而民间自我主导进行的建设，主要是在民居建设中采用部分西式装饰，而院落布局仍然保持了传统的中国北方四合院的样式，例如位于廊坊市，始建于清朝的张家大院和王家大院两套多进四合院大宅，大院的建筑风格中西合璧，极具特色。张家大院、王家大院依传统四合院发展而来，院落沿中轴线向纵深发展，同时增加了横向的跨院，形成东西两院、每院两进的建筑平面格局。院落之间借由廊道、过厅等相互连接。

（三）第二阶段（1906~1911年），发展初期

除社会变革外，推动河北现代城市和建筑发展的另外一个重要因素，就是交通的发展。近代铁路发展带动着城市建设的发展，并不断将西方建筑思维和建筑特点传入河北内陆地区，例如铁路交通对石家庄、邯郸的城市兴起起到了巨大推动作用。随着20世纪初京汉铁路和正太铁路相继建成通车，石家庄作为两条铁路的交汇点，逐渐成为华北物资转运的枢纽和商品集散地，带动了石家庄人口的聚集和商业的繁荣，促进了石家庄近代建筑的起步与发展。在短短的二三十年间，石家庄由一个小村庄迅速发展成为华北著名的工商业城市。1906年京汉铁路在邯郸通车，煤炭、纺织、食品加工为代表的近代工业开始兴起，邯郸的工商业迅速发展起来。商业日益繁荣，商户增多，交易量增加，集市贸易兴盛，商会组织也有所发展。城市建设上，各行业分布区域基本形成，城市内部铁路系统和公路系统逐渐完善。公用事业方面，医疗卫生、金融、邮电通信等一系列公用事业先后设立并开始发挥作用。文化教育方面，新式学堂设立，新思想、新知识得到传播，师范教育和女子教育有不同程度的发展。

（四）第三阶段（1911~1937年），发展繁盛期

随着清政府灭亡、北洋政府成立、军阀混战，外国势力大量进入，成立租界，河北近代化、西方化的速度不断加快。河北长期处于北洋政府管辖之内，在这一时期由外力主导的各种建设是考察近代建筑发展的一条重要线索，也显著体现了不同历史时期的中西关系。这些外力主导下进行的建设情况及其与

近代中国政治和世风民情变迁的关系，模式复杂丰富。

这个时期建筑主线是由近代时期的中国政府主导的建设，按时间顺序又可分为"新政"及以前时期的清政府、北洋政府和国民政府（及其地方军阀政府）等各时期。甲午战争的失败以及《辛丑条约》的签订，促发了民族主义运动的勃兴，旨在救亡图存、追求民主独立，并进一步审视中国传统与现代化的关系。从此以后，建设统一、富强的民主国家的目标成为近代中国各方的共同诉求。建构民族国家的努力体现在由政府主导的各种建设上，大致经过了西方化（"新政"时期的官署建筑）到民族化（国民政府时期的南京与上海等地的建设）的过程，这也是民族主义兴起、深入的具体反映。

例如，清政府施行"新政"是中国近代史上第一次由政府主导、自上至下推行的近代化事业。"新政"中曾经产生了一批"外廊式"建筑实例，这些例子的共同特征，是都使用了西方最新的技术，某些方面也受到西方审美观的影响，但都是在传统文化的旗帜下进行国家建设，以此体现国家主权和民族尊严。1927年以后的这些城市规划和"传统复兴式"建筑，一方面体现了民族主义建设建立在对传统文化资源利用的基础上，另一方面也急欲说明其与传统文化绝不完全一致，而更多的要显示近代特征、新国民性以及统治的正统性。

（五）第四阶段（1937～1949年），发展停滞期

1937年"七七事变"之后，日本的侵略分散了近代化建设的力量，严重阻碍了我国近代化的进程，故1937年以后的建筑活动，确实在建设规模和范围上都呈明显萎缩之势，但也不是完全停顿不前，并非开了近代化的倒车。1937年以后的十几年，河北地区近代建筑的活动不但规模缩小，技术和美学上也是因陋就简，可是其发展的缓慢曲折，却也暗合了整个中国建筑近代化发展的大势。

三、河北地区近代建筑分布特点

（一）铁路交通发展对城市与建筑发展的影响

由于历史发展原因不同，河北地区近代建筑分布遍布全省。由铁路的发展而带来的新建建筑、铁路配套建筑等，主要位于石家庄市以及邯郸市。石家庄由于交通地位的提高，引发了工商业、金融业和服务业的繁荣，至1933年7月，石家庄市的总共工商户为230余家（包括银行，钱庄、工商企业），也使石家庄的居住人口得到快速的增加。民国时期也正是近代城市建筑的转变时期。处于交通要道的石家庄，随其交通地位的逐步提高，电信、邮政事业也得到了迅速发展。工商业的发展必然带来了社会管理机关的增多。1937年10月，日军占领石家庄；1947年11月解放军解放石门，成为了新中国第一个建立在城市的人民政权（第一个被解放的城市）；同年12月26日，石门市人民政府发布更名通知，石门市正式更名为石家庄。与此同时华北地区人民政府成立于石家庄，也是其作为政治中心地位确立的标志。

现存典型的近代建筑，如始建于1907年的正太饭店，它是正太铁路通车的服务性配套设施。石家庄正是围绕着车站交通枢纽的发展，逐渐发展到1927年正式建市，所以先有正太饭店，后有石家庄。正太饭店是石家庄现有最早也是唯一的法式小洋楼，在石家庄的历史上具有非常重要的地位，由法国人建成，是一座楼中楼建筑，建筑造型呈现典型的法国古典建筑风格。在总体布局、建筑平面与立面造型中遵循西方古典主义建筑风格的特点强调轴线对称，主从关系，突出的中轴线和较为规则的集合体，倡导饱含稳定感和统一性的横三段与纵三段构图手法；在构件上多以古典柱式为主，严格遵循古罗马式的规范；对于端庄和雄伟外形的强调和内部奢华的追求，都有明显的巴洛克风格的特征。除此之外还有一些因个人喜好而建成的建筑所呈现出的建筑风格为中西合璧或中国传统民居建筑风格。

（二）宗教建筑

清末和民初外国传教士在河北地区为了传播宗教而兴建的宗教建筑，此类建筑主要分布在北京周边城市，例如保定、张家口。现存比较著名的建筑物有位于张家口市的宣化天主教堂。现在的宣化天主教堂建于1904年，于1935年进行过大修，是张家口地区最大的天主教堂。天主教堂的建筑

风格为标准的哥特式西方建筑风格，双钟尖塔楼，内部为大理石柱和扶壁桁架木石结构，彩绘装饰简洁明快，极富浓厚的宗教色彩，其建筑规模可与当时北京、天津、上海等大城市的圣堂相媲美；教堂所用的青石料，雕刻粗犷，线条明快流畅，就其在建筑的宗教内涵，建筑学、美学、声学等方面，都有极高的历史文化研究价值。

（三）政府出资的建筑

由政府主导控制资本出资兴建的建筑，主要分布在石家庄、唐山等城市。例如创建于20世纪初位于石家庄市井陉矿区的正丰煤矿段家楼，是井陉煤炭工业的一个缩影，这些中西结合的建筑群，浓缩了这座煤矿沉重而丰厚的历史。1913年正丰煤矿投巨资创建了集办公、生活、娱乐为一体的建筑群。主要包括总经理办公大楼、服务娱乐楼、小姐楼、公子楼、小偏楼等七座德式风格与中国古典建筑艺术结合的洋楼。在这些建筑中最具有代表性的是总经理办公大楼，它是段家楼的主体建筑，充分体现了西方建筑艺术的特征。总经理办公楼（图6-1-1、图6-1-2）长30米、宽18米、高15米。大楼主体为上下两层。正面8根粗大的青石柱和弧形回廊支撑起整体结构，而楼的内部形成了客厅、舞厅、卧室、办公室等不同功能的布局。这座总经理办公楼内的装饰材料全部从德国进口。段祺瑞虽然崇拜德国的建筑艺术，但他毕竟深受中国传统文化的影响，因此段家楼的选址非常重视中国传统的风水观念。这座规模宏大的建筑群，西依云凤山，东临绵曼河，北有清凉山，南对凤凰岭，被段祺瑞视为风水宝地。其主体建筑虽然体现了德意志建筑风格，但是正门前的凉亭，却采用中国传统建筑艺术的造型。这座凉亭南北长15米，在青石筑成的平台上，分别由8根四面见方的石柱巍然托起，取"四平八稳"的吉祥用意。在亭子的檐上装饰着一些中国传统的建筑构件，每到夏天，阵阵凉风环绕，坐在亭子下面的茶桌上品茶赏景，既可以欣赏亭子内部的古装戏画，又可以乘风纳凉，与院内欧洲风韵的洋楼珠联璧合，形成一片琼楼凌风的壮美景观。当年正丰煤矿第一任总经理段祺勋和继任总经理段宏业（段祺瑞之子）曾经先后入住这里。在这座洋楼

图6-1-1　正丰煤矿段家楼总经理办公楼（来源：张正兴 摄）

图6-1-2　正丰煤矿段家楼总经理办公楼柱头细部（来源：刘歆 摄）

中，段祺勋曾经与北洋的政要们谋划过煤矿发展和洋务运动的大计，段祺瑞的长子段宏业曾经宴请各界宾客，在迎来送往、一曲曲的舞曲中，回荡着达官显贵们的欢歌，也昭示着正丰煤矿当年的奢华。

四、河北地区近代建筑主要类型

（一）民居建筑

近代河北民居建筑是河北地区近代建筑的一个重要类型。体现了这一地区人民在文化巨变的冲击下坚守传统的特点，以及拥抱新文化的期盼，例如石家庄市鹿泉申侯的"高家大院"，始建于1925年，到1927年竣工，兴建时间长达三年。它的兴建从设计到施工全是从山西五台山请来的工匠，所以整个建筑结构和具体装修都反映了山西建筑风格。总体而言，北方传统民居建筑是以院落形式为基础，全封闭的庭院，像城堡一样的建筑，这一类民居建筑高度重视防御功能，并且把建筑的实用性与功能性放在首位，沿袭了传统的建筑理念，尊崇建筑端庄大方的形象。平面布局多对称格局，这些都与传统礼教中长幼有序、内外有别相符合。这种院落式的组合，较传统的四合院建筑更为简洁，因此在空间上没有四合院那种强烈的围合感，但在院落的利用上与四合院类似。其伦理功能仍清晰，一般长辈、尊者住正房，儿女或地位不高的住侧屋，或是住正屋的端房间。这样的空间组合方式保持了传统文化、符合我国封建儒教思想影响下人的心理需求。

呈现山西建筑风格的高家大院，为前堂后寝的庭院风格，其外观，顺物应势，形神俱立，高墙深院，体现院主人的尊贵和富有。

近代中国对西方建筑的吸收成为一种时尚，反应了中国社会开放初期的历史现象。位于廊坊市，始建于清朝的张家大院和王家大院两套多进四合院大宅，大院的建筑风格中西合璧，极具特色。张家大院、王家大院依传统四合院发展而来，院落沿中轴线向纵深发展，同时增加了横向的跨院，形成东西两院、每院两进的建筑平面格局。院落之间借由廊道、过厅等相互连接，体现了中体西用的特点。

其他建筑类型，例如位于北戴河沿海地区的由外国人设计并建造的别墅建筑，其风格以西式为主，且结合了当地的建筑风格，可谓中西合璧。几乎每栋房子都有宽敞的外廊。建筑讲究"上空"（有楼阁）"下空"（有地下室），特别适合海边潮湿天气。建筑材料多采用当地的花岗石，建筑墙体多以粗糙的毛石砌筑，屋顶则以单坡顶或双坡顶为主，顶覆红漆铁楞瓦，朴素大方又典雅。在中国建筑学界，把北戴河老别墅风格归纳为"红顶、素墙、高台、明廊"，如今成为河北地区近代建筑宝贵的遗产。

（二）商业建筑

河北地区近代商业建筑，在不同时期都融合了国外建筑的设计特色，例如始建于1942年的中国人民银行总行旧址，现为省级文物保护单位，俗称"小灰楼"，位于石家庄市中华北大街，是中国人民银行总行成立旧址和人民币诞生地。建筑呈现日式风格，坐东朝西，建筑面积1870平方米，砖混结构，正面正中为三层，两侧为二层。平面呈"U"字形，后面有一座小花园，楼内有地下室。同中国传统建筑一样是以砖和木材为主材建造而成的，建筑风格沿袭传统日本建筑的含蓄优雅，结构精巧的建筑线条，精致的建筑细部装饰，建筑用色讲求柔和细腻，透出浓厚的东方气息。受日本和式建筑风格的影响，在建筑空间的组合上讲究能自由的分隔，打开则为一个大的空间，分隔开则分为几个不同的功能区，空间的装饰与家具布置总能使人感觉舒适恬静，让人能静静地思考，空间中处处充满无穷禅意。

第二节　河北省现代建筑创作历程

从历史的角度来看，建筑代表的是一个时期，甚至一个时代，反应历史的兴衰。中国式建筑是千变万化的，在几千年的历史长河中逐渐演变至今，所以说古建筑是具有历史性的，具有保护性的。同时每一个民族的建筑也是非常独特的，代表民族文化的特殊含义，一个建筑也具有民族性。民族性所具有的建筑独特风格是经过很久的原始民族传承和延续下来的，可以说独特的民族建筑风格同时也是这个民族的标志含义。

国家是一个多民族的统一整体，五千年的华夏文明，五千年的璀璨历史，造就了现在伟大的祖国。传承华夏文明，传承的是先辈的结晶，延续的是中华文化精髓之所在。我国传统的历史建筑风格重围院、重山水、重感情，注重"天人合一"。同时河北省自古地大物博，建筑艺术源远流长。不同的地域和民族，其建筑艺术风格等各有差异，但其传统建筑在布局、空间、材料、外形及装饰等方面均有共同的特点，这也正是传统建筑所要传承和发扬的地方。河北省悠久的历史文化也赋予河北人民质朴大气的性格和细腻的情感。在建筑设计中，这些特色体现为简洁、单纯的建筑体量和粗材细作的手法，同时这也更加符合河北现在的发展状况。

河北建筑地域性问题的出口在于如何重塑经典，同时关注人的需求，关注人的情感。经典不是一种建筑风格，而是一种精神。目前河北省的建筑创作可以总结为时尚、经典、珍藏三个层面。经典应该成为河北建筑创作的精神，当然不是回到过去。重塑经典，有两个途径，首先是以经典的手法做时尚的建筑；其次是以时尚的手法做经典的建筑。经典的设计要从周、正、方、大尺度、平直、连续等入手。在谈时尚的同时，最后还是应落实在经典的层面上，这便是河北省建筑的特点与不同。河北省的地域建筑，应该融入地方的环境，只有用当地的方言、用当地的习惯去表达，大家才会接受，才会融入甚至引领当地文化。其实方言，不是语言本身，也不是语调本身，而是它的表达方式和气息。在地域性建筑的创作实践中，应注意从传统建筑中汲取符号信息，通过创作运用于现代建筑中，使之成为属于这片土地、这里的人民的和谐美好的建筑。

一、政治性、地域性和现代特征并存的初期发展阶段

新中国成立后，河北省现代建筑发展开始了新的里程。在发展的初期阶段，因为受到了西方现代建筑思潮的影响，河北地区的建筑设计和建造开始逐步显现出现代建筑的特征。同时，这一时期的建筑活动也受到国家政治活动的深刻影响，呈现了政治性、地域性和现代特征并存的局面。

在现代建筑传承方面，形成了一些特定时期的具有代表性的建筑。这一阶段的建筑较多地直喻式地运用了传统的纪念性建筑设计特征，加之河北省独特的地理位置，河北与北京的地缘关系，河北省在传统的建筑技艺中呈现着经典美的特征。同时与我国其他地区的相关建筑相比较，可以感受到河北省古建筑有着非常浓厚的皇家色彩。所以这一阶段的建筑在比例尺度的推敲中大都沿用了古典的构图法则和美学特征，在特定的时期里一度成为了河北省现代建筑传承传统的主流。

随着建筑技术的进步和思潮的活跃，在新中国成立后的这段历史发展历程中，河北地区出现了一些优秀的早期现代建筑作品，例如石家庄人民商场、石家庄博物馆老馆、河北农大实验楼、保定交际处办公楼、天津河北省医院、唐山陶瓷陈列馆、西柏坡纪念馆等。西柏坡纪念馆的设计延续了传统建筑的特点，纪念馆顺山势建造，分上中下三层，阶梯式四合院，四周走廊环绕。屋顶沿用古典建筑的大坡顶形式，但在立面设计中加入了现代建筑的处理手法。

值得一提的是，作为中国"一五"计划期间的重点建设项目，华北制药厂是苏联援建的156项重点工程之一。作为药厂办公区整体建筑风格不是一味延续当时流行的仿苏式风格，也非简单模仿传统建筑风格，而是在体现新时代建筑理念的基础上，融入了传统建筑的符号和元素。河北省文物局于2015年在《关于石家庄市华北制药厂办公楼（北办公楼）修缮保护工程立项的批复》中提出："同意华北制药厂办公楼（北办公楼）修缮保护工程立项。"这意味着华药的办公楼作为文物得到保护。华北制药厂办公楼及淀粉塔在2019年4月入选"中国工业遗产保护名录（第二批）"。

二、兼容并蓄、博采众长的不断探索阶段

20世纪80年代以后，国家推行改革开放的政策，我国进入建设社会主义现代化的崭新时期，河北建筑本着开阔视野、拓展思路的思想又开始全面与世界接触和交流。此时，国际

上流行的建筑风格，在河北省也都有所反映，比较突出和影响比较大的是后现代风格和"欧陆风"。实行改革开放政策以后，最先进入的就是后现代主义建筑风格，其在中国的影响力之大、影响时间之长使后现代起源的西方建筑界都感到诧异。究其原因，主要是因为后现代主义崇尚历史与传统文脉的思想比较符合中国大众的口味，而20世纪90年代以后，在河北省房地产开发中掀起的"欧陆风"的热潮，主要源于业主和开发商追求"豪华"、"高贵"的心理。其主要表现是以欧洲城市或地名命名，使用西方建筑构件，如柱式、线脚、门窗套等。

新的历史条件和经济社会的飞速发展也使河北省现代建筑如雨后春笋般涌现出来，大量典型的现代建筑建成并投入使用，它们在满足新时代条件下的使用功能和空间要求的同时，也逐渐开始探索对传统建筑风貌和意蕴的表达，尝试运用新的建筑材料、装饰材料和技术工艺，结构形式也呈现多样化态势，展现出丰富多样的建筑形态和环境风貌，成为燕赵大地上一道道靓丽的风景线，其中具有代表性的有：石家庄老火车站，修建于1987年，在简洁的平面形态和立面设计中施以标志性符号，并在顶部和入口处加上地标性的构件，延续了现代建筑的突出特点；1987年建成的石家庄长途电文枢纽大楼，是当时为数不多的高层建筑，在塔楼顶部设计和立面风格上很好地应用了现代建筑简洁明快的特色。

1986年为纪念唐山大地震十周年而建设的唐山抗震纪念碑（图6-2-1），由四根相互独立的梯形变截面钢筋混凝土碑柱组成，主体上端造型有四个收缩口，犹如伸向天际的巨手，象征人定胜天，意在表达该建筑的功能属性，而位于同一广场轴线上的唐山抗震纪念馆建筑，中间旧馆方厅耸立，周围圆形的新馆环抱旧馆，体现天圆地方的中国传统寓意；屋面西高东低，呈阶梯状，意为步步登高。

此时期内，随着建筑技术手段和建筑新材料的出现，建筑的形态也更加丰富多变，例如河北省艺术中心、河北会堂、石家庄机场候机楼等。

图6-2-1　唐山抗震纪念碑（来源：刘歆 摄）

三、多元化与灵活多变的繁荣发展阶段

进入二十一世纪以来，河北省现代建筑活动开始出现全面繁荣的新局面。随着经济的迅猛发展，建设量成倍增加，建筑形态特征开始呈现丰富多彩的局面。在新建筑传承方面已不再仅仅因循语言符号的文脉策略，新生代的建筑师敢于汲取各种建筑流派的精华，探索新的地域性表达手段，因而，此时期的建筑表现出更为多元化的灵活多变的特征。

2006年落成的河北省图书馆新馆（图6-2-2），不仅完善了原有功能，也创造了崭新的室内外空间形态，从而使新旧建筑之间和谐共生。建筑整体简洁明快，石材与玻璃的混合运用勾勒出现代建筑的典型特点，但入口处的挑檐细节的加入不但限定了空间界定，同时又引入了传统建筑的设计意向。

图6-2-2 河北省图书馆新馆（来源：河北建筑设计研究院有限责任公司 提供）

燕赵信息大厦（图6-2-3）的设计，希望让更多在建筑内部办公的人看到对面的公园，也希望表现企业的气度，对这两个空间的诉求很自然形成一个水平延展的城市界面和一个中庭。在河北省联通办公楼中也做了一个中庭，让建筑和中庭穿插。所以建筑秉承了一种空间，而不是浮于表面的东西，更专注于"粗材细做"的建筑设计，也就是使用质朴的材料和简单的空间形式，以细腻的设计手法和施工的高完成度，创作出有着良好表情的属于城市普通公民的建筑。

习近平总书记在2013年提出了京津冀一体化的概念。2014年京津冀协同发展战略正式成为国家战略，强调要在优势互补、互利共赢的前提下打造"环首都经济圈"。雄安新区作为北京非首都功能疏解集中承载地，与北京城市副中心形成北京发展新的两翼。雄安新区要建设成为高水平社会主义现代化城市，包括建设绿色生态宜居新城区、创新驱动发展引领区、协调发展示范区、开放发展先行区。

雄安新区规划建设以特定区域为起步区先行开发，起步区面积约100平方公里，采用现代信息、环保技术，建成绿色低碳、智能高效、环保宜居且具备优质公共服务的新型城市。雄安新区市民服务中心（图6-2-4～图6-2-9）占地面积24.24hm²，总建筑面积9.96万m²，由公共服务区、行政服务区、生活服务区、入驻企业办公区四大区域建筑群组成，是雄安新区功能定位与发展理念的率先呈现。规划及建筑设计突出"绿色、现代、智慧"的设计理念，建设过程中集成应用世界前沿先进技术，综合运用BIM、CIM技术、海绵城市、被动式建筑、综合管廊、装配式建造方式等30多项新技术，探索形成了国内建筑的创新"试验田"和未来城市的"样板示范区"，打造了一个真正意义上的智慧园区、绿色家园。

图6-2-3 燕赵信息大厦（来源：河北建筑设计研究院有限责任公司 提供）

图6-2-4　雄安新区起步区鸟瞰（来源：雄安市民服务中心党工委管委会及雄安集团办公楼设计，《建筑学报》2018.08）

图6-2-5　雄安新区行政服务中心（来源：雄安市民服务中心党工委管委会及雄安集团办公楼设计，《建筑学报》2018.08）

图6-2-6　雄安新区市民服务中心（来源：华汇设计 提供）

图6-2-7　雄安新区市民服务中心室内（来源：华汇设计 提供）

图6-2-8　雄安新区生活服务用房（来源：舒平 摄）

图6-2-9　雄安新区规划展示中心（来源：华汇设计 提供）

第三节 燕赵地域文化在河北近现代建筑创作中的特征体现

地域性是一个地区富有地方特点的文化习俗、宗教信仰、自然气候等要素的总称。地域主义则是在建筑创作中为对抗现代主义建筑而对地方性进行系统化的理论研究而形成的流派，它主张在现代建筑中吸收当地民族的、民俗的传统，体现出当地特有的风格。地域性是建筑的固有属性之一，也是建筑设计所要反映、表达的重要物质和精神内容。地域性表现主要来源于三方面的限制因素:自然条件、人文环境和经济技术状况。相应地，建筑地域性设计策略包括:对自然环境的回应、地方人文的回归与创造、经济生态的完善与适宜性技术的选择。

结合地方自然和地方文化的地域建筑是当前全球建筑界致力研究的热门问题之一。地域建筑学并非只是地区历史的产物，它更关系到地区的未来。对于中国这样一个文明古国，在城市建筑设计中关注地域性问题将影响到这一地区的自然生态平衡、建筑节能、文化传承等一系列问题。同时，对传统建筑的现代传承是解决地域文化缺失现状的根本策略。现代建筑设计应该提升对本土地域文化的自觉与自信，在全球化语境下深度挖掘本地域的文化特征，通过适应现代社会发展的转化提升，在建筑创作中予以突破创新，赋予传统建筑特征以时代性，延续其生命力。

河北省是有着大量建筑文化遗存的地区，赵州桥、正定隆兴寺摩尼殿、避暑山庄、水流云在亭、定州开元寺塔、老龙头、鸡鸣驿、曲阳北岳庙壁画、传统民居等方面无不展现出河北灿烂瑰丽的地域文化。古建筑专家卢绳先生总结了河北省古代建筑的几个主要特征：一是具有悠久的建筑技艺传统；二是包含多民族的创作风格特征；三是具有为封建统治阶级服务的特点；四是受到明清官式做法的巨大影响。河北建筑有着自己独特的地域特色，由于河北与北京的地缘关系，河北在传统的建筑技艺中有着经典美的特征，与我国其他地区的相关建筑相比较，可以感受到河北古代建筑有着非常浓厚的皇家色彩。另

一方面，河北的地域性又根植于燕赵文化。燕赵文化就根源来说是"苦寒"、"慷慨"的燕文化与"勇武任侠"的赵文化经过激烈的碰撞、交融而形成的，表现出了很强烈的忧患意识、牺牲精神和百折不挠、自强不息的进取精神，表现在文化和艺术风格上就是激越雄浑、清戾苍劲、质朴淳厚、不尚浮华的气质。燕赵传统文化范围广大，在建筑设计中提取燕赵传统文化信息对传统进行再解释可造成更加丰富的含义，传统文化必然要经历一个重新转义的过程，在由传统建筑符号转化为现代建筑符号的过程中，现代元素的加入使得建筑具有更多的含义，增大了建筑传递的信息量，既是对传统文化进行的再解释，也融入了建筑师对传统文化的个人理解和某种继承方式的表达。同时以此为文化基础的河北历史建筑，表现出以质朴的材料、细腻的工艺塑造、简洁大气为特点的建筑风格，这也是河北现代地域性建筑创作努力的方向之一。

所以，在河北省建筑创作的实践中，应更加深入地了解研究河北地域文化的"经典美"；其次，在全球化的语境下，要深入探索河北地域文化的"时尚"表达方式。应该是多种设计手法并用，其最终目的应是对建筑"现代性"的追求，因为脱离了"现代性"的"地域性"建筑是缺乏生命力的。因此，河北地域性建筑创作除了在传统建筑形式中、与事件有关的信息中汲取符号和空间概念外，更多地应从精神层面上提炼地域文化的内涵和气质，努力塑造河北大地慷慨激越、质朴淳美的经典现代地域性建筑。

一、地貌的影响作用——地域适应性设计策略的运用

高山、大海、平原、草原等构成了河北省丰富多样的地形地貌，在现代地域性建筑创作中巧妙利用地形地貌，或以建筑形式和空间表达其所处环境特征，在精神层面上去表现建筑的一些特质，这并不仅仅是一种纯粹的艺术表达，它可以帮助我们站在更高的创作层面上体现现代建筑的地域性。[①]

---

① 建筑的力量. 河北省建筑设计研究院有限公司作品集.

（一）泥河湾博物馆

位于河北省阳原县的泥河湾博物馆（图6-3-1）是展示和研究泥河湾文化的专题博物馆，泥河湾遗址群是研究我国旧石器时代早期人类起源的圣地遗址群，位于桑干河畔，所处地貌呈盆地特征，蜿蜒起伏的丘陵及大小各异的台地，形成了山峰耸立、"沟壑交错"、地层分明的地貌特征。

泥河湾博物馆在建筑设计中试图从遗址所处地貌特征入手，塑造一个层次分明"蜿蜒柔美"仿佛从大地中隆起一样的具有雕塑感的建筑。建筑外大小不同的台体的应用，代表了泥河湾特殊的地形地貌。不同质感外装石材的运用也隐喻着古老年代的地层断面特征，很好地诠释了建筑与地域之间的关系。

（二）北朝博物馆

北朝博物馆（图6-3-2、图6-3-3）是保护和展示北朝历史时期艺术成就的大型专题博物馆，基地呈西高东低的丘陵地势，北朝博物馆的设计充分利用地形特征，随坡就势，使建筑很好地融入环境之中，成为一座半覆土建筑。

通过穿插其间的庭院使自然环境和建筑相呼应。简洁的几何形体组合构成合理的线性展示空间。紧凑的布局、适宜的尺度、外倾的形体、独特的表皮肌理隐喻着传统建筑文化和北朝艺术特征。在建筑形象设计中，以现代设计手法建立的建筑表皮仿佛层叠的石窟，雕刻在一块巨石之上，巨石般的厚重体量是对一个历史朝代的纪念和尊重，同时，在设计中提取了北朝特有的"人字拱"符号建立一个较普遍的文化信息，一个古老沧桑的时代与现代人之间产生了对话。

（三）三联海边图书馆

三联海边图书馆（图6-3-4～图6-3-6）位于在河北省秦皇岛南戴河的海边，该设计的主要理念在于探索空间的界限，身体的活动，光氛围的变化，空气的流通以及海洋的景致之间共存关系。图书馆东侧面朝大海，在春、夏、秋三季服务于西侧居住区的社区居民，同时免费向社会开放。图书馆是由一个主要的阅读空间、一个冥想空间、一个活动室和一个小的水吧休息空间构成。设计依据每个空间功能需求的不同，来设定各个空间和海的具体关系。

图6-3-1　泥河湾博物馆（来源：河北建筑设计研究院有限责任公司提供）

图6-3-2　北朝博物馆效果图（一）（来源：河北建筑设计研究院有限责任公司 提供）

图6-3-3　北朝博物馆效果图（二）（来源：河北建筑设计研究院有限责任公司 提供）

图6-3-4　三联海边图书馆（来源：白梅 摄）

图6-3-5　三联海边图书馆夜景（来源：刘歆 摄）

图6-3-6　三联海边图书馆内景（来源：白梅 摄）

（四）承德博物馆

　　承德博物馆（图6-3-7、图6-3-8）2016年8月开工建设，总建筑面积2.52万平方米。该项目地处文物保护二类建设控制范围内和山庄外八庙景区三级保护区内，北临普宁寺、南靠避暑山庄，和各个风景名胜形成"看与被看"的视线对景。周恺大师在博物馆设计理念和空间布局上，延续康熙营造山庄时的"宁拙舍巧"的设计宗旨，本着"不与山庄争宠斗艳，须为山庄增光添彩"的理念，在限高的前提下，将建筑体量水平展开，并通过设置下沉庭院的台地处理方法及园林化的布局，消弱建筑物的体量。

　　承德古建的风格保留朴实自然之美的同时，其深沉大气的皇家气派却不曾消减。博物馆的建筑气质沿袭承德古建的神韵，简洁、沉稳、大气的原则一直贯穿整个设计。整体体量谦虚朴实，方正有力。

　　承德是多民族和谐共荣的代表，避暑山庄、外八庙、木兰围场都是民族融合的重要元素。博物馆在设计语言上提取了马背上民族的马蹄元素，以及承德古建筑中藏式建筑梯形窗的形式，在图形和构造上运用现代手法和形式诠释，为其注入新的活力和时代气息（图6-3-9）。在庭院设计中，将皇家园林中的油松融入庭院设计，象征着对承德文化历史的传承和致敬。外檐主体材料选择上就地取材，采用承德当地石材，使博物馆整体融入承德的自然环境和经典建筑组群中，石材做法采用古代大青砖的砌筑形式和规格。

图6-3-7　承德博物馆鸟瞰（来源：华汇设计）

图6-3-8　承德博物馆入口（来源：华汇设计）

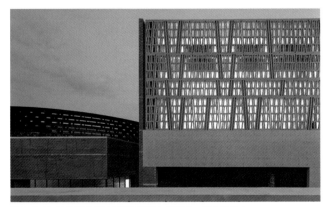

图6-3-9　承德博物馆立面细部设计（来源：华汇设计）

二、传统的情感属性——找寻燕赵之地的珍贵记忆

　　乡情是人类最美好的情感，是社会人群对地域性的普遍认同和精神归属。传统建筑是构成乡情的重要组成部分，一座祠堂、一条小巷都是乡情中最和美的画面。地域性建筑可以从传统建筑中汲取富豪信息，通过创作运用于现代建筑中，使之成为属于这片土地及人民的和谐美好的建筑，也构成了和美乡情中可持续的一部分。[①]

　　在晋冀鲁豫边区革命纪念馆和冉庄地道战纪念馆的创作中，通过对当地民居和实践本身的研究，明确从民居中汲取设计语言，充分表达事件本身的地域性和对当地群众心理及环境的尊重。

（一）晋冀鲁豫边区革命纪念馆

　　晋冀鲁豫边区革命纪念馆，位于河北邯郸一个有着较浓郁地方特色的小镇——冶陶镇，小镇为半山区，其民居形式具有典型的北方特色，且其保存的完整性在河北省已不多见。通过对当地建筑和事件本身的研究，纪念馆的设计从民居中汲取设计语言，充分表达事件本身的地域性和对当地群众心理及环境条件的尊重。这座建在山村里的纪念馆（图6-3-10），青砖瓦顶，院落组合，深深地融入了山村的原有肌理。纪念馆位于小镇村口，因之而形成的广场空间成为了进入村子的一个颇具地方特征的仪式化空间。山村特色的广场铺装与浓郁的绿荫，更为山村增添了文化的氛围。纪念馆平面对称严谨，采用不同尺度的庭院很好地满足了功能要求，也是对民居布局的一种回应。纪念馆的设计以民居中的门楼、山墙、围墙等为要素，形成了高低错落而不乏威仪的建筑形象。

图6-3-10　晋冀鲁豫边区革命纪念馆（来源：河北建筑设计研究院有限责任公司 提供）

（二）西柏坡华润希望小镇

西柏坡华润希望小镇（图6-3-11）位于河北省平山县西柏坡镇霍家沟，建于山坳的低洼处，三面环山，一面朝向水库。建筑主要依坡地而建，低洼部分的基址则垫高为可用于房屋建设的台地。由此形成了"居于高台，游于绿谷，聚于中心"的立体化聚落空间。设计尽可能地保留了场地中的树木和一户质量尚好的农宅院落，作为新聚落的历史记忆。希望小镇的规划中以多样的方式处理建筑群组、公共节点、道路桥梁和街巷院落，营造丰富多变的路径、视角、景观以及停驻、交往、活动空间。

图6-3-11 西柏坡华润希望小镇（来源：新小镇 新希望——西柏坡华润希望小镇设计感悟，《城市建筑》2013/01）

三、文化的包容特征——延续地域性社会生活模式

以经典的建筑风格塑造城市平和静谧之美。在城市建设中必须直面大量建造的一般性建筑，如住宅、普通办公楼等，这些建筑受功能、造价、性质等方面的限制，不具备成为城市亮点区域或地标性建筑的条件，而其巨大的建设量却构成城市的总体风貌。因此，这些建筑应秉承河北地域文化中的"经典美"特征，在现阶段建筑创作中可归结为：抛弃对建筑符号的追求，从精神层面上提炼地域文化的内涵和气质，即

用质朴的材料、细腻的工艺塑造简洁大气的建筑风格。[1]

河北建设服务中心项目（图6-3-12、图6-3-13）就是从经典的角度，以传统的神韵打造丰富的细部，构成平易近人的公民建筑特征，将河北的文化气质引入到建筑中，同时它有着丰富的空间要素，处处体现出人文情怀，甚至也不乏时尚的信息表达。以庭院空间组织建筑功能、休憩交往和展示空间的设置体现了现代办公建筑的人性化特点。以"粗材细作"为宗旨的设计和建造符合当下建筑创作方向，适宜节能技术的应用使本工程获得国家可再生能源与建筑集成技术示范工程奖。

以时尚的建筑风格传递城市精神。时尚是城市文化的重要部分，时尚的城市空间、建筑形态是人们追求美好、新奇和丰富情感体验的物质载体。在当下的城市设计中，尽管文化环境不同，受传统城市文化的限制程度不同，我们仍旧不约而同地选择时尚作为城市的精神，在新旧的差异和对立中寻求秩序。在河北省当代建筑文化塑造中，应始终把经典作为文化根基，用经典的方式表达时尚，以时尚的方式表达经典，这样便可以形成丰富多彩而又具有相同文化特质的城市风貌。河北省图书馆改扩建项目，就是从时尚的角度，以简洁的形式和丰富的空间，与旧建筑之间建立了良好的对话关系，这种对旧建筑的尊重也使其获得重生，从某种意义上，这座建筑以另外一种方式呈现出经典的表情。

又如蠡县档案馆工程（图6-3-14）将档案馆与纪念展览馆两种功能融于一体，以内庭院为核心，展厅围绕庭院顺时针布置，展厅间既紧密连接又相对独立，为布展提供了灵活性。建筑外墙采用坚实厚重的再造石装饰挂板，结合了篆刻、花格窗等中国元素，展现了建筑的文化特征。

唐山城市规划展览馆（图6-3-15～图6-3-18）前身是位于大城山西麓的原唐山面粉厂。工厂在新的都市条件下搬迁后，用保留下来的四栋日伪时期的仓库和两栋地震后建的仓库作为展示厅，改造成一个留有城市记忆的博物馆公园。保留下的六栋平行的建筑恰巧垂直于山体，构成了一种有意

---

① 建筑的力量. 河北省建筑设计研究院有限公司作品集.

图6-3-12　河北建设服务中心（来源：河北建筑设计研究院有限责任公司 提供）

图6-3-13　河北建设服务中心内庭（来源：河北建筑设计研究院有限责任公司 提供）

图6-3-14　蠡县档案馆（来源：河北建筑设计研究院有限责任公司 提供）

味的韵律。改造设计通过非常少的加建，更强化了这种韵律，使山有节奏地从建筑间的空隙中溢到城市，形成了大城山—山脚后花园—厂房间小院—大公园—城市主干道一系列有层次和有序的城市开放空间体系。加建部分的笔墨不多。通过

新旧的材料对比，对老仓库的屋顶和门廊夸张重构，用水池和连廊来统一离散的个体建筑等处理手法，精心地呵护和放大厂房和山体间构图上的天作之美，在新的环境下彰显毫无美学价值的原有建筑群的内在美。

图6-3-15　唐山城市规划展览馆（一）（来源：刘歆 摄）

图6-3-16　唐山城市规划展览馆（二）（来源：刘歆 摄）

图6-3-17　唐山城市规划展览馆（三）（来源：刘歆 摄）

图6-3-18　唐山城市规划展览馆连廊（来源：刘歆 摄）

第七章　传统建筑文化在当代建筑创作中的传承策略及实践

河北省地处华北平原，东临渤海、内环京津、西为太行山、北为燕山、地处中原地区，地貌复杂多样，高原、山地、丘陵、盆地、平原类型齐全，在不同地域形态的影响下，各个地区形成了富有地域特色的传统建筑风格。同时，河北省也是一些少数民族的聚居地，满族、回族、蒙古族等少数民族的文化形式和建筑特色也在长期的交流融合中不断发展。另外，河北省属温带大陆性季风气候，大部分地区四季分明，天气多变，冬季寒冷干燥，夏季暖热多雨。在这样的气候条件影响下，传统建筑尤其是传统民居建筑体现出一种内向性的特点。总之，河北省传统建筑的地域特征是在地形地貌、文化背景、气候条件、历史因素、自然资源等多方面长期相互影响下的结果，是河北省传统建筑文化思想的物质体现。

燕赵传统文化范围广大，因此，建筑师在进行当代建筑创作时融入其对传统文化的个人理解和某种继承方式的表达就显得尤为重要。在由传统建筑元素转化为现代建筑号码的过程中，即对传统文化进行再解释的过程中，现代元素的加入使得建筑符号具有更多的含义，增大了建筑传递的信息量，同时以此为文化基础的河北历史建筑，表现出以质朴的材料、细腻的工艺塑造、简洁大气的建筑风格的特点，这也是河北现代地域性建筑创作努力的方向之一。

在进行现代建筑创作的过程中，一方面我们要积极吸纳外来建筑思潮，为我所用，并积极寻找技术进步为建筑发展所提供的保障和创造力，设计出符合现代化社会现实的建筑作品。同时，传统建筑文化思想作为建筑设计的内涵所在，现代建筑中也必须体现出传统建筑的风格特征，这就要求在进行建筑创作时必须立足根本，不能违背河北省的现有物质文化条件，积极寻找能够融合当地气候地形、文化历史和时代特色，现代化需求的切入点。"中国传统建筑元素"统指凝结着中华民族文化传统的建筑空间布局、结构、材料及装饰艺术等方面的形象、符号或风俗习惯，是中国民族特色建筑最精彩、最直观的表现形式。中国传统建筑元素是中国古代传统建筑的精华，主要包括有形的构件符号和无形的空间。许多传统建筑无论在空间布局、立面造型，还是细部处理上，都有很多值得我们借鉴的地方。

第一节 通过符号与意象的表达方式体现传统建筑风格

由于传统建筑营造法式的独特性以及思维方式的复杂性，河北传统建筑有鲜明的符号意向特征，体现在城市空间、建筑群体以及建筑单体的空间布局、形态、构件、材质、肌理、色彩等各个层面，形成了一系列独具特色的传统建筑符号语言。同时，传统建筑的空间要素是建筑场所感和意境的灵魂所在，空间构成要素的秩序性、轴向性、等级性和层次性，空间塑造手法的收放、显隐、节奏、尺度等均体现出了在燕赵传统文化的深远影响下，河北省传统建筑形成的一脉相承的独特传统。

一、元素符号在城市空间层面的表达

（一）城市空间中色彩符号的表达

在城市街道空间的塑造中，对色彩的使用和传承是体现传统文化氛围的一种有效的方法。色彩元素的协调搭配可以将城市的街道统一成为具有文化内涵的色调，使整体空间显得协调统一，富有性格。而作为满清的京畿之地，燕赵建筑有着严格的色彩使用的等级划分。在现代建筑的传承中可以通过一种或者几种燕赵传统色彩元素的归纳提炼，应用到城市色彩规划中，从而起到改善城市面貌、统一整个城市空间氛围的效果。

河北省邯郸市是一座有着几千年历史的古城，在进行建筑改造时，既要体现历史文化特征，又要彰显时代感，并将历史与时代特色相结合，以独特的城市建筑色彩延续城市文脉，所以在建筑用色上使用了传统建筑固有色。首先提取邯郸市古建筑的基本色调，邯郸市古建筑的主要色调为蓝灰色、暗红色和米黄色。因此在历史风貌区的定位为以土黄色为城市主色调，红褐色、白色、青灰色为三种点缀色。而在城市整体控制区和城市背景区域内，则鼓励

采用红褐色、土黄色为辅助色的搭配模式。要塑造城市的整体色彩，必须使得新建与原有的历史建筑达到色调和明度、饱和度等方面的统一。在改造既有建筑时将主色调色彩统一为这几种色调的互相搭配，既使城市空间界面达到了色彩统一和谐，也体现了邯郸古城的赵文化古朴、豪爽、不事雕琢的文化性格。[1]

建筑色彩的应用在中国古建筑中的地位非常重要，不同的色彩具有其特定的象征意义。现代设计在体现民族特色时，可以把建筑色彩作为重要的表现手段，建立自己的色彩体系，例如，承德外八庙的色彩样式是清式皇家传统建筑的体现，承德剧院在修复过程中，外立面的色彩构建仍然沿用了传统建筑的色彩样式，使得城市文脉得以统一和延续。邯郸市行政便民服务大厦，位于邯郸市人民路，在色彩的选择上，建筑外檐以赭石色为主，搭配以浅色金属百叶、透明玻璃。通过这几种元素的相互穿插、对比，给人以朴素、庄重、雅致之感，符合行政便民服务大厦的功能要求。色彩的选择提取了传统建筑中的色彩特征，辅以陶土板新材料的使用，传统的色彩与新材料使用的完美结合，使得建筑沉稳、大方，体现政府的庄重、严谨。大面积的点式玻璃幕墙突出建筑的通透质地。与陶土板、玻璃形成强烈对比的金属材质，则散发着强烈的现代气息。整个建筑在很好地传承传统建筑特色的同时，又不失创新。

（二）城市设计中语义符号的表达

燕赵大地经过几千年的发展，河北省内城市积累了丰富的城市选址和布局经验。在选址、规划、布局、城市规模控制、城市防灾等方面的理念——"天人合一"的思想在现在仍然具有很大的参考意义。这些思想和理念能够在今天的城市设计中得以传承和表现。

在当今的城市设计和旧城保护中，方格网和中轴线、内城外郭的语义符号仍在很多城市的设计中得以沿用。燕赵古城邯郸市，在第四期城市总体规划（2011~2020年）中，

[1] 王如欣. 燕赵传统文化符码的现代建筑表达 [D]. 哈尔滨工业大学，2010.

城市生态景观、综合交通、环境保护、历史文化名城保护等方面都做出了详细规划，目标在规划期限内，邯郸市形成以"赵都+绿网+水网"三方面元素相结合的城市景观风貌，并在城市生态景观特色规划上，以"文化"为基础，突出"水"，表现"绿"，保护了赵王城的道路格局，形成了独特的"赵都+绿网+水网"的城市景观风貌。挖掘城市独特的历史文化资源，把古赵文化有机地和城市绿化结合起来，以文化彰显绿化，凸现古赵文化和现代城市风貌的城市独特景观。

二、元素符号在群体建筑空间层面的表达

群体建筑空间是以群组形式出现的建筑，其排列组合形式形成了建筑外部空间环境。群体建筑的组合有多种方式，或围合或开放，都可以体现出设计者的某种设计意图。在建筑群或大型建筑中布置若干庭院自古便是中国人理想的建筑模式，庭院与现代建筑结合，室内空间与外部环境融合，才能使建筑不再像冰冷的机器。可以说使传统庭院式布局得到重构与发展是现代建筑设计面临的机遇与挑战之一。作为群体建筑中的每个单体建筑设计，首先是服从于整体环境塑造的，其次又有其作为单独个体的不同与特点。

在群体建筑空间设计时，应着重从塑造群体环境氛围和创造单体建筑特点这两个方面去考虑如何传承燕赵传统文化特色，例如，唐山有机农场（图7-1-1～图7-1-3）的设计运用传统四合院式的院落空间，分别由四个相对独立的房屋围合而成，拓扑组合成为多层次的庭院空间，满足厂房的自然通风、采光及景观需求，保持良好的室内外空间品质，使得建筑空间与环境有机地融合，成为有机的整体。

图7-1-1　唐山有机农场内庭院（来源：田野中的"四合院"，建筑学报2017/01）

图7-1-2　唐山有机农场（一）（来源：田野中的"四合院"，建筑学报2017/01）

图7-1-3　唐山有机农场（二）（来源：田野中的"四合院"，建筑学报2017/01）

承德行宫酒店（图7-1-4、图7-1-5）地处承德著名的双塔山景区脚下，位于城市主干道和自然山体之间的基地，其最大进深不足200米。设计因此将注意力放在对自然的回应上，建筑以水平方式嵌入场地，并通过布局传递出从城市到自然的体验。结合地势，步入大堂，又呈现一个完整的空间。从"天人合一"的院落空间理念出发，中间的轴线在主庭院扭转的方形展厅达到小高潮，明确而自然。前为严整对称的酒店公共区，后为自由分散的客房私密区，这也是借鉴避暑山庄宫苑格局中宫殿与山水对比关系的结果。五个主题院落相互串联递进，中心庭院以水为主，其他则以绿化为主，并结合北侧的山势，借景双塔山，使住客产生居

于自然之中的感受。院子中的几片墙运用巧妙，构建出空间的层次和递进，与远处的山相呼应，山庄形象立刻凸显出来。

廊坊市大城县叶家庄文体活动中心（图7-1-6～图7-1-10）的设计充分尊重本土地域特色，旨在为村民提供亲切、开放、舒适的活动空间。设计通过对本土建筑形态符号——硬山屋顶进行抽象提取，采用传统四合院形态围合公共空间，用现代建筑语言进行转译表达。整体空间虚实结合，通过不同模数的简单建筑形态围合形成错落的内部庭院，同时利用镂空砖花外墙虚化内外空间界限，营造出积极的、可进入的活动空间氛围。

图7-1-4　承德行宫大酒店庭院（来源：院落中的酒店——承德行宫酒店设计，建筑学报 2013.05）

图7-1-6　廊坊市大城县叶家庄文体活动中心模型（来源：河北建筑设计研究院有限责任公司 提供）

图7-1-5　承德行宫大酒店主庭院 来源：院落中的酒店——承德行宫酒店设计，建筑学报 2013.05）

图7-1-7　廊坊市大城县叶家庄文体活动中心入口（来源：河北建筑设计研究院有限责任公司 提供）

图7-1-8　廊坊市大城县叶家庄文体活动中心入口（来源：河北建筑设计研究院有限责任公司 提供）

图7-1-9　廊坊市大城县叶家庄文体活动中心建筑细部（来源：河北建筑设计研究院有限责任公司 提供）

图7-1-10　廊坊市大城县叶家庄文体活动中心内庭（来源：河北建筑设计研究院有限责任公司 提供）

三、元素符号在单体建筑空间层面的表达

（一）元素符号的建筑构件化表达

所谓元素符号的建筑构件化表达是指现代建筑设计中借用传统建筑的各种构件、装饰、色彩等最基本的建筑构成元素进行创作。传统文化元素符号以构件化的表达手段在现代建筑中运用范围也相对较广，这种表达方式主要通过提取传统文化元素符号，将这些符号与建筑中的各部分构件相结合，用于现代建筑内外部细节构件装饰，从而使建筑具有传统文化印记的特征。

邢台市博物馆（图7-1-11），建筑面积77980平方米，

2015年开工建设，其设计以唐、宋、元等古代建筑特征作为形象设计的文化元素主调，力求体现千年古城的历史风貌。同时借鉴千年古城的建城布局，结合中国古典建筑"围合"、"庭院"的传统模式，形成"城"、"院"的半围合总体布局模式，从整体的空间层次上彰显出燕赵的传统文化特色。邢台市博物馆采用中国传统坡屋顶的构建形式，凝练简化同时结合现代的采光窗，很好地诠释博物馆的建筑形象特征，以现代设计的手法重新展现传统建筑的精华。

定州市中山博物馆（图7-1-12、图7-1-13）位于定州市中心区开元寺塔、贡院等国家级重点文物所在片区，建筑面积25600平方米，2016年竣工，并获得2017年度全国优

图7-1-11　邢台市博物馆效果图（来源：河北建筑设计研究院有限责任公司 提供）

图7-1-12　定州中山博物馆（来源：河北建筑设计研究院有限责任公司 提供）

图7-1-13　定州中山博物馆建筑细部（来源：河北建筑设计研究院有限责任公司 提供）

秀工程勘察设计一等奖。建筑以严谨、周正、大方的空间形态，力求探索具有本土特色的经典表情。建筑设计以开元寺塔、贡院为参照点，建立东西轴线及南北轴线，实现现代与传统之间的对话。充分研究周边传统建筑的建构特点，将台地、屋顶、叠涩、纹饰等形式语言，以现代建筑设计手法展现出尊重传统又彰显时代精神的建筑风貌。

邯郸市文化艺术中心（图7-1-14、图7-1-15），坐落于邯郸市中轴线人民路与滏东交叉口东北角，东西长约590米，南北长约280米，其中包括邯郸大剧院、报告厅、博物馆、图书馆和城市规划展览馆及配套用房。建筑的外形设计融合了中国古代青铜文化、邯郸磁州窑文化和氏璧文化，巧妙地将古代赵国悠久的历史文化与现代化邯郸的城市风貌融为一体，大气磅礴。整体建筑采用曲线设计，雄浑有力，很好地融入了周围环境。建筑设计利用西侧的博物馆、东侧的图书馆，进入大剧院的大台阶，通过现代的建筑手法联系起来，形成犹如城台般的青铜墙面。大剧院居中，犹如一块无暇的美玉浮于城台之上，意为"城台美玉"，充分体现了邯郸文化的精髓及古赵文化底蕴的厚重，同时展现了邯郸建筑

传统中高台建筑的特征，成为邯郸新世纪城市形象的地标建筑。

在文化艺术中心的创作设计中，选取了两种建筑形象作为符号代表：美玉与高台建筑，元素符号的建筑体量化与构件化表现，在这座建筑中完美融合。[1]本设计中"美玉"的形象既可以被认为是传统玉器的语构符码，也可以认为是历史文化典故"和氏璧"、"完璧归赵"成语文化的语意符码。邯郸历史悠久，是著名的成语之都，"和氏璧"的形象恰恰可以指代邯郸的成语文化。在这里高台建筑符码被变形并以新的建筑材料表现出来，高台雄浑的气魄得以保留。

邯郸市是战国时期赵国国都，具有非常发达的青铜器冶炼文化，而磁州窑是我国四大民窑之一，瓷器文化的发展历史也相当悠久。因此，在建筑装饰的选择上提取了青铜和白瓷作为两种装饰构件，并以现代材料模拟了这两种古代材料。外墙主要采用再造石装饰混凝土轻型挂板，并且在表面镀铜以模拟青铜器的材质，而顶部大剧院的材质以低辐射中空玻璃表面镀彩釉的方式来模拟玉璧的材质，充分显示了邯郸厚重的文化底蕴。

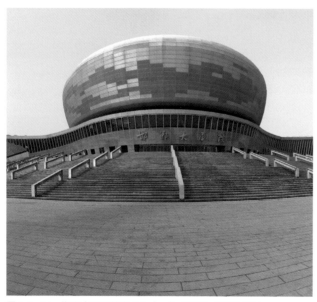

图7-1-14　邯郸市文化艺术中心（一）（来源：连海涛 摄）

图7-1-15　邯郸市文化艺术中心夜景（来源：李芳 摄）

①　王如欣. 燕赵传统文化符码的现代建筑表达［D］. 哈尔滨工业大学，2010.

（二）元素符号的建筑体量化表达

　　元素符号的建筑体量化表达就是将传统文化元素符号以体量的尺度融入到现代建筑中，这种表达手法可以直观地表现传统文化特征，同时，体量化的元素符号更符合现代建筑的设计语言特征，可以与建筑中的其他体量形成更好的空间关系，用于体量化表达的元素符号，由于其自身在传统建筑中具有特定的形式构成原则，因此，在现代建筑设计中，这些建筑元素往往通过延续原有的构成原则加以体现。

　　赵王城博展馆位于赵王城遗址公园中轴线上。赵王城遗址公园是河北省邯郸市为纪念赵国历史在春秋战国时期的赵王城遗址上新修的一座大型历史遗址公园。博展馆外形简洁，为层层叠叠的平台堆积而起，赵国高台建筑的形式特点在这座建筑中被淋漓尽致地彰显出来。由于邯郸是古赵国的国度，是高台建筑的起源地，因此高台建筑可以代表燕赵大地战国时期的建筑风貌。赵王城博展馆的设计中充分考虑了高台建

筑的形状和表面处理，设计师只取其形，以现代建筑材料灰白色大理石代替黄土，暗喻了燕赵文化，且与远处的龙台遥相呼应，与其宣传燕赵历史的主题十分和谐。

　　关汉卿大剧院（图7-1-16），位于保定市，建筑面积约44000平方米，集观演、展览、休闲、娱乐等功能于一体。房屋整体犹如一把折扇，建筑在顶部的体量设计上体现了鲜明的传统建筑符号化特征，在底层建筑的设计中采用纯粹的现代建筑处理手法，建筑语言极为简略。在这样的衬托下，人们的视觉中心被集中引向建筑顶部，再次强化了坡顶元素的表现力，以及竖向支撑构件与屋顶的结合关系，在一定程度上融合了传统建筑体量与现代建筑体量的形体关系。

　　正定新区石家庄政务办公大楼（图7-1-17、图7-1-18）位于石家庄市正定新区，南临市民广场，北侧为周汉河及园博园，于2015年建成。中轴对称式立面设计使得建筑形象大方、简洁、典雅。建筑设计提取并简化了传统建筑的典型特

图7-1-16　关汉卿大剧院（来源：王东站 摄）

图7-1-17　正定新区石家庄政务办公大楼（一）（来源：河北建筑设计研究院有限责任公司 提供）

图7-1-18　正定新区石家庄政务办公大楼（二）（来源：河北建筑设计研究院有限责任公司 提供）

征，简化后的大屋顶依然强调出整个建筑的水平方向上的构图体量，纵向线条的重复和强调延续传统建筑原有的构成原则。

石家庄天山海世界商业综合体，建筑以"水文化"为主题，作为一种代表中国传统建筑环境构成元素的符号，以此生成了建筑的基本形态和体量。漂浮流动的水波通过建筑体量化的表达，形成了轻盈多变的建筑形态和丰富流动的室内空间体验。完美地将水元素符号转化成一座精致的现代建筑设计作品，成为宣扬城市传统自然文化的一个重要窗口。

除了以传统建筑元素符号作为表现题材外，其他文化元素符号通过形态上和尺度上的处理，也常常作为建筑的基本体量出现在现代建筑设计中，形成一种独特的现代风格建筑。由于这些元素符号并不是来源于传统建筑，因此，在运用到现代建筑设计中时需要进行建筑化的处理，往往会在尺度上和形态上进行一定程度的夸张、抽象和变异，从而符合现代建筑的尺度和特征。这些非建筑的元素符号，由于尺度上的变化和建筑化的处理，形成一种陌生的外部形态，打破了人们对这种元素符号形态的原有认知，从而给人留下深刻的印象。

秦皇岛市档案馆（图7-1-19、图7-1-20）在功能与形象两个方面着意挖掘地理环境和人文底蕴。主入口处的外立面设计中采用竖向混凝土挂板，简约流畅，对应档案史料的象征语言。利用建筑语言传达建筑本身含义。简约流畅的外观设计，精致的内部构造，匠心独具的建筑用材，使之成为极富现代气息的建筑。

沧州市图书馆新馆（图7-1-21）建筑造型体现自然、人文与城市建筑空间有机融合的风格，彰显沧州厚重的历史文化内涵的同时，又突出公共图书馆特有的文化气息。新馆设计以"九宫格"图作为基本布局原型，其中"九宫格"的中间单元为中庭和内院；四个角部体块，均采用由厚向薄渐变的单元式竖向立面分割，形成书列的形象特征，巧妙暗合了"经史子集"四库之意；四面中部体块凸出，表面均为108个篆体"書"字的活字底板形饰件的集合。同时，新馆外形设计还引入了中国传统文化"斗"形的形象元素，构成建筑的基本形体，象征图书馆"仰"望苍穹，对知识与信息的广征博览、兼收并蓄和对未知领域的不断探索。新馆建筑精巧的构思和独特的造型充分展示了沧州文化的悠久历史和美好未来。

在现代建筑设计中通过元素符号的体量化处理来体现传统风格的设计手段是一种文化识别性较强的建筑处理手法，类似这样的具有强烈的视觉冲击力的建筑在河北省各大城市较为常见。这样的建筑具有直观的视觉识别性、较强的视觉感染力和冲击力，设计手段较为直白，可复制性较强。

图7-1-19　秦皇岛市档案馆（来源：河北建筑设计研究院有限责任公司 提供）

图7-1-20　秦皇岛市档案馆内部（来源：河北建筑设计研究院有限责任公司 提供）

图7-1-21 沧州图书馆（来源：沧州图书馆官网）

（三）元素符号的建筑肌理化表达

传统文化元素中遗留下来的具有当地自然特征或具有风土人情等元素经常作为一种特殊的建筑表皮肌理出现在现代建筑创作中。传统文化元素符号在现代建筑中肌理化的表达是一种较为现代的表达方式，肌理化的元素符号，大大弱化了符号本身的形式感，强化了建筑的现代性，因此，在现实的建筑创作中被广泛运用。

位于河北省阳原县的泥河湾博物馆（图7-1-22），设计紧扣泥河湾文化主题，以建筑语言强化泥河湾文化的展示效果。外部造型以孕育和发展了泥河湾文化的广阔的桑干河两

岸的山水作为建筑创作主题。曲折起伏、层层叠叠的造型代表了那里独特的地貌景观。泥河湾博物馆在建筑设计中建筑主体和周边环境一起构成了和谐的画面，层层铺开或阶梯或曲折的步行道，蜿蜒曲折，棱角分明的雕塑空间，层层递进的关系设计参照当地地貌特征，通过建筑关系诠释了地貌特征，给人以巨大的冲击感。

河北省图书馆改扩建项目（图7-1-23），设计了简洁的纵向立面，运用几个单纯元素和重复手法来与旧建筑之间建立了良好的对话关系，改扩建后的河北省图书馆与周围的河北博物馆、科技大厦形成一组重要的文化建筑群体。图书馆

的改扩建，不仅完善了功能，也创造了崭新的室内外空间形态，从而使新与旧之间和谐共生。在外立面处理上采用传统汉字形象，作为传统元素的文化标识。

博深工具股份有限公司科研办公楼（图7-1-24）用"丰富"、"整体"、"细节"、"内涵"的建筑语言阐释了企业的文化理念。建筑造型在矩形的体量上引入扭转要素，充满动感和活力，并以传统庭院空间引入整合建筑功能。建筑整体设计简洁大方，充满现代气息，重点在建筑侧立面位置，建筑师将几何图案进行肌理化处理，以此来表现建筑独特的文化特征。

图7-1-22　泥河湾博物馆　（来源：河北建筑设计研究院有限责任公司提供）

图7-1-23　河北省图书馆扩建项目（来源：河北建筑设计研究院有限责任公司 提供）

图7-1-24　博深工具股份有限公司科研办公楼（来源：河北建筑设计研究院有限责任公司 提供）

第二节　通过空间与形态变化的表达方式体现传统建筑风格

在城市发展和更新过程中，根据经济、社会、历史、文化等因素以及人们生活方式的不断变化，建筑功能也开始变得复杂化，建筑空间也随之产生了变化。功能需求的变化、建筑材料的更新、建造水平的提高以及生产工艺的进步导致传统空间的变化趋于多方向、多维度的发展，主要包括传统空间形态的变化、传统空间内涵意义的变化以及传统空间构成要素的变化。通过空间的变化，可以更好地适应现代建筑的功能要求和形式要求，但如何在变化的过程中保留和继承传统的东西，使我们创造出来的建筑既符合现代生活的使用要求，又保留传统的文化特征，是现代建筑设计特别关注的地方。

一、传统空间的形态变化

原型空间，包括场所空间和建筑空间，是存在于河北地域文化和传统建筑中的典型空间模式，这种空间由自然条件所决定，经过时间积淀，由文化的众多要素交错影响而成。院落、庭院、街巷、屋顶、挑檐、门厅、晒场无一不包含有燕赵地域特色的丰富信息，可以说它们是构成燕赵传统建筑的精华之所在。在提炼传统建筑空间原型的基础上，结合现代使用需求融入到现代建筑空间中，意味着传统思维的延续，意味着现代向传统的回归，对于地域文化的传承和发展起到了积极的作用。

位于河北省平山县西柏坡的华润希望小镇（图7-2-1），是华润集团捐资兴建的新农村示范项目。项目由原有的三个相邻的山村集中组合而成，包括238户农宅和村委会、村民之家、卫生所、幼儿园、商店、餐厅等公共设施。设计中保留了基址中现存的泄洪沟并进行适度修整，结合新设置的村民广场及公共设施，构成贯穿整个小镇的景观条带和公共活动中心，并顺势将小镇分为三个居住组团。设计中提炼传统建筑空间原型的基础上，以多样的方式处理建筑群组、公共节点、道路桥梁和街巷院落，营造丰富多变的路径、视角、景观以及停驻、交往、活动空间。农宅的设计在研究当地传统民居空间特征的基础上，以"L"形建筑主体加院墙形成可重复的围合院落，并对风水传统、朝向、檐下空间、自然通风、个性化、私密性、未来加建以及"农家乐"主题旅游功能进行了充分考虑。华润希望小镇的设计运用了聚落的设计方法，从宏观、中观以至微观的不同层次应对场地条件、人群特征和传统沿承的矛盾，因地制宜，从中自然生成的秩序使其具有了聚落的独特性和丰富性。

传统建筑的空间原型因受到较为稳定的制约环境的限制而被长期固定下来，后期虽然随着社会的发展产生了变化多样的空间形态，但基本形制的生成逻辑基本未发生较大的变化，例如，河北省的传统砖木结构加瓦屋顶的建筑形式，虽然随着地域的差别有着一些纹样与外观细节上的不同，但基本的结构形式与空间形态无较大的差别。随着现代生活方式的冲击，人们的生活需求也发生了质的改变，导致河北省传统建筑尤其是民居建筑的空间形态逐渐脱离了其传统的空间原型的制约，形成一些符合现代生活习惯于需求的新的空间形制与原型。

河北省阜平县龙泉关镇的乡村传统民居改造项目（图7-2-2～图7-2-5），为了配合改变村庄收益方式、由第一产业向第三产业转变的政策，发展村庄旅游业，吸引村中流失人口的回归，将一些年久失修的传统建筑进行拆除、新建或改造，在外观上最大程度延续其当地传统的建造手法与材料，使其保留了传统古村落的风貌，在此基础上对结构进行屋顶加设防水层、墙面增设空气保温层等改良设计，并将一些用作旅游经营的建筑内部空间改造成为满足游客使用需求的旅馆式或家庭式农家乐形式。

图7-2-1 西柏坡华润希望小镇（来源：新小镇，新希望——西柏坡华润希望小镇设计感悟. 城市建筑，2013.01.）

图7-2-2　河北省阜平县龙泉关镇乡村规划（来源：中国乡建院 提供）

图7-2-3　河北省阜平县龙泉关镇乡村民居改造（一）（来源：中国乡建院 提供）

图7-2-4　河北省阜平县龙泉关镇乡村民居改造（二）（来源：中国乡建院 提供）

图7-2-5　河北省阜平县龙泉关镇乡村民居改造（三）（来源：中国乡建院 提供）

图7-2-6 河北省石家庄市平山县大陈庄小学（来源：河北建筑设计研究院有限责任公司 提供）

图7-2-7 河北省石家庄市平山县大陈庄小学内庭 （来源：河北建筑设计研究院有限责任公司 提供）

图7-2-8 河北省石家庄市平山县大陈庄小学院落空间（来源：河北建筑设计研究院有限责任公司 提供）

河北省石家庄市平山县大陈庄小学（图7-2-6~图7-2-8），是一所建在山村里的有四个班的希望小学。设计采用了当地传统民居建筑单体及院落的空间原型，保留了传统民居院落的基本空间围合特征，但却巧妙地通过单体体块的错动重构，从而生成了一个具有强烈围合感的新的院落空间来满足新功能的需求。小学的四个班被分割成四个独立的教室单元，这些单元围绕中央庭院设置，每个单元中的房间都面向庭院，形成了房间—平台—庭院的关系，在私密空间与公共空间之间创造了多个层次的互动，这样的设计不仅充分尊重了学生的心理需求，也满足了他们日常活动的需要。同时该设计也为孩子们提供了具有现代审美取向的建筑形式，并在乡土与现代之间建立起了微妙的对比和关联。在这个方案的设计过程中，设计者尝试运用现代的造型手法和空间组织方式来转译乡土固有的建筑空间和形式，想通过设计中的地域性使这所学校给孩子们带来一些亲切感。

二、传统空间的内涵变化

空间内涵的变化是指在保留或复原传统建筑空间原型的基础上，通过改变空间的使用方式和功能来适应现代生活的需求，是现代建筑设计表达传统文化的重要设计策略之一。

这种手法在一些传统村落改造和建筑遗产尤其是工业遗产的改造中使用较多，例如，在一些传统村落的改造中，给村中原有的村委会赋予了游客中心的功能，或村中一部分闲置的村产建筑改造成为村史馆或者图书室等。在城市中，这种空间内涵的变异的手段在一些工业遗产建筑的改造中利用较多，由于国家"退二进三"的政策导致城市中一些废旧工厂的遗存，在保留其原有厂房的基础上对内部空间赋予新的使用功能，不仅对旧厂房的这种历史遗迹，对所赋予的历史文脉也是一种保护，比如一些旧厂房由于内部空间层高较高，高侧窗采光的建筑形式与画廊、展览场所、艺术家工作室、设计工作室等现代新型的行业使用需求十分契合，成为工业遗产改造的一种主要趋势。

唐山城市规划展览馆前身是一家面粉厂，在20世纪80年代的两个粮仓保留下来，形成一个山脚下的博物馆群。展览馆的主体是几栋20世纪30年代的仓库，这六栋建筑之间互相平行且垂直于达成山山体，形成一系列有序空间体系，一直延伸到凤凰山公园，成为公众休闲游览的连续整体。城市展览馆成了城市与大山的联系所在。平行的建筑与山体垂直的特点巧妙地成了从城市欣赏大自然的"选景框"，而大山也仿佛成了城市展览馆的后花园。新加建的部分使每个仓库增添出一个钢结构门廊（图7-2-9），让封闭的仓库具有一种开

图7-2-9　唐山城市规划展览馆内庭（来源：刘歆 摄）

放性。这些门廊反射在水池上，使旧建筑的美进一步放大。"人"字形仓库的屋面用"X"形钢结构来代替，形成的侧高窗使原先封闭的室内变成完美和标准的展示厅。

三、空间构成要素的变异

在现代建筑空间营造的过程中，建筑的空间由各种几何学和符号来构成，同时拥有传统建筑空间的意义和特征形态。这并不是简单的模仿传统建筑空间的形状、大小等外在内容。必须了解的是，"效仿""模仿"并非简单复制空间构成要素，而是仔细观察构成要素，并且尝试理解其本质及内在关系，对其进行深度剖析之后，运用其本质以及内在关系进行设计。在现代建筑空间设计中需要"辩证与综合"的"效仿"传统建筑空间，才能最终产生具有传统空间风格特征的现代建筑空间。

河北省建设服务中心是一栋省属业务主管部门的政务建筑。针对这类建筑设计的政策、标准有着诸多的规定、不容

逾越，在限定条件下如何使建筑空间设计得生动、精巧，并完成其应当承载的文化内涵，是需要重点把握拿捏的。设计师运用传统空间中造园的设计手法，利用现代建筑语言完成了建筑庭院空间的梳理。总体力求创造幽静、宜人、舒适的办公环境，做到内外交融，重视自然环境的导入，给人以生态、人文的心灵感受。室内空间环境设计，特别是公共空间部分采用室外装修引入室内的做法，使建筑内外空间效果完整统一。室外环境景观设计则追寻简约、避免奢华。以典型的园林要素构成兼具现代与古典园林神韵的庭院空间，从多视角形成共享。沿街不设围墙，采用开放绿地的手法分隔院内外空间，形成舒朗、宁静、开放的效果。在几处公共空间的设计中，以尺度适宜的展柜分别陈列了旧时的测绘仪器、设计工具、古老的瓦、木工施工工具、民间制作的建筑模型和有关建筑的艺术品等，使这些空间犹如一座建筑的陈列馆，丰富了空间功能，深化了建筑的主题与意境。所有的这些建筑手段，无不遵循了传统造园中朴素的空间营造智慧。

唐山第三空间综合体（图7-2-10～图7-2-12）位处唐山市路北区的建设北路，设计力求让作为社会精英的业主在宁静与繁华间自由转换，使得该建筑具有集都市性、人文性和服务性于一体的复合属性。建筑形态是裙房和两栋塔楼之间，有两个空中大堂，这成为上部私人部分与下部公共部分的联接和过渡空间，一个向高空延伸的立体城市聚落。在"第三空间"，这些私人会所构成的独立单元在平面、剖面上聚会、咬合、生长、叠加，并在立面上以繁复密匝的状态最直观地呈现于都市之中，对应的建筑立面悬挑出不同尺度及方向的室外亭台，收纳下方和远处的城市及自然景观，自身也成为城市中的新景观。"标准层"中平直的楼板被以结构错位的方式——层层抬叠，形成连续抬升的地面标高，犹如几何化的人工坡地，容纳从公共渐到私密的使用功能，在多样的空间变换中形成静谧的氛围。大小、形态、朝向各异的亭台小屋被移植于立面，以收纳城市风景，并且就像敞开于都市的一个个生动的生活舞台，成为密集分布的垂直城市聚落的象征。顶层会所中，则凭借屋顶之便，引入真正的葱郁庭院，与通常的"别墅"相比，这里的高度真的大不相同。这是在密集人工化的城市环境中现代建筑空间与传统空间的结合。

图7-2-10　唐山第三空间综合体（来源：唐山第三空间综合体. 世界建筑，201703期）

图7-2-11　唐山第三空间综合体细部（来源：刘歆 摄）

图7-2-12　唐山第三空间综合体夜景（来源：唐山第三空间综合体. 世界建筑，201703期）

第三节　通过气候、材料、色彩的表达体现传统建筑风格

一、河北气候与地理环境影响下的建筑特征

河北地区的气候具有区域的稳定性与地区之间的差异性，它与河北的地貌相结合，为人类提供了不同类型的生存环境。建筑产生的原因便是人类为应对当地的气候条件，建造的一个相对稳定而舒适的生存环境。河北人民通过调整建筑围护结构体系和运用其他建筑空间调节手段应对高原、草原、山区、平原、滨海等不同类型的地理和气候环境，在长期和当地气候条件的适应与调节中，逐渐形成了有独特风格的建筑特征。河北气候对建筑特征的影响主要体现在两方面：一是气温、日照、降水等因素直接影响建筑物的平面功能布局、外部整体造型和外围护结构材料；二是由于气候因素的长期作用，影响了地表形态、植被种类、土壤水体等地形地貌，这些特殊的地表形态转而影响了建筑风格和建筑特征。

（一）应对气温、日照、降水等因素形成的建筑特征

河北省地处华北，地形以平原为主，兼有高原和丘陵地形，属暖温带半湿润大陆性季风气候区。1月平均气温在3℃以下，7月平均气温18℃至27℃，冬季寒冷，四季分明。由于人体温感的舒适范围在22℃～28℃度之间，故河北地区的建筑主要是注重冬季保温的"封闭型"。

河北省的传统民居种类很多，均是居民为应对当地气候条件逐渐发展而成，如"两甩袖"、"布袋院"、"囫囵院"和古堡式建筑等。"两甩袖"是河北南部邯郸、邢台地区特有的民居种类。这种合院式民居通常包围的院落较大，向南开敞的院落作为整个居民活动的核心，夏季可以接纳凉爽的自然风，冬季可以获得较充沛的日照，并避免凛冽的西北风的侵袭。"两甩袖"的院子大都呈现南北长、东西短的长方形布局，也是因为当地日照较为充足，夏天过午后整个院子均可处于房屋荫凉之中。

通过分析河北邢台传统民居"布袋院"可知："布袋院"以院落的形式组织建筑空间，庭院为"内向型"庭院，且院墙多高大厚重，很少开窗。

这种"内向型"庭院发展至今日，被应用到了河北省许多公共建筑的设计中。以河北省张家口市张北县张北师范路小学为例，该小学位于张北县城东北处，由于地处张家口坝上，海拔1398米，因此在冬季时，很多学生必须弯着腰顶着风艰难地穿过室外到达不同课程上课的教室。设计者注意到了这一现象，并结合传统"内向型"庭院的设计思路创造出了应对低温寒风的"防风校园"（图7-3-1、图7-3-2）。在建筑平面的布局中塑造了能在冬季进行室外活动的避风广场空间。教室和各功能分区的联系做到"冬不出门"。

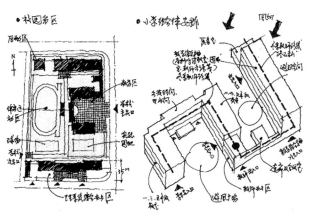

图7-3-1　张北县师范路小学构思草图（来源：杨倬 提供）

图7-3-2　张北县师范路小学（来源：刘歆 摄）

　　河北地区夏季气温炎热干燥，因此在河北传统民居典型的平面布局中充分考虑利用夏季自然风，在围合庭院中多采用连廊和实体墙身相结合的方式，并在院内种植高大冠木以遮挡夏季直接而强烈的日照。发展至现代，"连廊式"庭院的设计手法仍在许多河北现代建筑中得到体现，如2010年设计完成的石家庄市综合商务中心（图7-3-3），设计者在设计时打破了传统办公建筑"大而整"的平面布局，结合功能分区采用传统的"连廊式"庭院设计手法，将整体建筑分为A、B、C三个组群。A区是市委、人大、政协、政府机关的办公、会议中心，B区为市直机关办公楼，C区为行政服务中心

图7-3-3　石家庄市综合商务中心（来源：河北建筑设计研究院有限责任公司 提供）

等功能，平面功能顺畅便捷。充分利用石家庄市的夏季主导风向，实现了最大化地利用自然风进行夏季室内降温，在庭院内结合景观设计种植了大量槐树、杨树，为办公人员创造了良好的夏季室外环境，创造出"低碳、生态、智慧"的绿色办公建筑。

河北地区夏季日照时间长，在河北传统地域性建筑的发展中夏季建筑遮阳也是重要一环。传统河北建筑装饰按其位置不同可分为"内檐装修"和"外檐装修"，在"外檐装修"中主要考虑门窗隔扇的设计，传统的"建筑自遮阳"手法在河北现代建筑设计中仍有体现。这些隔扇的设计出了满足立面美观的需要外，客观上起到了夏季遮阳的作用，防止过量的阳光对人在室内的活动产生影响。

河北省图书馆新馆（图7-3-4～图7-3-6）位于石家庄市文化中心区域，设计者在设计中大量使用了玻璃幕墙和玻璃天窗，在玻璃幕墙上搭配了可控制遮阳百叶和遮阳帘布，玻璃天窗采用了太阳能热反射玻璃，给图书馆室内带来均匀自然光的同时又不引入多余的热量。形成了随着透过的自然光量的不同而变化的室内氛围，是一种随时间而变化的动态美。这些新技术手段的应用不仅是对河北传统遮阳设计手法的继承，同时也实现了河北现代建筑设计的创新。因此河北省图书馆设计项目荣获2013年度全国优秀工程勘察设计行业建筑工程公建类一等奖。

降水是影响河北省建筑特征的又一重要因素。河北省年降水量空间分布不均，平原地区降水量普遍高于坝上地区，东部降水量明显大于西部；年降水量存在明显的年际变化特点，年际波动较大，整体呈下降趋势，但不显著；年降水量的空间分布既存在全省降水量一致偏多（偏少）的"一致型"，也存在"南北型"。降水因素对河北省传统建筑的影响主要体现在建筑屋顶的构造形式上，通过对河北传统民居进行分析，民居屋顶形式多以硬山和卷棚为主，坡顶坡度一般为30度，使大量雨水能够在最短时间内排离屋面。

河北邯郸磁县第二中学（图7-3-7～图7-3-9）是河北省现代建筑设计实践中对于"坡屋面"运用成功的实例之一。整个校园建筑均采用坡屋面构造形式，形成了丰富的建筑轮廓线，将传统的屋面排水设计手法和现代屋面材料结合起来，使人深切感受到"百年名校"的文化底蕴。

河北省传统建筑中对于雨水的利用有着丰富的实践经验，雨水落于屋面并经由屋面排至建筑台基的排水沟渠，排水沟渠将雨水汇集至排水口，并在排水口下设置水槽或水缸，将雨水收集起来以便消防和灌溉之用。还有在缸内饲养

图7-3-4　河北省图书馆新馆（来源：河北建筑设计研究院有限责任公司 提供）

图7-3-5　河北省图书馆新馆建筑遮阳设计（来源：河北建筑设计研究院有限责任公司 提供）

图7-3-6　河北省图书馆新馆建筑细部设计（来源：河北建筑设计研究院有限责任公司 提供）

鱼、龟等具有美好象征意义的动物，以祈求家族兴旺。在河北省现代绿色建筑设计中将传统的雨水的循环利用体系进行了完善和发展，越来越多的雨水利用模式被运用建筑设计中，以河北农业大学校园雨水利用实践为例，河北农业大学将部分校园内的分散式绿地改造为下凹式绿地，标高低于周边地面标高0.05～0.25米，削减了绿地本身的径流，而且使周围的雨水径流也能流入绿地中进行下渗；东、西操场的塑胶跑道周边均设置雨水口，并安装截污设施，收集的雨水就近用于足球场人工草坪的喷洒；在建筑物顶部安装屋面雨水收集系统，在雨水立管顶端暗装初期雨水弃流设施。将收集来的雨水用于建筑物内厕所的冲洗和建筑消防用水的补充（图7-3-10）。

图7-3-7　河北邯郸磁县第二中学（一）（来源：河北建筑设计研究院有限责任公司 提供）

图7-3-8　河北邯郸磁县第二中学（二）（来源：河北建筑设计研究院有限责任公司 提供）

图7-3-9　河北邯郸磁县第二中学（三）（来源：河北建筑设计研究院有限责任公司 提供）

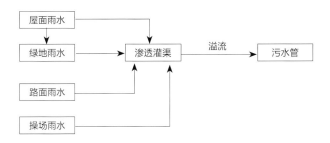

图7-3-10　河北农业大学雨水利用体系示意图（来源：石恩承《绿色建筑中雨水利用体系研究》）

（二）应对特殊环境形成的建筑特征

环境的影响对于建筑的设计具有非常积极的指导作用，成功的建筑实践一定是与其所处环境相协调相适应的。在河北现代地域性建筑的创作中，不同地区独特的环境会以一定的建筑形式和空间表达出来，这是一种地域文化的艺术再现，更是对建筑空间设计在精神层面上的追求。

河北省地域广阔，同时兼具平原、高原、丘陵、盆地等多种特殊地貌特征，在这些特殊的地貌特征下形成了独特的现代地域性建筑。河北原阳泥河湾博物馆（图7-3-11、图7-3-12）位于泥河湾考古发现区，丰富的地层断面中的文化层，传达着远古人类的活动信息。蜿蜒起伏的丘陵和台地被河北省建筑设计研究院的资深总建筑师李拱辰巧妙地提炼出来。用写意的手法表现桑干河以及高低跌宕的地形地貌。建筑以大小、台地、体量相互穿插，打破了低矮的横向构图，产生了纵横交错的形象。建筑周边场地的设计也蕴含了泥河湾特殊的地貌特征，使得建筑和周边环境设计相互呼应、显得完整统一。

李拱辰先生在其一篇致辞《地域性建筑走向必然》中提到："要想在建筑立面做到地域性特征，需从传统出发，借鉴吸收精髓和精华，用现代语汇，使传统文脉得以延伸而成为可持续。"这正是强调从河北省的地域内涵出发，充分挖掘传统建筑风格特征通过现代建筑语言表达的可能性，才能做出具有地域特色的现代化建筑。

另一处比较成功的特殊环境与建筑相结合的实例是位于河北省石家庄市的翠屏山庄（图7-3-13）。该项目位于石家庄市西部山前区域，建筑在设计时充分考虑到了场地内的山地环境，利用起伏的地形营造出高低错落的建筑景观，结合当地的植被和水景，为入住和参观的来宾创造出了赏心悦目的室外环境，建筑选用和当地土壤颜色接近的颜色，使得建筑与周围环境融为一体，中西结合的建筑风格体现出河北现代建筑"兼容并包"的时代特色。

图7-3-11　河北泥河湾博物馆场地设计（来源：河北建筑设计研究院有限责任公司 提供）

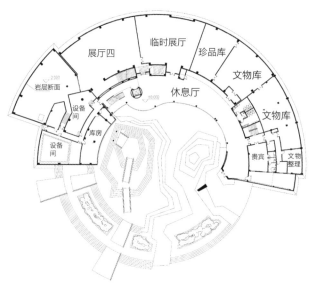

一层平面图

图7-3-12　河北泥河湾博物馆平面布局（来源：河北建筑设计研究院有限责任公司 提供）

图7-3-13　河北石家庄市翠屏山庄（来源：河北建筑设计研究院有限责任公司 提供）

二、河北省地域性材料影响下的建筑特征

在现代地域建筑设计中，材料的运用是彰显建筑特征的重要手段之一，许多传统的带有地域特征的建筑材料在现代建筑结构和建筑表皮上仍占有重要的地位，还原材料本体并重新建构材料，从深度和广度上丰富材料的地域表现力，发掘传统建筑材料在现代建筑表现中的潜力，继承并发展前人在建筑材料运用上的智慧，具有重要的文化价值和现实意义。

（一）河北地域性材料——"瓦"的现代建筑材料表达

瓦作为传统建筑材料在建筑上的使用可谓历史悠久，瓦的使用最早可以追溯至周代。瓦具有覆盖屋顶、防水保湿的作用，偶尔也被用来填充漏窗、铺设路径、营造小品。河北省传统建筑亦多用瓦屋面作为建筑屋顶。随着建筑技术的发展，河北省现代建筑瓦屋面从施工工艺和材料选择上均有了质的飞跃，按瓦的材料可分为：油毡瓦屋面、平瓦屋面、波形瓦屋面、压型钢板屋面等。

河北武安市的晋冀鲁豫边区革命纪念馆（图7-3-14、图7-3-15）是河北省平瓦屋面的代表作品，设计师李拱辰先生在谈到该作品时说道："当年的八路军在这里领导着抗日战争的这几年条件是很艰苦的，是生活在人民群众中的，所以在这个地方我们要用当代民居，用青砖、青瓦等等形式，希望跟残留的住宅协调在一起，形成一个当年八路军生活在群众当中的一个局面。"因此纪念馆以木材作为屋面基层，青瓦平行屋脊自下而上铺贴，形成整齐的行列，彼此紧密搭接，遵循"瓦榫落槽，瓦脚挂牢"的施工原则，靠近屋脊处的第一排瓦用砂浆捂牢，瓦头排列成一条水平线，整体瓦屋面排列整齐利落。纪念馆选址在村镇入口的优势地段，和正门前的广场空间成为了进入村子的一个颇具地方特征的仪式化空间，成为进村游览路线的起点。瓦的使用使其与周边原有历史建筑相呼应，将村镇的固有肌理融入其中，强化了村镇入口的古阁、古槐等构成的古朴氛围，成为新农村建设的亮点。

河北建投固安国际会议中心是波形瓦屋面的代表作品。屋面材料使用了独特的波形瓦。在瓦屋面的铺设中，相邻两

图7-3-14　晋冀鲁豫边区革命纪念馆效果图（来源：河北建筑设计研究院有限责任公司 提供）

图7-3-15　晋冀鲁豫边区革命纪念馆（来源：河北建筑设计研究院有限责任公司 提供）

排瓦顺着年最大频率风向搭接。波形瓦采用带垫圈的螺栓固定在混凝土或木制的椽条上。屋脊处使用弧形的脊瓦铺盖，波瓦与脊瓦之间的空隙用密封材料嵌封严密，避免在使用过程中出现安全隐患。

（二）河北地域性材料——"砖石"的现代建筑材料表达

自古以来便有"秦砖汉瓦"之说，可见砖石与瓦一样，在传统建筑中占有重要的地位。在河北省古建筑中，砖石多用于佛塔的修建，如河北定县城内开元寺瞭敌塔。同时也有用于桥梁的修建，如举世闻名的河北赵县安济桥。砖石还多用于古建筑的台基、踏道、栏杆、铺地等的修建，使用范围很广。

在河北省现代建筑中，由于新型建筑材料的出现，砖石材料逐渐发展成为了一种装饰性构件。砖雕、石雕、砖石绘画等在建筑上大量运用，这些砖石装饰具有很强的象征性和节奏感，蕴含着一定的历史文化主题，赋予建筑一种历史的延续性。位于河北省平山县的西柏坡纪念馆（图7-3-16）就是砖石装饰与现代建筑的一次成功结合。纪念馆设计于1976年，于2003年进行改扩建，改建完成的纪念馆延续了老馆院落式的平面布局，进一步理顺了展出流线。纪念馆内大量运用石刻，来表现革命岁月的光辉铁血和后人对革命历史的永远铭记，烘托出了革命时期"众志成城，团结一心"伟大精神。

河北建设服务中心（图7-3-17）也采用了砖石作为建筑装饰的主要材料，在建筑形体塑造方面以"粗材细作"为设计原则，在外立面和室内装饰的设计中选取了有燕赵文化特色的石刻和砖雕等元素，通过砖块的铺贴营造出了简洁大气的建筑氛围，并巧妙地利用了砖石的裂痕和伤迹，将历史的沧桑感融入建筑创作中。

图7-3-16　河北平山县西柏坡纪念馆（来源：河北建筑设计研究院有限责任公司 提供）

图7-3-17　河北建设服务中心（来源：河北建筑设计研究院有限责任公司 提供）

（三）河北地域性材料——"木材"的现代建筑材料表达

河北省古代建筑的主要特征之一是房屋多为木构架建筑，这种建筑形式以木构架为房屋骨架。因此木材在河北传统建筑中占有举足轻重的地位，以木材作为建筑材料其优点是弹性好、韧性强，能适应在建筑使用过程中随时间推移产生的沉降和形变；缺点是木材易腐坏，寿命较短，耐火性差。

在河北省现代建筑设计中也有以木材作为建筑主要材料的成功实例，如河北省建筑科技研发中心（图7-3-18），建筑师十分关注木结构的选型和构造，采用了大量的木质复合结构材料，采用了河北传统木结构建筑营造手法，并结合现代建筑施工手段，通过在入口雨棚、大堂、会议厅等处的木结构设计展现出木结构的现代美。

图7-3-18　河北省建筑科技研发中心（来源：河北建筑设计研究院有限责任公司 提供）

三、河北传统建筑色彩影响下的建筑特征

色彩的使用是河北地区传统建筑的重要组成部分，有着独特的组合方式，并蕴含深厚的传统文化，是传统建筑风格特征在现代建筑中重要的表达方式。

（一）尊重河北地域性材料的“天然色”

在燕赵这块土地上，建筑材料极其丰富。建筑材料的色彩最早与五行学说相关。《周礼·东官考工记·画缋》记载“东方谓之青，南方谓之赤，西方谓之白，北方谓之黑。天谓之玄，地谓之黄。”建筑物的颜色很大程度是由材料本身带来的，砖瓦、石头、金属、木材等本来就各有其原色。

邯郸，作为中国重要的古都之一，其城市色彩的发展受到我国经济发展、我国建筑审美趋势、地域文化的多重影响，其中，暗红色系使用的普遍性与多样性，在色彩规划中，对于历史文化的了解与分析，是必不可少的。邯郸市城市色彩大致经历了四个时期。战国及汉代的主要色彩以黑、青、黄、红、紫、白为主要色调，其中黑和黄视为最高贵的颜色。邯郸市是战国七雄中城区遗址、陵群保存最好的城市，是战国时期唯一如此完整的城市物质载体，所以，它反映的不仅是“赵文化”，而且足以代表“战国文化”。因此，邯郸城市色彩应考虑红、黄、青为基色，突出邯郸市的“战国文化”特征。（图7-3-19）

材料的选择对建筑的色彩有着决定性影响，色彩表现离不开其载体，不同色彩、质感的饰面材料给建筑带来不同的视觉效果。如河北石家庄市民生文化步行街设计（图7-3-20），文化街内保留有诸多的历史文化建筑，有常家楼、赵家楼、

典型历史建筑	材质	色彩
丛台公园大门	涂料	
	琉璃瓦	
赵苑成语典故园	涂料	
	涂料	
	青瓦	
	涂料	
	石材	
回车巷	涂料	
	涂料	
	青瓦	
	涂料	

图7-3-19　邯郸市古城建筑改造工程颜色提取（来源：王如欣《燕赵传统文化符码的现代建筑表达》作者改绘）

图7-3-20　河北石家庄市民生文化步行街（来源：河北建筑设计研究院有限责任公司 提供）

十三号院、济仁堂药房、红星影院、新华大舞台等，设计者在设计时遵循"修旧如旧、似曾相识"的原则，新建部分立面整体采用青砖构筑，门窗框选取和里面同一色系的青灰色，使立面风格相对统一。地面以天然长条石作为材料，米黄色的条石展现出一种大气、厚实的质感。路两旁仍保留了原来的古树，为街区增添了历史的韵味。街区建筑的玻璃和水景相呼应，二者反射出的天空蓝色为整个街区建筑带来了活力。

（二）建筑绘画色彩在河北建筑上的表达

绘画色彩作为建筑装饰的一部分在河北传统建筑中占据重要的位置，建筑绘画可分为刷饰、彩画以及壁画等。由于河北地域性天然建筑材料的颜色多为调和的中间色，河北传统建筑中丰富的色彩主要来源于木材的油漆刷饰和壁画装饰。添加油漆是传统木结构建筑必须的表面处理，油漆与任意色彩的相融性为河北传统建筑的绚烂色调提供了可能和条件。宋代李诫在《营造法式》中曰："施之于缣素之类者谓之画；布彩于梁栋斗栱或素象杂物之类者谓之装銮；以粉朱丹三色为屋宇门窗之饰者谓之刷染"。这种由于保护木材的实用目的发展起来的色彩装饰在河北现代建筑的设计中也进一步得到了体现。

第四节　通过历史文脉隐喻体现场所精神的表达方式

当历史的香炉燃起袅袅炊烟，当我们站在夕阳西下的古道边，当今人回眸间为某一个场景心中触动，我们心中最大的期待会是什么？土生土长的燕赵人，心中植根于燕赵独有的一份情怀，我们心之所向，关于这片深厚的大地上，关于山的低吟，关于水的浅唱，关于独特的建筑风貌，关于悠久的民风民俗，在建筑的发展成长中，文化价值的作用日益突显。我们共同关注的对于历史文脉的继承和发扬，关于当代建筑对历史建筑的传承和创新，这是一场关于对历史文脉的提炼，关于保持生机活力的坚守，关于塑造特色的追求。之于河北燕赵大地的可持续发展，意义非凡。

场所精神对于建筑氛围的营造发挥着至关重要的作用。"场所"的概念，最初由城市设计专家诺伯格-舒尔茨（C.Norberg-Schulz）提出。他认为建筑要回到"场所"，从"场所精神"中获得建筑的最为根本的经验，他认为场所不是抽象的地点，它是由具体事物组成的整体，事物的集合决定了"环境特征"。"场所"是质量上的整体环境，人们不应将整体场所简化为所谓的空间关系、功能、结构组织和系统等各种抽象的分析范畴。这些空间关系、功能分析和组织结构均非事物本质，用这些简化方法将失去场所和环境的可见的、实在的、具体的性质。不同的活动需要不同的环境和场所，以利于该种活动在其中发生。人们需要创造的不仅仅是一个房子，一个穿插的空间，而且更应是一个视觉化的"场所精神"。

一、通过隐喻民族文化体现建筑特色

燕赵大地自古是多征战地区，多民族交融地区，这样特殊的历史背景让燕赵大地在长期的发展中形成了自身独有的文化背景，其中包括"苦寒"、"慷慨"、"勇武任侠"，同时征战之地的特殊背景也深深融入了百折不挠、自强不息的忧患意识和牺牲精神，也有勇于奋进、自强不息的拼搏精神。多样的精神引领，为燕赵大地带来了别样的艺术气息，她是质朴的、苍劲的，也是雄浑的、清戾的。那么当这些精神内涵融于建筑设计领域，就带来了燕赵建筑在材料、工艺、塑造等方面的质朴大气的风格特点。

位于保定市清苑县的冉庄地道战纪念馆（图7-4-1、图7-4-2）为了纪念燕赵人民共同抗日和发扬传承民族文化而建设。地道战源于昔日军民协同抗日的历史背景，其本身就是一场人民战争，而地道修建的工事也是源自于当地的居民。纵观冉庄古老的民居情况，没有华丽的装饰和冗杂的陈设，但其独有的民居建筑性格体现了燕赵地域文化中最朴实无华的一面。冉庄地道战纪念馆的建筑设计体现地域精神的同时，也结合其地形条件，地形中的三米高差，恰好得天独厚地在入口处设置了地道的空间。以地道空间为入口的设计手法，同时实现了建筑空间与纪念空间的彼此融合。在立面的设计中，也充分结合

图7-4-1　冉庄地道战纪念馆入口（来源：河北建筑设计研究院有限责任公司 提供）

图7-4-2　冉庄地道战纪念馆内的地道空间（来源：河北建筑设计研究院有限责任公司 提供）

冉庄民居的特色，将民居作为"片段"镶嵌在有着地道断面示意的、颇具纪念特征的墙面上，地道战的主题与乡情的主题结合在一起。对"乡情"的表述，不仅仅是对民居建筑中符号和材质的运用，对于与事件本身有关的特殊符号信息的运用，更容易使建筑具备含蓄的地域性特征。通过建筑语言的运用，使得地道战纪念馆不仅纪念了历史事件，更深刻的表达了对于当地民风民情的深刻洞察。在纪念馆的整个设计中，还融入了大量的与地道战事件本身特殊的代表符号和象征符号，来一起表达出对于燕赵文化的隐喻和传承。

二、通过隐喻自然文化体现建筑特色

我们谈及燕赵建筑不得不从河北省特殊的自然地理环境入手，河北省在地缘上与北京有着千丝万缕的联系，是传统的"京畿之地"，所以在建筑类型的发展过程中自然会在潜移默化中受到影响，其中最为突出的便是河北建筑在形式上有着经典美的特点。在河北古代的发展历程中，河北地区深受北京皇家建筑的气度和风范影响，自然地缘的关系使得燕赵大地上的建筑也带有强烈的皇家色彩和光环。自古以来其建筑的营造颇有皇家建筑的经典美。而结合本省自然地域的特点，在建筑的设计和营造过程当中，都体现出了自身质朴，

简洁，单纯的特点，从建筑材料的选取上来说，也有着深厚的粗材细作的传统。河北地域建筑营建的过程，也有着丰富的对于人民情感的关注和认同。

三、与场所精神相关联的建筑特征

中国土地幅员辽阔，在追求华夏文明的同时，我们也在期待着各个地域有着各自不同的地域特色和场所精神。河北省现代建筑的创作，以突出本省建筑特色为主题，围绕着独有的历史文脉和场所精神进行创作。从建筑设计的角度来看，河北省建筑场所精神的表现方式可分为具象关联，抽象关联和意象关联等几种形式。

（一）与场所精神具象关联的建筑特征

具象即是指创作过程中活跃在建筑师、作家、艺术家等头脑中的基本形象。学者常治国先生楹联《载敬堂》："敦惠心官形具象，云为质素焕文光"，就强调了具象在创作中的重要性。在河北省建筑创作中，以具象为灵感契机进行创作的代表作品中，中国磁州窑博物馆便是其中比较典型的一个。

中国磁州窑博物馆（图7-4-3、图7-4-4、图7-4-5）的建筑创作过程中，从建筑精神出发，以具象的创作为入手

图7-4-3   中国磁州窑博物馆外景（来源：河北建筑设计研究院有限责任公司 提供）

图7-4-4 中国磁州窑博物馆细部设计（来源：河北建筑设计研究院有限责任公司 提供）

图7-4-5   中国磁州窑博物馆内景（来源：河北建筑设计研究院有限责任公司 提供）

点。回归真实具体的窑本身就是一个形似馒头的体量，基于此，便也有了"馒头窑"的称谓。而磁州窑在方案创作过程中便吸取了窑体似馒头的形态特点，结合磁州窑的生产工艺、器型特点、材质选用三个方面来激发灵感进行创作，使得博物馆有了更为典型真实的当地特点。磁州窑的建筑体量也是形似真实窑体本身。其建筑立面的创作也是源自于窑内工作生产过程当中所使用的匣钵，匣钵是盛装磁州窑烧制器物的陶制"外衣"，在建筑的立面上便是通过匣钵来对立面表面砌注"花格墙"，从建筑外观上体现了生产烧制器物过程的具象提炼。在建筑色彩的选取上以耐火材料的暖灰色调为主题，一气呵成的表现了磁州窑博物馆内外高度统一的烧制窑器的过程。建筑体量和表皮制作这两个要素也应用到建筑形态及色彩构成中，增加了建筑的专属文化特质，其中建筑表皮采用当地耐火材料仿制匣钵形态即是具象创作的另一个表现方式。

作为中国古代北方历史悠久的磁州窑，在融入了具象设计手法的同时，对于古代陶瓷发展的精神弘扬起到了很大的作用。磁州窑从建筑角度审视，有着丰富的多变体量，较大的建筑面宽，和多重院落的组合利用以及空间的灵动多样，都为这座古老民窑带来了新的生机和活力。在窑文化和窑内生产过程中的元素具象提炼和运用后，更让磁州窑立体生动，熠熠生辉。

（二）与场所精神抽象关联的建筑特征

著名挪威城市建筑学家诺伯舒兹（Christian Norberg-Schulz）曾在1979年，提出了"场所精神"的概念。"场所"

在某种意义上，是一个人记忆的一种物体化和空间化，或可解释为"对一个地方的认同感和归属感"。

河北建设服务中心（图7-4-6），体现了经典审美与现代审美的结合，既讲求色彩、比例、虚实、韵律等经典构图法则，又讲求简洁、明快、肌理、特质等现代审美意象。以整体和谐、重点突出的方式诠释了场所精神。通过对传统院落的空间的抽象提取，使得办公、会议等的空间都围绕着建筑庭院来展开布局，实现了较好的空间交错和优良的交流场所。对于传统院落的抽象提取，也可以表现出对于人性化的关注。围绕庭院设置的交流空间、展示空间、多功能空间等多种空间满足了现代办公对于功能多样化的需求。

北朝博物馆（图7-4-7~图7-4-9）也是与场所精神抽象关联的建筑代表之一，将要建造于具有丘陵地貌的河北省磁县境内。磁县的地形特点即是场地内有地势高差较大，从7米到9米不等，如何在这样的地势上建造一个富有特点的博物馆成为建筑师要考虑的问题，最终解决的方法便是建筑以三个体量体块彼此协调，且建筑的屋顶与环境相融合，实现了建筑在环境中的消隐，同时错落的体块关系也是对其场地地貌的巧妙抽象与提炼。在地势高差的运用中，建筑的主入口位于地势较低处，形成了天然的下沉广场，这样的建筑错落关系带来了丰富的场所感受和历史感受。

图7-4-6　河北建设服务中心沟通室内外环境的平台（来源：河北建筑设计研究院有限责任公司 提供）

图7-4-7　北朝博物馆效果图（一）（来源：河北建筑设计研究院有限责任公司 提供）

该建筑造型与其地形的彼此呼应，可谓是抽象关联的又一典范。设计者除了对基地的地形地貌进行研究之外，更多的时间花在了对北朝文化和展示内容的研究上。北朝博物馆基地呈西高东低的丘陵地势，这一区域将以北朝文化为主题的园区进行设计建造，北朝博物馆充分利用地形特征，位于园区西部地势最高处，随坡就势，建筑很好地融入环境之中，成为一座半覆土建筑。北朝博物馆建筑除满足了一般展示要求外，还很好满足了特殊文物（如墓葬复原）等特殊展示方式及空间需求。在流线设计中，还巧妙地利用墓葬复原中的墓道作为垂直交通的一部分，将一层和二层自然流畅地联系起来。

图7-4-8　北朝博物馆效果图（二）（来源：河北建筑设计研究院有限责任公司 提供）

图7-4-9　北朝博物馆鸟瞰图（来源：河北建筑设计研究院有限责任公司 提供）

作为专题博物馆，博物馆的建筑形象是人们关注的问题之一，如何体现其要表达的文化特质十分重要。北朝有着灿烂的艺术成就，如石窟艺术、书法艺术等，在建筑形象设计中，以现代设计手法建立的建筑表皮仿佛层叠的石窟，雕刻在一块巨石之上，巨石般的厚重体量是对一个历史朝代的纪念和尊重，同时，在设计中提取了北朝特有的"人字拱"符号建立一个较普遍的文化信息，一个古老沧桑的时代与现代人之间产生了对话。

（三）与场所精神意象关联的建筑特征

意象即是指客观物象经过创作主体独特的情感活动而创造出来的一种艺术形象，意象可以通过抽象来升华达到更有深度的意象，这是人类大脑做出的信息处理的智能活动。河北省的建筑营建从意象出发，也考虑了诸多的因素和角度，比如说建筑对于所在基地地段的理性分析，地区的传统文脉，与地段上旧有建筑的对话等等。

河北博物院新建区（图7-4-10～图7-4-13），总建筑面积33100平方米。在设计过程中，如何应用温和的方式将新旧场所有机地连接在一起成为大家共同关注的问题。1968年河北省博物馆由毛主席纪念堂改造而成，随着时代的发展，其功能无法满足当今使用的需求，所以对于场馆的扩建迫在

眉睫。由于基地地段的局促和紧张，两个体量自身很难从各自的角度带来新的变化，这就需要一个新的空间体量来作为两个大体量场馆对话媒介。如何使得连接体的意象表达既尊重原来老场馆，又能够表达对于新场馆的接纳成为重中之重。新建筑的占地和大致体量将与旧馆近似，而且由于地段原有轴线的控制和墓地大小的限制，新建筑摆放位置移动余地很小，在左右几乎没有移动余地，唯一可适当改变的只是新旧之间的空间大小。而这种改变还要与南边广场空间互相牵制，此消彼长。

图7-4-10 河北省博物馆新、旧馆鸟瞰图（来源：河北建筑设计研究院有限责任公司 提供）

图7-4-11 河北省博物馆新馆（来源：河北建筑设计研究院有限责任公司 提供）

图7-4-12 河北省博物馆新、旧馆外部连接（来源：河北建筑设计研究院有限责任公司 提供）

图7-4-13 河北省博物馆新、旧馆连接部分内景（来源：河北建筑设计研究院有限责任公司 提供）

在新旧场馆的彼此融合的方案选择中，最终权衡敲定了选取交通节点作为两个场馆的连接体。而连接体却不能仅仅是起到彼此贯通的交通空间，在对连接空间放大的同时，空间内也植入了丰富的功能，这些功能都是新旧场馆均可以使用的，比如说报告厅、休闲空间、售卖等等。新的连接体带来贯通的同时，也将其本身空间带来了新的人气和活力。从建筑体量上来看，新的连接体的加入，不仅使得新旧场馆很好的衔接，带来了新的公共功能空间，同时，在对场所意象的表达上来看，为了实现新旧场馆的和谐融合，连接体本身已经化身为一个空间序列当中的高潮部分。在连接体空间内高大的室内空间里，带来了开阔敞亮的场所感受，位于南北主轴线上的连接体与新场馆大厅相接，使得观者可以沿着厅内中央的台阶逐级而上。同时大体量的厅与室内两侧通高的高格栅相连接，形成了空间上的对比反差，带来了较为震撼的视觉冲击。另一个角度来看，连接体的加入也为新旧场馆的光影关系带来了新的变化。连接体的屋顶部分为全玻璃屋顶，屋顶外观有着丝网印刷玻璃对于光线的控制，使得连接体内光线整体明亮开朗，和新馆的光环境形成了较为强烈的对比。新旧场馆的融合，连接体带来的空间序列和光影变化都使得整个博物馆相得益彰，可谓巧妙，建筑场所和谐的意象就这样应运而生了。

第八章　河北省建筑风格的传承与创新

　　河北省传统建筑承载着燕赵大地所蕴藏的丰富历史文化内涵，其建筑风格体现出鲜明的地域特色。在传承河北传统建筑文化的探索与实践中，不乏一些将传统建筑地域特色与现代建筑精神相融合的经典案例，这些实践汲取传统建筑文化精华，又体现出时代精神。传统建筑继承文化的同时不能忽略创新，只有创新才能够保持传统建筑风格的生机与活力，使河北省建筑文脉不断延续。

第一节　河北省地域性建筑文化的内涵属性

一、燕赵建筑文化的地域特色

（一）具有皇家色彩的经典美

河北省建筑文化地域特色鲜明，有着大量建筑文化遗存，承德避暑山庄、赵州桥、正定隆兴寺摩尼殿、涉县娲皇宫、定州开元寺塔、赵王城遗址、曲阳北岳庙壁画、各地民居等都展现出河北灿烂的地域文化。由于中国封建社会后期的政治中心都在河北，又由于其地理位置临近北京，因此称为京畿之地，在这样一个大的区域和政治背景下，其建筑活动体现出中国建筑的"皇家血统"，在美学上即体现出中国建筑的经典美。[①]

（二）具有"开放、包容"的进取性

河北的地域性又根植于燕赵文化，燕赵文化就根源来说是"苦寒"、"慷慨"的燕文化与"开放包容"的赵文化经过激烈的碰撞、交融而形成的，表现出了很强烈的忧患意识、牺牲精神和自强不息的进取精神，表现在文化艺术和建筑风格上就是激越雄浑、清戾苍劲、质朴淳厚、不尚浮华的气质。以此为文化基础的河北传统建筑，表现出以质朴的材料、细腻的工艺、简洁大气的建筑风格等特点。[②]

（三）具有文化遗存丰富的深远性

河北历史悠久，文化底蕴深厚，不仅拥有大量的看得见、摸得着的、静态的、实体物质的文化遗产，比如文物器物、经典古籍、大文化遗址、重要的历史建筑等等，也拥有众多珍贵的看不见也摸不着非物质文化遗产，包括民俗、民间文学、民间艺术、民间技艺等等，这些物质和非物质文化遗产是燕赵儿女宝贵的精神财富和智慧结晶，是中华文明的瑰宝，也是我们当代设计的源泉。

二、燕赵建筑风格的美学意境

意境是指形象空间所具有的形象与情调、境界。[③]建筑作为一门艺术，其意境超越具体的、有限的景物，进入无限的时空领域，能引起建筑审美者特异的感觉。建筑的性质、功能是建筑意境塑造的内在制约力，周围环境是其外在因素，我们可以通过空间的表现形式，赋予其相关的人文内涵，从而塑造良好的建筑意境。河北的建筑风格美学意境主要体现在布局、色彩、比例、尺度和细部几个方面。

（一）礼制严谨的布局

河北省建筑空间布局受皇家建筑影响，以轴线对称见长。这主要体现在受中国"周礼"思想影响较大的建筑体系当中。古代都城规划中，都以主宫殿位于中轴线上，以宫室为主体，次要建筑位于两侧，左右对称布局，"前朝后市"、"左祖右社"等，古代寺庙中，强调轴线空间布局的实例也是很多。[④]一般均将主殿大雄宝殿放在轴线的重要位置上，配殿居前后左右，"左阁右藏"、"左钟右鼓"等。空间层层递进，庭院森森。典型的如河北正定隆兴寺的布局。河北多数地区处于中温带，气候比较寒冷，民居需要充足的日照，因此，正房都力求坐北朝南，宅院的内部构成也多为离散型，传统民居外实内虚，内部的院落属于室外空间，包含着人工对自然的模仿，体现了人与自然和谐共生的思想意境。院落则是在建筑群中与建筑形成图底关系的室外空间。

① 郭卫兵：探寻河北建筑的地域特色 [J]．建筑设计管理，2013，30（08）：1-4．
② 郭卫兵，李拱辰．"地方院"与"地域性"——责任、困境与实践 [J]．建筑技艺，2010（02）：114-117．
③ 尚勇．建筑之美——对建筑美的意境的追求 [J]．安徽建筑，2007（06）：154-155．
④ 董勤铭．中西古建筑的典型性特点研究 [J]．中外建筑，2010（10）：82-83．

（二）低调温暖的色彩

河北传统建筑装饰色彩多以棕色与青灰色为主，屋顶多用灰瓦，墙面多用青砖和黄土，有材料自身原有的色彩去构筑民居的主体色调。[①]立面上多采用较深的暖色调，作为其门窗等处也多采用棕色和朱红色作为主色。一方面，这种重色的应用打破了主体比较浅的色彩给人的单一与平淡的感觉，使立面富于变化，强调出建筑造型的节奏感和凹凸感，另一方面，河北省地处北方，气温相对较低，这种冷色调配上的暖色调的应用，可令人感到温暖，满足人们心理上的需要。

（三）庄重厚实的尺度及粗材精作的细部

河北悠久的历史文化也赋予河北人质朴大气的性格和细腻的情感，建筑风格较为粗犷、简洁，建筑尺度偏大，例如承德避暑山庄，仅湖泊面积包括州岛就占地43公顷，足显其"大"。由于降水较少，所以古建筑相对出檐较南方小，屋顶多建成平顶，这样既可节省建筑材料，还可兼作晾晒作物的场所。因寒冷的气候建筑拥有厚重的墙体和厚重的屋顶，使得建筑实体十分庄重厚实呈现规整的形体。

河北民居整体风貌的质朴敦厚，并不意味着细部处理的简略、粗率。在细部处理上，擅长"粗材细作"凸出重点装饰，取得"粗中有细"的审美韵味。木雕则尽量落在不传力的出头收尾和小木作的填充性部位，以保持结构逻辑的清晰，不因雕饰而损坏构件的完整。砖雕、石雕也是如此。恰如其分的雕饰为粗材构筑的民居镶嵌上极富装饰性的细部，取得了粗中寓细、土中寓秀的效果。

三、燕赵建筑风格的变化更新

河北环绕京、津，全球化语境下建筑文化的趋同性给河北地域建筑文化造成了极大的冲击，在这种状况下，河北省本土建筑师本着文化自觉的意识，文化自尊的态度，文化自强的精神，从精神层面上去提炼河北地域文化的内涵和气质，努力塑造河北大地慷慨激越、质朴淳美的现代地域性建筑，这和过去曾经发生过的用"民族形式"抵制现代建筑的状况有着根本的不同——即有机的变化更新。主要体现在以下两方面：

1. 在地域性塑造方面，更加深入的了解研究河北地域文化的"经典美"。[②]

经典应该成为河北建筑创作的精神，不是回到过去，是以经典的手法做时尚的建筑，因而出现了体现环境协调的地域建筑创作观，如承德行宫酒店、唐山市城市展览馆等；出现了体现技术革新与地方材料运用的地域建筑创作观，如磁州窑博物馆、潘家峪惨案纪念馆等；出现了体现传统建筑文化继承与创新的地域建筑创作观，如邯郸市文化艺术中心、邯郸市迎宾馆等。

2. 在全球化的语境下，更加深入探索河北地域文化的"时尚"表达方式。

在地域性建筑创作中，应该是多种设计手法并用，不管是对乡情的眷恋还是对山川的回应，其最终目的应是对建筑"现代性"的追求，脱离了"现代性"的"地域性"建筑是缺乏生命力的。因此，河北地域性建筑创作除了在传统建筑形式中、与事件有关的信息中汲取符号和空间概念外，更应该以时尚的手法做经典的建筑，如河北省建筑科技研发中心、秦皇岛档案馆等。

四、燕赵建筑风格当代传承中的表达方式

引用一个作家的话"没有方言的人是可悲的"。因此，设

① 曲薇，曹慧玲，陈伯超. 浅谈河北民居的院落［J］. 建筑设计管理，2005（04）：39-42.
② 郭卫兵：探寻河北建筑的地域特色［J］. 建筑设计管理，2013，30（08）：1-4.

计师们在科技进步而情感世界失落的态势下，逐渐萌生了重温历史、回归自然、追求传统风味的怀旧之情，这种感情在建筑上的体现之一，就是重新重视那些具有自然情调、地方风格的传统建筑，以建筑现代化作为其根本的立足点，有机地、自然地将其融入现代建筑的创作中去，营造出青出于蓝而胜于蓝的作品来。[①]从现代建筑的角度，力图将其所表现的某种文化内涵有机地揉合到形态的抽象表现之中，植根于当地地理、文化环境中的本土建筑才是社会的真实表达。

河北地域性建筑创作除了在传统建筑形式中、与事件有关的信息中汲取符号和空间概念外，更多地应从精神层面上提炼地域文化的内涵和气质，努力塑造河北大地慷慨激越、质朴淳美的现代地域性建筑。具体传承手法及相关案例如下表：

传承手法	相关案例
通过元素符号传承河北传统建筑风格	磁州窑博物馆、邯郸市赵都华府小区、邯郸市北湖七号岛、邯郸市赵苑公园、河北工程大学南门、邯郸市成语典故园、河北省建筑技术研发中心
通过空间格局传承河北传统建筑风格	邯郸市迎宾馆、承德行宫酒店
通过气候应对传承河北传统建筑风格	秦皇岛档案馆
通过历史文脉传承河北传统建筑风格	赵王城遗址博物馆、邯郸市高铁东站、临漳邺城遗址博物馆、邯郸市文化艺术中心
通过场所精神传承河北传统建筑风格	邯郸市串城街更新设计、晋冀鲁豫边区革命纪念馆（冶陶镇）、河北省泥河湾博物馆（阳原县）、唐山市博物馆、唐山市城市展览冉庄地道战纪念馆（清苑县）
通过地方材料和色彩传承河北传统建筑风格	承德文化会馆、唐山有机农场、潘家峪惨案纪念馆

第二节　河北省建筑文化特色在实践中的表达

一、传承发展的文化特色

河北省作为华夏文明的重要发祥地，经过数千年的积淀，形成了丰富、独特的文化，对建筑产生了深远影响，各地区的文化特点不同，有着不同的传承方法，例如：承德市建筑传承了藏传佛教的特色、秦皇岛建筑体现了军事防御类建筑的特点，张家口坝上建筑展现了游牧与汉族文化的结合等。

（一）地域性

河北省的建筑结合当地地域文化特色，融合当代建筑创作手法，充分体现河北省所特有的建筑的地域性。承德区域山地多、平地少，武烈河川流在一片起伏的山丘中，城市在山水的挤压下呈线性发展。

承德行宫酒店设计在功能布局上，以水平低矮的方式嵌入场地，迎合山地走势，尊重自然地势，采用院落式布局。在建筑色彩上，酒店选用米黄色大理石为主，映衬背后山体，与环境相得益彰（图8-2-1）。

图8-2-1　承德行宫酒店实景图（来源：连海涛 摄）

① 周珍珍. 浅析乡土建筑与当代乡土性建筑设计［D］. 苏州大学，2009.

（二）适用性

唐山城市展览馆及公园很好地体现了建筑的实用性，展览馆的前身是唐山面粉厂改造成一个留有城市记忆的博物馆公园。

改造设计通过非常少的加建，延续原有空间秩序，使山有节奏地从建筑间的空隙中溢到城市，形成了大城山-山脚后花园-厂房间小院-大公园-城市主干道一系列有层次和有序的城市开放空间体系。

通过新旧的材料对比，对老仓库的屋顶和门廊夸张重构，用水池和连廊来统一离散的处理手法，使新旧材料得到了很好的衔接与升华，彰显原有建筑群的内在美。

（三）生态性

河北省建筑利用当地的自然生态环境，运用生态学、建筑技术科学等手段，形成人、建筑与自然生态环境之间形成一个良性循环系统，充分体现了建筑的生态性。

唐山有机农场建筑空间的生态性体现在从中国"天人合一"整体建筑设计理念出发，结合小尺度的游廊、中等尺度的房间、大尺度的厂房处理手法满足弹性加工作坊的复合使用要求（图8-2-2）。

建筑材料的有机性体现在农场建筑材料（图8-2-2）从

图8-2-2　唐山有机农场鸟瞰图（来源：韩文强《唐山乡村有机农场》）

建筑的墙体由半透明pc板外墙覆盖到顶部铺设木板屋顶和油毡瓦，建筑整体均采用了节能环保型有机材料。由于木材的轻质、快速加工安装的特点以及自然的材料属性，设计选择了胶合木作为主体结构。①

（四）经济性

河北省区域建筑尽可能地运用了当地材料和现有资源进行创作，以减少建筑设计的投资成本，达到满足人们生活水平的建筑要求。

唐山城市展览馆及公园是改造项目，所以项目建造的出发点就是工业建筑的二次利用的经济性问题，保留原有建筑的架构空间，进行空间的延续和创造。通过新旧的材料对比，对老仓库的屋顶和门廊夸张重构，用水池和连廊来统一离散的个体建筑等处理手法。旧厂房的改造是一种有形价值与无形价值之间的抽象转换，且本身也能创造可见的经济效益。废旧工业厂房改造在成本上，节约三分之一到四分之一的建造成本和节约大量的公共营造成本。

（五）整体性、协调性

建筑创作过程中，从整体环境出发，结合当地地形、地貌、文化等因素，注重建筑体量、色彩、风格与地区文化的协调。

承德文化会馆建筑设计有如下几个优点：

1. 体量适当

承德文化会馆的特殊位置，限定了建筑的高度与体量不能过于夸张，同时还应保证建筑成为德汇门景观轴线的底景出现。

2. 色彩协调

建筑主体应延续避暑山庄内灰色砖墙与木质构件的基本色调。

---

① 韩文强，李晓明，王汉，姜兆，黄涛，金伟琦. 有机农场［J］. 世界建筑导报，2011.

3. 风格谦虚

建筑风格应谦虚应对避暑山庄的皇家风范，并积极迎合现代大众的时尚品味。

二、传承发展的设计方法

传统建筑文化在现代建筑传承中，从宏观到微观，街巷空间、院落空间、建筑形体、建筑装饰、建筑色彩，通过不同的设计手法来表达。

（一）街巷空间

河北省有很多古老的历史城市、历史街区。邯郸文化历史悠久，串成街是邯郸历史名街，在保持原状的基础上，进行了继承和发展。

1. 空间结构

邯郸串城街的结构可分为"三轴"、"四片区"、"四节点"。主轴上基本上维持了原状，也就是沿着城内中街由南到北铺展开来，中部的轴线连通了街道到丛台公园的空间。四个分区则是根据不同的使用需求和环境特性分布开来。

2. 空间序列

邯郸市串城街外部空间中空间序列通过起、承、转、接、收五个部分，充分体现了邯郸战国时代文化，并发扬了邯郸传统建筑文化的精髓。

（1）起（序曲）：城南街入口绿化广场将陵西大街方向的人流引入步行街，具有战汉风格的牌坊和建筑，让人们如同穿越时光进入战国时代的空间，在空间形态上暗示了串城街的开始。

（2）承（引子）：城墙遗址的修复成为展现整条串城街

悠久历史文化的开篇，城墙与广场上人的各种活动互为景观：人们既可以在广场上欣赏城墙，又可以登上城墙进一步触摸历史遗址，并俯瞰广场上人们的各种活动。

（3）转（展开）：在人民路和陵西大街的交叉口规划出一个空间开敞的广场，并在广场中布置一座司马相如题诗枕雕塑作为该空间的内聚核心与高潮部分。广场的规划与周边拥挤的城市街道提供了一处休闲放松的街角空间。

（4）接（高潮）：通过威仪的赵阙、挺拔的武陵阁、壮观的战赵骑兵雕塑群、宽敞的绿化广场以及通透的连廊等形成一组空间序列分明、气势恢宏、层次丰富的开敞空间，并与赵都点将台——丛台相辅相成，共同打造赵都文化，使丛台公园西入口广场成为串城街整条街道空间序列的高潮，有力地突显了赵国文化的大气浑厚。

（5）收（尾声）：通过沁河边上沿河绿带的小尺度空间、学步桥、玉皇阁广场作为串城街空间次序的一个尾声，让人们在此休闲放松，对赵国文化回味无穷。

3. 空间尺度与肌理

串城街建筑肌理（图8-2-3）主要以小体量，运用邯郸两甩袖的合院式围合，沿陵西大街建筑肌理主要以大体量建筑为主，局部点缀着开放空间。在该肌理形式中，保留了邯郸市当地独有的空间形式。[①]

串成街是邯郸三千年的燕赵历史文化的集中体现，而石家庄民生路文化长廊则是"清末民初"原始建筑风貌的体现。

石家庄民生路文化长廊采用"点面结合，尊重原貌、修旧如旧"的原则。大量用原历史建筑旧青砖，两座最古老的建筑的主体保留、予以复建，两者之间用玻璃通道连接，使它们"合体"。并且修复了"红装"在历史建筑群。民生路文化长廊将文化历史古迹与街道人文景观融为一体，保持百年石家庄老城区原貌或元素的一个街区。

图8-2-3　串成街空间肌理推导（图片来源：连海涛 绘）

（二）院落空间

河北省的院落空间兼容八方，它结合了北京、山西的院落空间，而邯郸作为四省交界的地方，更是体现了融合，而特有的院落空间。

邯郸市迎宾馆（图8-2-4）继承河北省传统民居中深厚的人文内涵，沿袭发展其丰富的空间形态，保护地方传统特色，化整为零，将各个建筑单体散布于整体绿化环境之中，围合出大小不等的院落。运用借景、对景等手法，将景观资源与建筑空间相融合，成为庄重、典雅气质的迎宾馆环境氛围。

中心庭院融于建筑群落之中，成为丛台公园景观的延续，通过建筑角部的放开，自然渗透到丛台广场，一脉相传。[1]

承德行宫酒店（图8-2-5）结合地势，更加体现了院落空间思想。从中国院落天人合一的院落空间理念出发，院落空间分为两部分，前区独立静态而封闭，后区院落层层叠叠，相互渗透，小围合程度的院落在一片自然环境中各得其所。

院落镶嵌在房子中，为室内空间带来光线和景致；房子散布在院落中，院落成为主体，相互串联递进；中心庭院以水为题，其他院落以绿化植物为主，结合北侧的山势和双塔山定义区域，更好传承了河北省的院落空间思想。[2]

石家庄市美术馆（图8-2-6）结合古代园林设计手法，形成"场中有馆，馆中有园"的院落空间。

在整体布局上借鉴传统园林巧于因借、旷奥相济、小中见大、欲扬先抑、明暗相衬、塑造意境等手法，以序列型的陈列馆及三个带中庭的方型实体围绕一个中心庭院来营造空间氛围，同时用曲折有致的通道回廊将各建筑相连。它的院落空间继承和发扬了河北省传统院落空间。[3]

唐山有机农场（图8-2-7）运用河北省传统四合院式的院落空间，分别由四个相对独立的房屋围合而成，拓扑组合成为多层次的庭院空间，满足厂房的自然通风、采光及景观需求，保持良好的室内外空间品质，使得建筑空间与环境有机的融合，成为有机的统一。

① 金卫钧，魏长才. 邯郸市丛台迎宾馆建筑设计［J］. 建筑技艺，2010.
② 柴培根，王效鹏，周凯. 院落中的酒店——承德行宫酒店设计［J］. 建筑学报，2013.
③ 孔令涛;冯涛，石家庄市美术馆［J］. 城市环境设计，2012

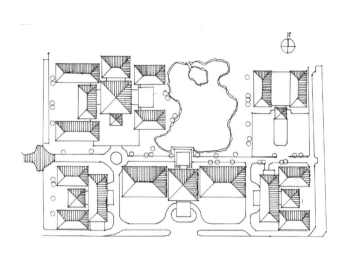

图8-2-4　邯郸市迎宾馆平面图（图片来源：连海涛 绘）

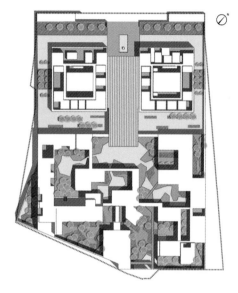

图8-2-5　承德行宫酒店平面图（图片来源：连海涛 绘）

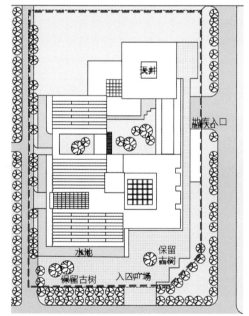

图8-2-6　石家庄市美术馆平面图（图片来源：连海涛 绘）

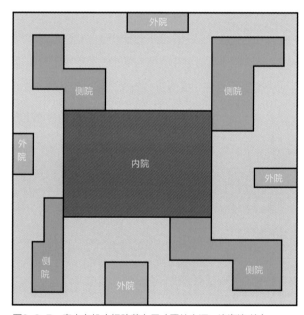

图8-2-7　唐山有机农场院落布局（图片来源：连海涛 绘）

（三）建筑形体

河北省建筑形体融合了功能、文化、环境等因素。建筑形体设计不能脱离环境而独立存在，建筑形体要服从整体环境，并展示原有环境的特征。

河北省在建筑形体的传承的基本方法大致可以分为以下几类：

（1）元素原形：

中国磁州窑博物馆为充分展示和弘扬磁州窑文化，它以其典型的馒头窑作为设计文化符号，构成了一个传统形态与现代理念相结合的建筑艺术品。

（2）隐喻手法

不论古人还是现代人，建筑体形体现出人们对美好生活的向往，也展现人们的精神、情感的强烈愿望。

位于保定市清苑县冉庄纪念馆（图8-2-8）是具有抗战色彩的地域文化，立面设计将抗日时期地道的断面作为"片段"镶嵌外墙面上，材料与当地民居一致，隐喻地道战的主题与乡情的主题结合在一起。

泥河湾博物馆（图8-2-9）以高耸的"人"字形结构建筑物，隐喻着东方人类从泥河湾走来。博物馆整体形状为半圆形，象征着古猿人的头盖骨化石，这一切都展示了泥河湾的文化特色。不同质感外装石材的运用也隐喻着古老年代的地层断面特征，很好地诠释了建筑与地域之间的关系。[1]

（3）传统风格

河北省现代建筑创作因地域的不同，有高台建筑形式、藏传佛教建筑形式等诸多建筑形式，来体现战汉风格、皇家寺庙等建筑文化的传承与发展。

邯郸高速路口（图8-2-10），以汉阙为设计主题，四根汉白玉立柱上，清晰地浮雕出"将相和"、"胡服骑射"等4个著名的历史典故，将邯郸悠久的古赵历史文化融入其中，被当地群众形象地喻之为"赵国门"。

（4）地方文化

河北省燕赵区域的文化特征就是慷慨悲歌。河北省对于传统建筑的传承把燕赵文化融入到现代建筑中去。

邯郸市大剧院（图8-2-11）又叫"城台上的美玉"，其融合了书简、美玉和高台的外形，传达了地域性的殷商青铜文化、邯郸磁州窑文化、和氏璧文化。

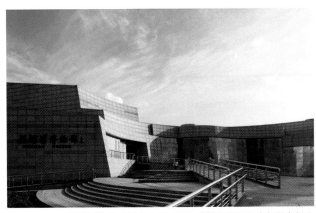

图8-2-9　泥河湾博物馆（图片来源：河北建筑设计研究院有限责任公司 提供）

图8-2-8　清苑县冉庄纪念馆（图片来源：连海涛 摄）

图8-2-10　邯郸高速路口（图片来源：连海涛 摄）

---

[1] 郭卫兵，李拱辰．"地方院"与"地域性"——责任、困境与实践［J］．建筑技艺，2010.

图8-2-11 邯郸市大剧院（图片来源：连海涛 摄）

（四）建筑装饰

河北省建筑装饰善于寻找传统与现代的"结合点"，重视吸收地域建筑文化的优秀传统，不断地探索传统审美意识与现代审美意识的结合方式，符合现代精神的传统风格。

传统建筑装饰在现代建筑装饰设计中的应用如下：

（1）汉字在现代建筑装饰设计中的运用

河北工程大学南门（图8-2-12），是邯郸市高速路的南出口，既是学校的大门，又是从东南部进入邯郸后可以看到的第一个标志物。建筑采用战国时期流行的甘丹钱币造型和甘丹文字造型，反映在大门的设计上。

（2）传统雕塑纹样在现代建筑装饰设计中的运用

河北省传统建筑中多用石雕、砖雕、木雕等形式，组成具有吉祥含义的图案纹饰。传统雕塑纹样和现代装饰设计紧密结合在一起，使它更具有生命力和现实意义。

邺城博物馆，博物馆大门外的半人面瓦当照壁墙，造型系仿照邺城遗址出土的前燕时期半人面瓦饰件，充分体现出邺城悠久的历史和深厚的文化底蕴。广场两侧建有六面黄沙

岩浮雕墙，分别雕刻着曹魏都邺、石虎阅兵、冉闵都邺、慕容三杰、东魏高欢、北齐高洋等与邺城有关的重要历史人物和历史事件。[1]

（3）传统建筑结构在现代建筑装饰设计中的应用

河北省传统建筑结构，首先追求是对称、均齐，单体建筑的平面、立面，其次追求的是比例，整体的比例与形制、局部结构之美、斗拱结构、屋顶结构等。

河北省科技研发中心（图8-2-13），通过在入口雨棚、大堂、会议厅等处的承重木结构设计，用现代的手法和技术，运用木柱、木屋架，诠释了传统建筑中墙、柱承重体系，展现出木结构的现代美。

（五）建筑色彩

传统色彩在现代城市色彩设计中传承与发展的原则如下。

（1）整体性原则

在现代建筑设计中，建筑色彩的设计也要从城市色彩的角度出发，把握城市整体色彩系统表现出来的性质与作用，才能获得系统而有序、与传统建筑协调、同时丰富多变的空间。

承德文化会馆建筑主体延续避暑山庄内灰色砖墙与木质构件的基本色调，建筑主体通过使用原木色柱廊和青砖，从风格、尺度、材质和韵味上与山庄的清代建筑相融合。

邯郸市迎宾馆，建筑整体色彩与邻近的丛台公园一致，青砖灰瓦的色彩与周围环境协调。

（2）历史的连续性原则

城市发展是一个连贯的过程，最终形成独有的特色风貌，建筑色彩作为联系历史与现代的载体，被人们所认同，能够唤起人们对过去的回忆，产生文化认同感。承德剧场（图8-2-14）檐口、柱子、墙体等色彩沿用承德外八庙（图8-2-15）的色彩样式，体现了清式皇家建筑的传统文化。

① 韩爱. 走进邯郸——我可爱的家乡［DB］. 新浪博客，2014.

图8-2-12　河北工程大学南门（图片来源：连海涛 摄）

图8-2-13　河北省建筑科技研发中心（图片来源：连海涛 摄）

图8-2-14　承德剧场（图片来源：郝帅 摄）

图8-2-15　承德外八庙（图片来源：郝帅 摄）

第三节　河北省传统建筑文化特色与设计手法

一、传承发展的文化特色

河北省作为华夏文明的重要发祥地，经过数千年的积淀，形成了丰富、独特的文化，对建筑产生了深远影响，依据各地区不同的文化特点，呈现不同的传承方法。

（一）地域性

全球化语境下，在建筑领域，全球化给我国带来了新的建筑技术和建筑材料，带来了先锋的设计理念和新鲜时尚的样式，但同时也对我国的传统建筑文化产生了巨大冲击。现代建筑对我国传统建筑文化的冲击更是难以抵挡。城市和建筑个性的地域文化特征有逐渐衰落和消失的危险。与国际性寻求综合，探寻开放的地域建筑创作之路，是摆在建筑设计师面前的一个古老的新课题。

河北地处中原之北，自古便是以汉民族为主的中原农耕

文化与以北方少数民族为主的塞外游牧文化的过渡带。这一地区在辽代是中原汉族文化与塞外契丹文化以及西夏、西域文化的融汇之地。特殊的自然人文条件与地理位置，决定了这一地区的佛教建筑必然是杂揉南北，兼容并蓄，具有鲜明的地域特色。其中河北辽塔是辽国佛塔在中原地区的延续和发展，在文化特色上有代表性和特异性，值得学习和传承、借鉴[1]。

由于河北辽塔邻近北宋疆域，因而河北辽塔不仅具有辽中京大塔的气魄雄浑、装饰富丽典雅的特点，而且还受到宋朝建筑的影响，塔体虽不宏大却在追求一种清雅之美，塔身往上每层高度递减，塔身挺拔耸立，比例匀称。河北辽塔在很多方面体现出独特的地域性特征，不仅种类齐全，而且造型秀丽、绚烂而富于变化。我们在寻觅河北建筑文化的"根"时，会发现河北辽塔无论是在空间环境创造上，还是形式塑造上，均有许多值得现代建筑设计去探讨和传承之处。

三段式的处理手法是中国建筑最原始、最完整的美的准则，各种建筑都可分为底部、中部和顶部这三个组成部分。河北辽塔底部是佛塔处理的重点，有时会做一个非常醒目的门作为内外空间的过渡空间。佛塔的中部，大都层层叠起，

① 杨瑞，刘蕴忠. 从燕赵辽塔中寻觅河北的建筑文化［J］. 工程建设与设计，2006（09）:17-19.

并有收分，形成很强的韵律感，这种处理手法既弥补了由于中部垂直瘦长而产生的单调感的缺陷，又使得整座塔的垂直轮廓形成一条优美的弧线。顶部为塔刹，被装饰成葫芦、莲花、蘑菇、仰月或宝珠状，造型华丽精美。

河北辽塔的建设从来不把自己定位在某一点上，而是在不断更新、不断充实的基础上发展而来，既合乎技术的理性逻辑又满足人们的审美需求。正因为如此，遗留在燕赵大地上的辽塔，不仅外形上无一雷同，而且内涵丰富，各不相同，它们是融装饰性、观赏性和实用性于一体的艺术品。

河北辽塔是雕刻艺术的载体，众多精美的佛像个个形态逼真、栩栩如生，都具有很高的欣赏价值。

燕赵辽塔的建设注重从大环境入手，往往成为空间序列的高峰和引人注目的重要因素。突兀高耸的竖向建筑打破了平缓的格局，造成有主有从的序列节奏，形成了变化多端的空间艺术。涿州双塔是涿州标志性的历史建筑，它以高大的体形成为古代涿州城的主体建筑，起到城市标志和整束周围空间的作用。

现代建筑的设计思想也应强调从城市设计出发，把每一幢建筑都看成是城市的一个组成部分。每一幢大楼常常和周围的自然环境有关系，所以应对周围的其他建筑和自然环境做出反应，创造适当的空间体系，使彼此之间有某种连贯的一致性。

建筑是构成物质环境质量的主体，建筑环境的好坏对它所处区域的环境质量有着重要的影响。佛塔从一开始建造，便注意为人们创造一个优美的外部空间环境，不仅强调外部空间的对比与变化，同时也强调外部空间的渗透与层次，而且在外部空间秩序的组织上，也很完美。河北辽塔大多数都与寺院结合起来建造，或者前塔后寺，或者前寺后塔总能浑然一体。佛塔四周常常布置开阔的场地，让人们膜拜、休憩，并满足多角度的观赏需要。塔的基座层层叠起，丰富了室外空间。有时候，在佛塔四周建门洞、牌坊或古亭形成框景，

使得空间得以渗透，虚实相生，并形成由开端、过渡、高潮等空间形态组成的空间序列，从而使佛塔的艺术形象和空间环境更臻于完美，更具人情化。

现代建筑作为建筑艺术、文化的成果如果继承和发扬传统建筑文化，必然会产生各种不同形式，不同风格的建筑来。就形式而言，现代高层建筑也往往采用三段式的处理方法，由于底部接近人，所以应有宜人的尺度和空间供人享用。由于中段距离人的感官较远，所以应以效果为主，无论是窗的排列还是块的组合都应有规律。顶部距离人的视点更远但又是人们的视域中心，所以应轮廓清晰、性格鲜明，增加识别性。高层建筑应与周围空间构成既对比区别，又和谐统一的有机整体。现代建筑的设计讲究技术与艺术的高度统一，讲究建筑的时代性与文化性并存。

（二）整体性和生态性

经过了几千年的发展，燕赵城市积累了丰富的城市选址和布局经验。虽然现代的建筑相对于过去的建筑发生过较大的变化，但是燕赵古城在选址、规划、布局、城市规模控制、城市防灾等方面的理念——"天人合一"的思想在现在仍然具有很大的参考意义。这些思想和理念在今天的城市设计中的表现手法很多[1]。

1. 方格网和中轴线的运用

方格网和中轴线布局的好处是道路明晰，条理分明。在当今的城市设计和旧城保护中方格网和中轴线、内城外郭的符码仍在运用。

如赵都古城邯郸市，在历次的城市总体规划中，一直延续了方格网的城市骨架，在城市生态景观、综合交通、环境保护、历史文化名城保护等方面的详细规划中，形成"赵都+绿网+水网"的城市景观风貌[2]。

我们将邯郸市总体规划图与轴网符码进行对比就能发

---

① 王如欣. 燕赵传统文化符码的现代建筑表达 [D]. 哈尔滨工业大学，2010.
② 曾刚. 邯郸城市景观特色研究 [D]. 河北工程大学，2009.

现他们基本上是相符的。邯郸市在城市生态景观特色规划上，以"文化"为基础，突出"水"，表现"绿"，保护了赵王城的道路格局，形成了独特的"赵都+绿网+水网"的城市景观风貌。挖掘城市独特的历史文化资源，把古赵文化有机地和城市绿化结合起来，以文化彰显绿化。精心构建"穿城河、棋盘路、小游园、行道树，中水回用育花木、林带环城作防护"的城市特色，凸现古赵文化和现代城市风貌的城市独特景观。

2. 规划理念中的"天人合一"

在建筑规划领域，往往崇尚"规模—性质"、"功能—布局"的规划模式，儒家传统文化中"天人合一"的自然观往往不受重视，因而城市与自然的融合问题在建筑规划中往往很少考虑。"反规划"理念提出，在建筑和城市规划过程中应该充分考虑土地的承受能力，即以大地生命健康、安全的格局为底，再以城市开发和建设为图进行反向规划的办法。

"反规划"理论在构建生态城市的过程中，传承了古人自然生态观的思想，依循自然、因地制宜地对城市和建筑进行布局。反规划的生态基础设施分析手段，对于城市的选址、规划、布局提供了科学的考量，对城市空间格局规划有着指导意义。例如在秦皇岛的汤河公园进行的反规划设计中，使用了最少的人工和投入构建了城市的绿色长廊。汤河公园完成于2006年7月，整个工程从设计到施工用了一年的时间，将位于城乡接合部的一条脏乱差的河流廊道，改造成一处美丽的城市休憩地，即整治了污染又美化了环境。在汤河公园的设计中，最大限度地保留了河流原来的形貌，以原有的河流廊道为基地，引入玻璃钢材质的红色飘带，将公园中的各种功能设施整合起来，很好地运用反规划的理念。反规划的规划理念与古人的"天人合一"的出发点是一致的，即都是为了达到人工环境和自然环境相融合，尽量少的破坏自然环境的目的。

3. 规划技术手段中的"天人合一"

生态足迹的规划技术手段常常被用于城市和腹地的城乡协调关中，用来提供相关的规划依据。在分析人类活动对自然的影响过程中，生态足迹分析方法是一种十分有效的定量工具。我们可以把生态足迹形象地理解为人类和其创造的城市和工厂在地球上踩下的脚印。生态足迹体现了两层含义，一是我们可以用土地的面积来丈量人类及其活动对自然的影响；另一方面体现了人类的可持续发展的观点。如果人类的活动超越了地球生态的承受能力，也就是地球的土地无法容纳这只巨脚，生态将会失衡，巨脚上的人类文明就面临着毁灭的厄运。生态足迹的办法会根据人类活动的程度和生态承受能力的大小来判断城市是生态赤字还是生态盈余，通过研究城市及其腹地的合理关系，用于指导城市扩张时用地的取舍和比例。一方面研究结果可以用于指导整个城市的城市规模控制和城市系统的部署，另一方面，可以用于指导城市的土地规划布局，以及建筑与绿地的部署。同样地，生态足迹的规划手段也是为了达到尽量少的破坏自然环境，使人类社会环境的发展顺应自然的发展规律，这是一种现代"天人合一"技术手段的具体表达。

（三）适用性

唐山城市展览馆及公园的建设很好地体现了建筑的适用性。展览馆的前身是唐山面粉厂，改造成一个留有城市记忆的博物馆公园（图8-3-1）[①]。建筑空间的适应性体现在改造设计通过非常少的加建，延续原有空间秩序，使山有节奏地从建筑间的空隙中溢到城市，形成了大城山-山脚后花园-厂房间小院-大公园-城市主干道一系列有层次和有序的城市开放空间体系。建筑材料的适度性，通过新旧的材料对比，对老仓库的屋顶和门廊夸张重构，用水池和连廊来统一离散的处理手法，使新旧材料得到了很好的衔接与升华[②]，彰显毫无美学价值的原有建筑群的内在美。

---

① 石露. 旧工业建筑改扩建中新旧组合研究［D］. 湖南大学，2017.
② 王辉. 佳作奖：唐山市城市展览馆及公园，唐山，中国［J］. 世界建筑，2009（02）：66-73.

图8-3-1　唐山市城市展览馆和公园（来源：杨彩虹 摄）

二、传承发展的设计方法

传统建筑文化在现代建筑传承中的表现是从宏观到微观，从街巷空间、院落空间、建筑形体、建筑饰面、色彩材质等不同方面，通过不同的设计手法来表达的。

（一）街巷空间

河北省有很多古老的历史城市，历史街区。邯郸市文化历史悠久，串城街是邯郸历史名街，现阶段的规划是在保持原状的基础上，又对其进行了继承和发展。

1. 结构布局

串城街的结构可分为"三轴"、"四片区"、"四节点"。主轴上基本上维持了原状，也就是沿着城内中街由南到北铺展开来，中部的轴线连通了街道到丛台公园的空间。四个分区则是根据不同的使用需求和环境特性分布开来。而串城街外部空间中空间序列通过起、承、转、接、收五个部分[①]，充

分体现了邯郸战国时代文化，并发扬了邯郸传统建筑文化的精髓。

藁城新一中规划以"书院凝香，山水相映"为文化脉络，采用书院式布局，建筑群落层层叠进，错落有致，通过轴线序列及庭院组合，形成和谐统一的整体，规划布局采取"一轴、两心、三进、四区"的空间格局，通过起承转合的空间序列、张弛有致的院落组合、高低相间的建筑群体，营造出宜教宜学的授业场所（图8-3-2）。

2. 古今传承

串城街建筑肌理主要以小体量，运用邯郸两甩袖的合院式围合，沿陵西大街建筑主要以大体量建筑为主，局部点缀着开放空间。在该肌理形式中，保留了邯郸市当地独有的空间形式。

串成街是邯郸三千年的燕赵历史文化的集中体现，而石家庄民生路文化长廊则是"清末民初"原始建筑风貌的体现。石家庄民生路文化长廊采用"点面结合、尊重原貌、修旧如旧"的原则，大量用原历史建筑旧青砖，两座最古老的建筑的主体保留、予以复建，两者之间用玻璃通道连接，使它们"合体"，并且修复了"红装"在历史建筑群。民生路文化长廊将文化历史古迹与街道人文景观融为一体，保持百年石家庄老城区原貌或元素的一个街区（图8-3-3）。

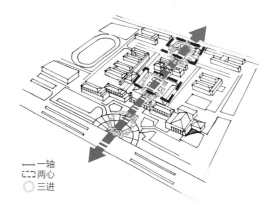

　　一轴
　　两心
　　三进

图8-3-2　藁城新一中（来源：杨彩虹 绘）

① 兰泽青. 基于城市更新规划的历史街区外部空间研究［D］. 长安大学，2015.

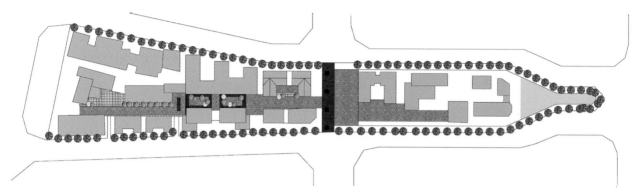

图8-3-3 石家庄民生路文化长廊西区平面图（来源：杨彩虹 绘）

（二）院落空间

河北省的院落空间兼容四方，它结合了北京、山西的院落特点。而邯郸作为四省交界的地方，更是体现了融合贯通，形成当地特有的院落空间。

邯郸市迎宾馆继承河北省传统民居中深厚的人文内涵，沿袭发展其丰富的空间形态，保护地方传统特色，化整为零，将各个建筑单体散布于整体绿化环境之中，围合出大小不等的院落。运用借景、对景等手法，将景观资源与建筑空间相融合，成为庄重、典雅气质的迎宾馆环境氛围。中心庭院融于建筑群落之中，成为丛台公园景观的延续，通过建筑角部的放开，自然渗透到丛台广场，一脉相传（图8-3-4）[①]。

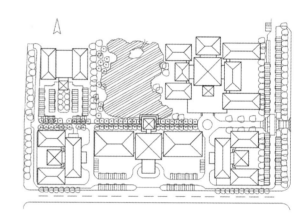

图8-3-4 邯郸市迎宾馆（来源：杨彩虹 绘）

承德行宫酒店结合地势，从中国"天人合一"的院落空间理念出发，用院落来组织建筑单体和空间，更加体现了院落空间思想。院落空间依据动静活动来分区，前区独立、静态而封闭，后区院落多重相套、相互渗透[②]，大小尺度各不相同，在一片自然环境中各得其所（图8-3-5）。

院落镶嵌在建筑中，为室内空间带来光线和景致；房子散布在院落中，院落成为主体，相互串联递进；中心庭院以水为题，其他院落以绿化植物为主，结合北侧的山势和双塔山定义区域，更好传承了河北省的院落空间思想。

石家庄市美术馆结合古代园林设计手法，形成"场中有

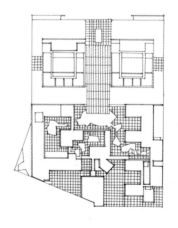

图8-3-5 承德行宫酒店平面（来源：杨彩虹 绘）

---

① 金卫钧，魏长才. 邯郸市丛台迎宾馆建筑设计［J］. 建筑技艺，2013（03）：158-163.
② 柴培根，王效鹏，周凯. 院落中的酒店——承德行宫酒店设计［J］. 建筑学报，2013（05）：71-72.

馆，馆中有园"的院落空间。在整体布局上借鉴传统园林巧于因借、旷奥相济、小中见大、欲扬先抑、明暗相衬、塑造意境等手法，以序列型的陈列馆及三个带中庭的方型实体围绕一个中心庭院来营造空间氛围，同时用曲折有致的通道回廊将各建筑相连。它的院落空间继承和发扬了河北省传统院落空间[1]。

唐山有机农场运用河北省传统四合院式的院落空间，分别由四个相对独立的房屋围合而成，拓扑组合成为多层次的庭院空间，满足厂房的自然通风、采光及景观需求，保持良好的室内外空间品质。使得建筑空间与环境有机地融合，成为有机的统一（图8-3-6）[2]。

唐山中心广场是在原抗震纪念碑广场及大钊公园基础上进行的环境改造工程。原纪念碑广场由南北、东西两条轴线建立起的纪念性空间氛围已根植于当地人心中，因此在改造中应保留这一场所特征，确立了在遵循广场南北轴线空间的基础上，以逐渐转换空间模式、文化内涵、景观布局，在广场与公园间建立一个兼具广场及公园特征的过渡区域，最终实现了空间的融合（图8-3-6）。

图8-3-6 唐山中心广场（来源：全能电子地图）

（三）建筑形体

河北省建筑形体融合了功能、文化、环境等因素。建筑形体设计不能脱离环境而独立存在，建筑形体要服从整体环境，并展示原有环境的特征。

河北省建筑形体的传承的基本方法大致可以分为以下几类：

1. 形体组合

建筑形式与光影是形体的语言，空间用来表达传递信息。河北地理信息空间技术创新基地构思立足于科研的品质，彰显形体穿插的魅力与震撼，它在功能合理与体形独特中寻找契合点。建筑本身由主楼与裙楼构成，主楼两个体块穿插而成，主楼右上角的地球仪是建筑的亮点。在整体统一中寻求变化，力求通过穿插、贯穿、碰撞而产生动态平衡，造型大气恢宏，光影变化丰富令人瞩目。

2. 形体象征

建筑体形不仅体现出人们对美好生活的向往，也展现人们的精神需求、心理活动及情感愿望。

邯郸磁州窑博物馆为充分展示和弘扬磁州窑文化，它以其典型的馒头窑作为设计文化符号，构成了一个传统形态与现代理念相结合的建筑艺术品（图8-3-7）。

张家口阳原县泥河湾博物馆以高耸的"人"字形结构建筑物，隐喻着东方人类从泥河湾走来；博物馆整体形状为半圆形，象征着古猿人的头盖骨化石，这一切都展示了泥河湾的文化特色。不同质感外装石材的运用也象征着古老年代的地层断面特征，很好地诠释了建筑与地域之间的关系。

迁安市人民医院采用现代化建筑风格，充分体现现代化医院简洁、高效的建筑形象。医院两座主楼平面采用"V"字形，像两只燕子一样，飞临燕山脚下这座生机勃勃、飞速发展的城市，又寓意医院事业蒸蒸日上、奋发腾飞的精神。裙楼"一"字形排开，面向南面主入口，形成颇具壮观气势的建筑

① 孔令涛，冯涛. 石家庄市美术馆 [J]. 城市环境设计，2012（10）：248-249.
② 韩文强，李晓明，王汉，姜兆，黄涛，金伟琦. 唐山有机农场 [J]. 现代装饰，2016（12）：78-85.

形象。中央玻璃大厅晶莹剔透，医院街采用顶上波浪状飘篷，以及模块化的门诊体块，形成富有韵律的建筑乐章，主楼与裙楼一高一低、一动一静，形成丰富变化的城市景观。

3. 地域文化

河北省燕赵区域的文化特征就是慷慨悲歌。河北省对于传统建筑的传承把燕赵文化融入到现代建筑中去。

位于邯郸市主街道人民路的邯郸市大剧院，巧妙地将古代赵国悠久的历史文化与现代化邯郸的城市风貌融为一体，融合了战汉高台形制、中国古代青铜文化、邯郸磁州窑文化、和氏璧文化，犹如一块无暇的美玉浮于城台之上，被邯郸市人民亲切地称为"城台上的美玉"（图8-3-8）[1]。

解放战争事业纪念馆是展示解放战争事迹的专题纪念馆，空间简洁，展线流畅，建筑形象汲取河北民居元素，使其融入建筑所处环境的同时，质朴的个性也是对事件历史背景的尊重。

（四）建筑饰面

河北省建筑装饰善于寻找传统与现代的"结合点"。重视吸收地域建筑文化的优秀传统，不断地探索传统审美意识与现代审美意识的结合方式，符合现代精神的传统风格。

1. 传统文化元素

河北工程大学南入口，位于南环路东头，以中华大街为轴，与赵王城遗址呈对称。既是学校的大门，又临近邯郸市高速路的南出口，是从东南部进入邯郸市后可以看到的重要建筑物。设计时采用了战国时期流行的"甘丹"钱币造型和"甘丹"文字造型，反映在大门的形态设计上，成为关键的标志物（8-3-9）。

河北省传统建筑中多用石雕、砖雕、木雕等形式，组成具有吉祥含义的图案纹饰。传统雕塑纹样和现代装饰设计紧密结合在一起，使它更具有生命力和现实意义。

集档案馆与纪念展览馆两种功能融于一体蠡县档案馆，以内庭院为核心，展厅围绕庭院顺时针布置，东侧一层部分为纪念展连贯，西侧四层部分为档案馆。建筑外墙采用坚实厚重的人造石装饰挂板，上有结合了篆刻、花格窗等中国元素，展现了当地建筑的文化特征。

邺城博物馆，博物馆大门外的半人面瓦当照壁墙，造型

图8-3-7 中国磁州窑博物馆入口（来源：河北建筑设计研究院有限责任公司 提供）

图8-3-8 邯郸市大剧院（来源：杨彩虹 摄）

---

[1] 王亚琳. 邯郸城市景观设计中的地域文化应用研究 [D]. 西安建筑科技大学，2016.

系仿照邺城遗址出土的前燕时期半人面瓦饰件，充分体现出邺城悠久的历史和深厚的文化底蕴。广场两侧建有六面黄沙岩浮雕墙，分别雕刻着曹魏都邺、石虎阅兵、冉闵都邺、慕容三杰、东魏高欢、北齐高洋等与邺城有关的重要历史人物和历史事件。

秦皇岛市档案馆平面功能紧凑，结合不规则的基地形状，将对外服务大厅、展览区、查询区、档案库、档案业务和技术用房、办公和辅助用房进行有机的布局。外立面仿"竹简"造型的装饰混凝土挂板简约流畅，形式与材料语言的合理运用彰显了鲜明的文化建筑形象（图8-3-10）。

图8-3-9　河北工程大学南门（来源：杨彩虹 摄）

图8-3-10　秦皇岛市档案馆（来源：缪文静 摄）

2. 传统建筑结构

河北省传统建筑结构，首先考虑的是单体建筑的平面、立面的对称、均齐，其次注重的是比例，整体的比例与形制、局部结构、斗栱结构、屋顶结构之间的比例等。

河北省建筑科技研发中心，将建筑形式与建筑结构相结合，运用现代的设计手法和技术，采用木柱、木屋架与钢材的结合，发挥各自的力学性能，不仅诠释了传统建筑中墙、柱承重体系的优点，还展现出了木结构的现代美（图8-3-11）。

（五）色彩材质

传统色彩与材质在现代城市设计中传承与发展的原则如下：

1. 环境统一性

在现代建筑设计中，建筑色彩的设计也要从城市色彩的角度出发，把握城市整体色彩系统表现出来的性质与作用，才能获得系统而有序、与传统建筑协调、同时丰富多变的空间。赵都大酒店，建筑整体色彩与邻近的丛台公园一致，青砖灰瓦的色彩与周围环境协调（图8-3-12）。

邯郸市行政便民服务大厦造型稳重大气，外墙面采用了砖红色的空心陶管，深色的铝合金门窗框，白色的遮光百叶，整体强调了各种材质质感、肌理、虚实这几种元素的相互穿插、对比（图8-3-13）。削弱了庞大体量的压迫感，增强了"亲和力"的营造；既庄重、严谨，又朴素、雅致；散发着强烈的现代气息。

2. 历史统一性

城市发展是一个连贯的过程，最终形成独有的特色风貌，建筑色彩作为联系历史与现代的载体，被人们所认同，能够唤起人们对过去的回忆，产生文化认同感。

承德剧场为现代建筑，设计中提取了承德外八庙的色彩和样式，在檐口、柱子、墙体等部位的色彩、形式上与城市整体面貌上体现了清式皇家建筑的传统文化影响，（图8-3-14）。

承德文化会馆位置在避暑山庄德汇门以南，因临近山庄，

图8-3-11 河北省建筑科技研发中心（来源：河北省建筑科技研发中心《河北省建筑科技研发中心》）

图8-3-12 赵都大酒店（来源：杨彩虹 摄）

故而建筑主体延续避暑山庄内灰色砖墙与木质构件的基本色调，通过使用原木色柱廊和青砖，从风格、尺度、材质和韵味上与山庄的清代建筑相融合。建筑风格既谦虚应对避暑山庄的皇家风范，又积极迎合现代大众的时尚品味。

冉庄是保定市清苑县的一个村庄，因电影《地道战》而闻名。冉庄纪念馆是展示抗日战争历程，具有红色记忆的地域文化建筑。设计中将地道的断面和意向作为"片段"镶嵌外墙面上，采用与当地民居材料一致的灰砖、黄土和青草，将战争的背景与乡土气息结合在一起。

图8-3-13　邯郸市行政便民服务大厦（来源：杨彩虹 摄）

图8-3-14　承德外八庙（来源：杨彩虹 摄）

第九章　传承发展传统建筑风格面临的主要挑战与反思

　　河北省是一个历史文明悠长、地域风貌多样的文化资源大省，在当代的大拆大改的建设中，越来越多趋同化的城市或乡村景象中，出现了既脱离原先生产方式，又无法连接自身文化传统的景观。促使社会逐渐意识到传统文化对于整个建筑文化传承的重要性，催生了地域主义、地方性等各类新学说理论。但现有的建筑地域实践中也存在不少现实问题，源于对文化不自信而导致传承减少，无法挖掘传统建筑文化精髓，更多的是对单纯的建筑形式的迷恋，产生了概念过度的新奇建筑。因此本书从地理位置和时代更迭两个方面，对冀北、冀南、冀东、冀中四个具有显著地域性特征的建筑实例进行剖析总结，同时对近现代建筑的发展传承道路做出了理论铺垫，为河北省当代建筑文化展望提供了一定的可行思路。

　　建筑依存于地域环境，服务于社会，体现于人文。本书的写作目的，既是为了保留传统地域文化的多样性，探究建筑文化差异所在，也是为了将地域性建筑文化技术传承到当代建筑设计中，体现城市发展的特色与人民文化生活的精神风貌，力求减少趋同化的城市景象。在传统建筑文化与当代城乡过渡的进程中，前者是后者不断发展与更新的基础，传承与发展传统建筑文化对于城乡文脉的延续具有重大意义。

　　当今河北省城乡建设迅猛发展，以燕赵文化为代表的传统地域建筑在面对建筑符号形象的模仿与抽象的提取、传统建筑风格的继承与西方建筑特色的弘扬、单体建筑的特点与整体城市的协调、地域建筑材料的运用与现代生态技术的融合等诸多矛盾的碰撞，该如何实现与当代建筑的共生，如何把握与城乡发展的节奏进度，是我们在总结归纳河北传统建筑文化特征之后提出的思考与展望。

一、具象化符号模仿与抽象化创作的继承关系

建筑符号是建筑表象形式和内在意义组成的聚合体，是建筑形象形式化的客观再现。具象化运用是对传统建筑形式较为直接的模仿，抽象化建造是将现代建筑功能需求和当代审美与传统建筑符号结合，用当代建筑设计形式表现传统建筑精神内涵，达到"神似"的效果。现代科技迅猛发展，传统建筑营造中一些技术手段以及材质、建筑类型等与现代建筑发展不相适应，符号化的借鉴是将传统建筑符号进行提炼、简化、变形，使与现代建筑相融合以诠释传统民族文化和现代精神（如图9-0-1、图9-0-2）。

一方面，现代建筑发展离不开与传统建筑符号化的结合；另一方面，一味地照搬传统建筑形式，简单粗糙的符号化难以顺应时代的发展。

1）建筑形式的改变，以建筑复杂程度体现建筑价值的方式与现代建筑形式不相适应。古时缺乏新材料、新技术，结构类型单一，传统建筑只能通过复杂的施工和雕刻工艺来体现建筑的价值。现代建筑更加追求建筑使用的舒适性、材质的表达和空间的感受，生搬硬套一些传统建筑元素在现代建筑中，只会使建筑本身缺乏本土特色和时代审美内涵。

2）建筑空间的需求增加，传统建筑空间大小制约人们的行为活动。伴随人口密度的增加，商业化进程的加快，大跨大体积空间结构受到现代人的推崇。传统建筑结构形式主要以砖、石、木结构为主，受到材料和结构类型的限制，传统建筑体量小，主要以单体建筑构成建筑群组为主，占地空间大，与现代生活不相适应。

3）建筑功能需求的增长，使得传统建筑形式已不能满足现代人的需求。古代，社会经济、科技水平较低，人们的生产生活方式相对现代生活简单粗放，对于建筑的功能需求低。随着经济的发展、科技水平的提高，人们在不断追求高品质的生活，"复制"传统建筑类型的模式已不能满足现代生产生活的基本要求，还会给现代建筑的经济性带来损失，造成不必要的浪费。

对传统建筑文化的传承，不仅体现在对于传统的"复制"、"粘贴"，更要对建筑本身进行创新，赋予现代生活内涵，展现建筑的生命力。

图9-0-1　京张高铁宣化北站（图片来源：刘星 摄）

图9-0-2 京张高铁东花园北站（图片来源：刘星 摄）

二、传统建筑风格继承与西方现代建筑文化的共生关系

建筑的发展不能脱离环境而独立存在，在全球化影响下，西方追求材料真实表现性和功能高效性的建筑思想成为现代建筑的发展趋势。在追随西方现代建筑设计风格多样性的同时，还要弘扬本土文化的价值，思考建筑与传统文化的内在联系，将现代建筑与传统建筑文化相融合，避免城市建设中的趋同化现象。

（一）形式的共生

传统建筑语言传承的主体是现代建筑，其建筑形式是符合时代潮流发展的。形式的共生一般从形体模仿出发，将中国传统文化的形象用现代的技术和建造材料表现出来，体现建筑本身独特的民族性和地域性，使建筑既符合中国传统的审美，还不失现代的时尚感。

（二）空间的共生

建筑空间是人为了满足人的需求而对环境做出的改造。中国传统的"天人合一"思想影响着传统建筑的发展。现代建筑基于传统建筑空间美学基础上，运用天然建筑材料，引入自然环境成为建筑的一部分，使建筑本身融入自然；利用建筑庭院和主体建筑、建筑空间之间大小、建筑表皮空间等

形成对比，在视觉上形成虚实相生的效果；弱化空间功能划分和空间边界，消除"边界空间"，呈现一种模糊含蓄的空间美感。现代建筑依据建筑特性的不同，在空间规划上各有侧重，从不同层面上实现了传统与现代的结合。

（三）意境的共生

意境的本质追求是意的表达，注重虚实有无的结合，追求客观对象的美与主观的感悟性结合。传统建筑意境的传递追求的是建筑空间以及开周围环境对人所产生的心理感受。现代建筑以空间塑造为基本手法，注重人的行为方式的引导，是对传统建筑场所的再现，在更深层面实现了传统建筑语言在传统建筑中的传承与交融。

现代建筑注重与自然的协调统一，不仅要展现出中国传统古建的神韵，更多的是体现独特的空间意蕴，在空间意境上达到与传统建筑的和谐统一、一脉相承，形成一种文脉的连续感。

三、现代整体城市风貌与传统单体建筑风格的协调关系

现代整体城市风貌与传统单体建筑风格协调是一个城市发展必须面临的问题。借鉴与运用传统单体建筑风貌的元素来表现整体规划现代城市的整体元素，可以让人们更好地记住这个城市整体风貌。

（一）传统街区中的新建筑

1. 城市规划方面

在传统街区中新建现代建筑整体性较差，街区建筑布局散乱，风格各异，使街区传统风貌有所缺失，使得街区风貌不突出，城市规划不统一。要改变无特质及复杂无章的传统街区风貌，有待加强以河北自然、文化元素为主轴，将各个城市自身进行贯穿链接，使之相互依存，使城市规划变的整体化、系统化。

2. 城市设计方面

在传统街区中新建现代建筑要讲街区看成一个有机整体，在新建建筑时考虑街区系统性与纹理性因素欠缺。在传统街区中新建现代建筑缺少了对比与变化，及相互之间的整体与局部、大统一与小变化的关系。

3. 建筑设计方面

在传统街区中新建现代建筑形态缺乏融合与协调性，多为高层大型公共建筑；建筑立面色彩要素凌乱，缺少了传统建筑中朴素清秀之感；临街建筑过于现代导致原有传统建筑地域性与文化性遭受冲击。

（二）现代街区中的传统建筑

1. 城市规划方面

在现代街区建筑中城市规划缺少统一性原则。城市规划中传统与现代不明确，使整体规划缺少了整体性，同时减少了城市的文化与机理。在现代街区新建传统建筑时城市规划缺少整体性与系统性，现代街区设计缺少历史文化风貌因素，城市文化符号缺少导致千城一面。

2. 城市设计方面

现代街区城市设计过于单一，缺少创新与传承。只是简单地用传统符号来建造所谓的传统建筑，城市设计缺少了文化与历史的延续，城市设计的现代建筑与传统建筑无法与城市历史文化相互结合，导致河北省内的城市缺少了自身特色与文化内涵。

3. 建筑设计方面

在现代街区新建传统建筑中过于符号化，拿来主义过于严重，将传统建筑中的门、窗、屋顶元素直接运用，缺少了新旧对比、抽象化与材质还原。建筑设计缺少了河北文化内涵的东西，给人以旧衣新穿的感觉。

四、地域建筑创作手法与现代材料及生态技术的融合关系

在城市中推广地域性建筑，是目前我们主要努力方向。建筑形态上，其简洁、完整的建筑体量，具有河北质朴、大气的燕赵风格；经典的设计手法也是京畿文化在建筑上应体现的表情，艺术品的设置及题材更直接反映了河北的地域特征。[①]同时地域性建筑又要与生态可持续相结合，创造属于河北特有的新时期的建筑风格，形成河北独特的城市整体风貌。

（一）现代材料与地域建筑创作手法融合

现代材料过于依赖钢筋、混凝土与玻璃幕去建造高层建筑，导致现代建筑过分机械、理性和现代材料的过于标准化，都给城市带来了冷漠的表情。当城市中出现传统材料，展现出建筑的质朴与清新，同时会得到大众的广泛认同，就是缺少传统材料与手法，就会导致千城一面，缺少地域性与创造性。

（二）生态技术与地域建筑创作手法融合

生态技术是当下各个行业和领域都在讨论与尝试运用的技术手法。现代建筑建造在运用生态技术上大多是对建筑单体的节能方面考虑，而对地形和景观要素考虑较少，对自然的破坏与削弱的考虑更少。地域性建筑就是要考虑当地的自然景观，讲生态建筑融入到地域中去，使之成为一个共存的整体。

（三）文化生态与地域建筑创作手法融合

现代建筑中缺少文化生态与地域性建筑创作的融合，在设计传统建筑时只是简单地将传统建筑符号加以利用，而没有将历史符号抽象简化并加以提炼，吸收当地传统建筑形式的艺术特征和精神实质。

① 刘克成，李保峰，郭卫兵，张立方，张颀，王兴田，李晓峰，孙一民，孔宇航. 地域性与时代性——当代人居环境的求索［J］. 新建筑，2010.

（四）地方气候因素与地域建筑创所手法融合

不同地域的差异中，气候是很重要的问题，气候差异是导致古代建筑地域性差别的重要原因之一，当然资源也是很重要的原因。由于现在技术高速发展，传统的地域性建筑中地方气候因素考虑的越来越少。

地域建筑创作与现代材料与生态技术融合，是综合多方面考虑，创作建造出符合当地文化内涵与文化脉络的生态建筑。

五、河北省当代建筑传承发展的展望

河北省历史悠久，不同地区的建筑有着自己独特的建筑风格与城市风貌，需要很好地传承发展传统建筑风格，延续城市的地域特征、历史文脉与文化传统，使河北城市发展在传承中创新，在创新中延续。

（一）河北省建筑传承发展中低技术与空间本质研究

河北省建筑传承中建筑低技术与建筑空间本质是两个重要问题。低技术表达了对传统建筑设计方法的尊重、对自然的回归。考虑就地取材与技术融合的原则、生态物质的循环利用与技术融合的原则、集合节约的原则。

空间本质的发展则要遵循地域文化的传承。建筑空间的本质是人栖居的场所，这与地域的自然、文化与历史一脉相

承。河北省建筑在传承与发展空间本质时要结合各个地区的地域性与文化性，做到因地制宜，对症下药。

（二）河北省建筑传承发展中应用的方法论研究

河北省建筑传承发展中的方法论要结合河北各地区的地域性，建筑不仅仅是工程技术，更承载着一个城市的情感与文化。城市情感与技术的平衡是建筑传承与发展中的一个重要方法。根据城市情感可以更深入地理解河北的建筑现象的本质，构建情感与技术的关系成为当今时下河北建筑传承中设计中的重要方法论。

（三）河北省建筑传承发展中规划城市与建筑的一体化

建筑传承发展中城市与建筑在需求与限制的矛盾中双向互动发展。河北省建筑传承发展要有自己的城市风貌，就要结合河北的传统建筑形态，因地、因时制宜，在保留传统风貌下与时俱进。城市发展离不开建筑的发展，建筑的发展又体现了城市的发展，两者互利共存，又相互作用。一体化使河北建筑传承发展可以得到统一与延续，拥有属于河北的整体的城市风貌。

传承探索之路修远而弥坚，由于学识、素材与实践的不足，本书存在着某些偏颇与失误，衷心希望得到读者的理解与支持，也希望本书可以带给读者些许启迪和裨益。

附录　河北省全国重点文物保护单位名录

序号	名称	地址	批次	类别	时代
1	响堂山石窟	邯郸市峰峰矿区	第一批	古建筑	东魏、北齐至元
2	冉庄地道战遗址	保定市清苑区	第一批	古遗址	1942 年
3	安济桥	石家庄市赵县	第一批	古建筑	隋
4	永通桥	石家庄市赵县	第一批	古建筑	金
5	定县开元寺塔	保定市定县	第一批	古建筑	北宋
6	广惠寺华塔	保定市定县	第一批	古建筑	金
7	义慈惠石柱	保定市定兴县	第一批	古建筑	北齐
8	赵州陀罗尼经幢	石家庄市赵县	第一批	古建筑	北宋
9	独乐寺	天津市蓟州区	第一批	古建筑	辽
10	隆兴寺	石家庄市正定县	第一批	古建筑	宋
11	普宁寺	承德市双桥区	第一批	古建筑	清
12	普乐寺	承德市双桥区	第一批	古建筑	清
13	普陀宗乘之庙	承德市双桥区	第一批	古建筑	清
14	须弥福寿之庙	承德市双桥区	第一批	古建筑	清
15	避暑山庄	承德市双桥区	第一批	古建筑	清
16	赵邯郸故城	邯郸市市区	第一批	古遗址	战国
17	燕下都遗址	保定市易县	第一批	古遗址	战国
18	封氏墓群	沧州市吴桥县	第一批	古墓葬	北魏之隋
19	清东陵	唐山市遵化县	第一批	古墓葬	清
20	清西陵	保定市易县	第一批	古墓葬	清
21	西柏坡中共中央旧址	石家庄市平山县	第二批	近现代文物	1948 年
22	北岳庙	保定市曲阳县	第二批	古建筑	元
23	李大钊故居	唐山市乐亭县	第三批	近现代文物	1889
24	金山岭长城	承德市滦平县	第三批	古建筑	明
25	清远楼	张家口市宣化区	第三批	古建筑	明
26	直隶总督署	保定市莲池区	第三批	古建筑	清
27	开元寺钟楼	石家庄市正定县	第三批	古建筑	唐至清
28	殊像寺	承德市双桥区	第三批	古建筑	清
29	安远庙	承德市双桥区	第三批	古建筑	清
30	凌霄塔	石家庄市正定县	第三批	古建筑	唐至宋
31	磁山遗址	邯郸市武安县	第三批	古遗址	新石器时代
32	中山古城遗址	石家庄市平山县	第三批	古遗址	战国

序号	名称	地址	批次	类别	时代
33	邺城遗址	邯郸市临漳县	第三批	古遗址	曹魏至北齐
34	涧磁村定窑遗址	保定市曲阳县	第三批	古遗址	唐至元
35	中山靖王墓	保定市满城县	第三批	古墓葬	西汉
36	磁县北朝墓群	邯郸市磁县	第三批	古墓葬	北朝
37	北戴河秦行宫遗址	河北省秦皇岛市	第四批	古遗址	秦
38	磁州窑遗址	邯郸市磁县	第四批	古遗址	北齐、隋、宋、元
39	献县汉墓群	沧州市献县	第四批	古墓葬	汉
40	下八里墓群	张家口市宣化区	第四批	古墓葬	辽
41	治平寺石塔	石家庄市赞皇县	第四批	古建筑	唐
42	开福寺舍利塔	衡水市景县	第四批	古建筑	北宋
43	娲皇宫及石刻	邯郸市涉县	第四批	古建筑	北齐、明、清
44	正定文庙大成殿	石家庄市正定县	第四批	古建筑	五代
45	阁院寺	张家口市涞源县	第四批	古建筑	辽
46	开善寺	保定市高碑店市	第四批	古建筑	辽
47	慈云阁	保定市定兴县	第四批	古建筑	元
48	蔚州玉皇阁	张家口市蔚县	第四批	古建筑	明
49	万里长城——紫荆关	保定市易县	第四批	古建筑	明
50	毗卢寺	石家庄市新华区	第四批	古建筑	明
51	天护陀罗经幢	石家庄市井陉矿区	第四批	古建筑	唐
52	八路军一二九师司令部旧址	邯郸市涉县	第四批	近现代文物	1940 年
53	晋察冀边区政府及军区司令部旧址	保定市阜平县	第四批	近现代文物	1938～1948 年
54	泥河湾遗址群	张家口市阳原县	第五批	古遗址	旧石器时代
55	南庄头遗址	保定市徐水县	第五批	古遗址	新石器时代
56	西寨遗址	唐山市迁西县	第五批	古遗址	新石器时代
57	代王城遗址	张家口市蔚县	第五批	古遗址	春秋至汉
58	井陉窑遗址	石家庄市井陉县	第五批	古遗址	隋至清
59	元中都遗址	张家口市张北县	第五批	古遗址	元
60	赵王陵	邯郸市邯郸县	第五批	古墓葬	战国
61	汉中山王墓	保定市定州市	第五批	古墓葬	汉
62	逯家庄壁画墓	衡水市安平县	第五批	古墓葬	东汉
63	北齐高氏墓群	衡水市景县	第五批	古墓葬	北朝至隋
64	临济寺澄灵塔	石家庄市正定县	第五批	古建筑	金
65	药王庙	保定市安国市	第五批	古建筑	明、清
66	昭化寺	张家口市怀安县	第五批	古建筑	明
67	鸡鸣驿城	张家口市怀来县	第五批	古建筑	明

序号	名称	地址	批次	类别	时代
68	幽居寺塔	石家庄市灵寿县	第五批	古建筑	唐
69	定州贡院	保定市定州市	第五批	古建筑	清
70	溥仁寺	承德市双桥区	第五批	古建筑	清
71	源影寺塔	秦皇岛市昌黎县	第五批	古建筑	金
72	泊头清真寺	沧州市泊头市	第五批	古建筑	明
73	普利寺塔	邢台市临城县	第五批	古建筑	北宋
74	涿州双塔	保定市涿州市	第五批	古建筑	辽
75	南安寺塔	张家口市蔚县	第五批	古建筑	辽
76	释迦寺	张家口市蔚县	第五批	古建筑	元、明
77	腰山王氏庄园	保定市顺平县	第五批	近现代文物	清
78	古莲花池	保定市莲池区	第五批	古建筑	金至清
79	庆华寺花塔	保定市涞水县	第五批	古建筑	辽
80	大观圣作之碑	石家庄市赵县	第五批	石刻	宋
81	大唐清河郡王纪功载政之颂碑	石家庄市正定县	第五批	石刻	唐
82	爪村遗址	唐山市迁安市	第六批	古遗址	旧石器时代
83	石北口遗址	邯郸市永年县	第六批	古遗址	新石器时代
84	北福地遗址	保定市易县	第六批	古遗址	新石器时代
85	钓鱼台遗址	保定市曲阳县	第六批	古遗址	新石器时代
86	台西遗址	石家庄市藁城市	第六批	古遗址	商
87	东先贤遗址	邢台市邢台县	第六批	古遗址	商
88	南阳遗址	保定市容城县	第六批	古遗址	周
89	讲武城遗址	邯郸市磁县	第六批	古遗址	战国至汉
90	常山郡故城	石家庄市元氏县	第六批	古遗址	汉
91	土城子城址	张家口市尚义县	第六批	古遗址	南北朝
92	边关地道遗址	廊坊市永清县	第六批	古遗址	宋
93	会州城	承德市平泉县	第六批	古遗址	辽至明
94	刘伶醉烧锅遗址	保定市徐水县	第六批	古遗址	金至元
95	九连城城址	张家口市沽源县	第六批	古遗址	金至元
96	海丰镇遗址	沧州市黄骅市	第六批	古遗址	金
97	小宏城遗址	张家口市沽源县	第六批	古遗址	元
98	大名府故城	邯郸市大名县	第六批	古遗址	宋
99	邢国墓地	邢台市桥西区	第六批	古墓葬	周
100	所药村壁画墓	保定市望都县	第六批	古墓葬	汉
101	隆尧唐祖陵	邢台市隆尧县	第六批	古墓葬	唐
102	张柔墓	保定市满城县	第六批	古墓葬	元

序号	名称	地址	批次	类别	时代
103	怡贤亲王墓	保定市涞水县	第六批	古墓葬	清
104	纪晓岚墓地	沧州市沧县	第六批	古墓葬	清
105	解村兴国寺塔	保定市博野县	第六批	古建筑	唐
106	万寿寺塔林	石家庄市平山县	第六批	古建筑	五代至清
107	宝云塔	衡水市旧城村	第六批	古建筑	宋
108	修德寺塔	保定市曲阳县	第六批	古建筑	宋
109	庆林寺塔	保定市故城县	第六批	古建筑	宋
110	静志寺塔基地宫	保定市定州市	第六批	古墓葬	宋
111	净众院塔基地宫	保定市定州市	第六批	古墓葬	宋
112	天宫寺塔	唐山市丰润区	第六批	古建筑	辽
113	圣塔院塔	保定市易县	第六批	古建筑	辽
114	西岗塔	保定市涞水县	第六批	古建筑	辽
115	兴文塔	张家口市涞源县	第六批	古建筑	辽
116	成汤庙山门	邯郸市涉县	第六批	古建筑	金
117	柏林寺塔	石家庄市赵县	第六批	古建筑	元
118	正定府文庙	石家庄市正定县	第六批	古建筑	元
119	扁鹊庙	邢台市内丘县	第六批	古建筑	明至清
120	永济桥	保定市涿州市	第六批	古建筑	明至清
121	西古堡	张家口市蔚县	第六批	古建筑	明至清
122	福庆寺	石家庄市井陉县	第六批	古建筑	明至清
123	时恩寺	邢台市内丘县	第六批	古建筑	明至清
124	寿峰寺	保定市涿州市	第六批	古建筑	明至民国
125	暖泉华严寺	张家口市蔚县	第六批	古建筑	明
126	真武庙	张家口市蔚县	第六批	古建筑	明
127	常平仓	张家口市蔚县	第六批	古建筑	明
128	蔚州灵岩寺	张家口市蔚县	第六批	古建筑	明
129	单桥	沧州市献县	第六批	古建筑	明
130	弘济桥	邯郸市永年县	第六批	古建筑	明
131	永年城	邯郸市永年县	第六批	古建筑	明
132	纸坊玉皇阁	河北省邯郸市	第六批	古建筑	明
133	大道观玉皇殿	保定市定州市	第六批	古建筑	明
134	邢台开元寺	邢台市桥东区	第六批	古建筑	明
135	伍仁桥	保定市安国市	第六批	古建筑	明
136	万全右卫城	张家口市万全县	第六批	古建筑	明
137	洗马林玉皇阁	张家口市万全县	第六批	古建筑	明

序号	名称	地址	批次	类别	时代
138	金门闸	保定市涿州市	第六批	古建筑	清
139	大慈阁	保定市莲池区	第六批	古建筑	清
140	承德城隍庙	承德市双桥区	第六批	古建筑	清
141	普佑寺	承德市双桥区	第六批	古建筑	清
142	净觉寺	唐山市玉田县	第六批	古建筑	清
143	京杭大运河	河北省	第六批	古建筑	春秋至清
144	山海关八国联军营盘旧址	秦皇岛市山海关区	第六批	近现代文物	清
145	北戴河近代建筑群	秦皇岛北戴河区	第六批	近现代文物	清至民国
146	丰润中学校旧址	唐山市丰润区	第六批	近现代文物	1913～1925年
147	义和拳议事厅旧址	邢台市威县	第六批	近现代文物	1898年
148	育德中学旧址	保定市莲池区	第六批	近现代文物	1907～1937年
149	保定陆军军官学校旧址	保定市莲池区	第六批	近现代文物	1912～1923年
150	察哈尔都统署旧址	张家口市桥西区	第六批	近现代文物	1914～1928年
151	布里留法工艺学校旧址	保定市高阳县	第六批	近现代文物	1917～1919年
152	晏阳初旧居	保定市定州市	第六批	近现代文物	1926～1936年
153	潘家峪惨案遗址	唐山市丰润区	第六批	近现代文物	1941年
154	中共晋冀鲁豫中央局和军区旧址	邯郸市武安市	第六批	近现代文物	1946～1948年
155	唐山大地震遗址	唐山市路南区	第六批	近现代文物	1976年
156	四方洞遗址	承德市鹰手营子区	第七批	古遗址	旧石器时代
157	化子洞遗址	承德市平泉县	第七批	古遗址	旧石器时代
158	孟家泉遗址	唐山市玉田县	第七批	古遗址	旧石器时代
159	筛子绫罗遗址	张家口市蔚县	第七批	古遗址	新石器时代
160	三各庄遗址	沧州市任丘市	第七批	古遗址	新石器时代
161	哑叭庄遗址	沧州市任丘市	第七批	古遗址	新石器时代至东周
162	万军山遗址	唐山市迁安市	第七批	古遗址	新石器时代、商
163	庄窠遗址	张家口市蔚县	第七批	古遗址	新石器时代、商
164	三关遗址	张家口市蔚县	第七批	古遗址	新石器时代、商、战国
165	南城村遗址	邯郸市磁县	第七批	古遗址	新石器时代、商、汉
166	润沟遗址	邯郸市邯郸县	第七批	古遗址	新石器时代、商、汉
167	补要村遗址	邢台市临城县	第七批	古遗址	新石器时代、商、唐
168	顶子城遗址	承德市平泉县	第七批	古遗址	夏至周
169	龟池遗址	唐山市丰润区	第七批	古遗址	夏至周
170	北放水遗址	保定市唐县	第七批	古遗址	夏、东周、汉
171	要庄遗址	保定市满城县	第七批	古遗址	商至周
172	伏羲台遗址	石家庄市新乐市	第七批	古遗址	商、周、汉
173	西张村遗址	石家庄市元氏县	第七批	古遗址	西周

续表

序号	名称	地址	批次	类别	时代
174	柏人城遗址	邢台市隆尧县	第七批	古遗址	西周至东周
175	鹿城岗城址	邢台市邢台县	第七批	古遗址	东周
176	固镇古城遗址	邯郸市武安市	第七批	古遗址	东周至东汉
177	付将沟遗址	承德市兴隆县	第七批	古遗址	战国至汉
178	东垣古城遗址	石家庄市长安区	第七批	古遗址	战国至汉
179	武垣城址	沧州市肃宁县	第七批	古遗址	战国至汉、隋唐
180	东黑山遗址	保定市徐水县	第七批	古遗址	战国、汉
181	古宋城址	石家庄市赵县	第七批	古遗址	汉
182	冀州古城遗址	衡水市冀州市	第七批	古遗址	汉
183	后底阁遗址	邢台市南宫市	第七批	古遗址	北朝至唐
184	临清古城遗址	邢台市临西县	第七批	古遗址	北魏至金
185	隆化土城子城址	承德市隆化县	第七批	古遗址	北魏至元
186	禅果寺遗址	邯郸市武安市	第七批	古建筑	南北朝
187	半截塔	承德市围场满族蒙古族自治县	第七批	古建筑	元
188	金山寺舍利塔	保定市涞水县	第七批	古建筑	元
189	天宁寺前殿	邢台市桥东区	第七批	古建筑	元
190	常乐龙王庙正殿	邯郸市涉县	第七批	古建筑	元
191	平乡文庙大成殿	邢台市平乡县	第七批	古建筑	元至明
192	金河寺悬空庵塔群	张家口市蔚县	第七批	古建筑	元至明
193	定州清真寺	保定市定州市	第七批	古建筑	元至清
194	九江圣母庙	邯郸市武安市	第七批	古建筑	元至清
195	灵寿石牌坊	石家庄市灵寿县	第七批	古建筑	明
196	蔚县关帝庙	张家口市蔚县	第七批	古建筑	明
197	天齐庙	张家口市蔚县	第七批	古建筑	明
198	蔚县古城墙	张家口市蔚县	第七批	古建筑	明
199	古城寺	张家口市蔚县	第七批	古建筑	明
200	重光塔	张家口市赤城县	第七批	古建筑	明
201	永平府城墙	秦皇岛市卢龙县	第七批	古建筑	明
202	下胡良桥	保定市涿州市	第七批	古建筑	明
203	普彤塔	邢台市南宫市	第七批	古建筑	明
204	滏阳河西入闸	邯郸市永年县	第七批	古建筑	明
205	天青寺大殿	邯郸市武安市	第七批	古建筑	明
206	保定钟楼	保定市南市区	第七批	古建筑	明
207	正定城墙	石家庄市正定县	第七批	古建筑	明
208	宣化柏林寺	张家口市宣化县	第七批	古建筑	明至清
209	卜北堡玉泉寺	张家口市蔚县	第七批	古建筑	明至清

序号	名称	地址	批次	类别	时代
210	方顺桥	保定市满城县	第七批	古建筑	明至清
211	登瀛桥	沧州市沧县	第七批	古建筑	明至清
212	洗马林城墙	张家口市万全县	第七批	古建筑	明至清
213	黄粱梦吕仙祠	邯郸市邯郸县	第七批	古建筑	明至清
214	井陉旧城城墙	石家庄市井陉县	第七批	古建筑	明至清
215	沙子被老君观	张家口市蔚县	第七批	古建筑	明至清
216	蔚县重台寺	张家口市蔚县	第七批	古建筑	明至清
217	定州文庙	保定市定州市	第七批	古建筑	清
218	衡水安济桥	衡水市桃城区	第七批	古建筑	清
219	凤山关帝庙	承德市丰宁满族自治区	第七批	古建筑	清
220	淮军公所	保定市南市区	第七批	古建筑	清
221	清河道署	保定市南市区	第七批	古建筑	清
222	深州盈亿义仓	衡水市深州市	第七批	古建筑	清
223	朱山石刻	邯郸市永年县	第七批	石刻	汉、唐
224	封龙山石窟	石家庄市元氏县	第七批	石窟寺	南北朝至明
225	水浴寺石窟	邯郸市峰峰矿区	第七批	石窟寺	南北朝至明
226	八会寺刻经	保定市曲阳县	第七批	石刻	隋
227	邢台道德经幢	邢台市桥东区	第七批	古建筑	唐
228	卧佛寺摩崖造像	保定市唐县	第七批	古建筑	北宋
229	法华洞石窟	邯郸市武安县	第七批	石窟寺	宋至清
230	瑜伽山摩崖造像	石家庄市平山县	第七批	摩崖造像	宋、明
231	木兰围场御制碑、摩崖石刻	承德市围场满族蒙古族自治县、隆化县	第七批	石刻	清
232	马厂炮台	沧州市青县	第七批	近现代文物	清
233	开滦唐山矿早期工业遗存	唐山市路南区	第七批	近现代文物	清
234	滦河铁桥	唐山市滦县	第七批	近现代文物	清
235	察哈尔民主政府旧址	张家口市宣化区	第七批	近现代文物	明至民国
236	直隶审判厅旧址	保定市北市区	第七批	近现代文物	明至民国
237	秦皇岛港口近代建筑群	秦皇岛市海港区	第七批	近现代文物	明至民国
238	光园	保定市南市区	第七批	近现代文物	民国
239	正丰矿业建筑群	石家庄市井陉矿区	第七批	近现代文物	民国
240	大名天主堂	邯郸市大名县	第七批	近现代文物	1921 年
241	耀华玻璃厂旧址	秦皇岛市海港区	第七批	近现代文物	1922 年
242	光明戏院	沧州市河间市	第七批	近现代文物	1934 年
243	晋冀鲁豫边政府	邯郸市涉县	第七批	近现代文物	1994 年～1945 年
244	晋察冀军区司令部旧址	张家口市桥东区	第七批	近现代文物	1945 年～1946 年
245	中国人民银行总行旧址	石家庄市新华区	第七批	近现代文物	1948 年

参考文献

Reference

［1］艾文礼. 可爱的河北［M］. 石家庄：河北人民出版社，2013.

［2］马誉辉. 河北省省情读本［M］. 石家庄：河北人民出版社，2013.

［3］梁世和. 圣贤与豪侠——燕赵人格精神探析［J］. 河北学刊，2006（01）：204-207.

［4］河北省历史文化研究发展促进会. 发扬燕赵文化传统，培育新的河北人文精神［N］. 河北日报，2006.

［5］陈旭霞. 燕赵人文精神的当代意义及其价值［J］. 社会科学论坛，2005（12）：17-21.

［6］方伟. 人文关怀与构建"和谐河北"的价值取向——关于河北当代人文精神的社会化实践问题［J］. 河北学刊，2006（03）：188-192+199.

［7］林翠华. 从历史文化传承角度看避暑山庄文化及发展趋势［J］. 河北旅游职业学院学报，2018，23（02）：111-112.

［8］河北省地方志编纂委员会. 河北省志·第三卷自然地理志［M］. 石家庄：河北科学技术出版社，1993.

［9］河北省地方志编纂委员会. 河北省志·第八卷气象志［M］. 北京：方志出版社，1996.

［10］张岗. 关于明初河北移民的考察［J］. 河北学刊，1983（04）：144-149.

［11］梁婧，王金玉，谢一戈. 于家村古建筑中的文化价值与开发利用［J］. 河北企业，2014（04）：62.

［12］王晓敏，姜仁峰，张华，安志龙. 新乐市伏羲台文化意义探究［J］. 才智，2013（26）：223.

［13］吕苏生. 论秦汉时期河北的历史地位［J］. 河北学刊，1996（05）：90-94.

［14］罗哲文. 长城［M］. 北京：旅游出版社，1988.

［15］李华瑞. 宋夏关系史［M］. 石家庄：河北人民出版社，1998.

［16］杨艳玮. 燕山山脉［M］. 北京：世界图书出版公司，2014.

［17］陈建强. 康熙为何会选在承德建避暑山庄［N］. 承德日报，2014.

［18］林干. 塞北文化［M］. 呼和浩特：内蒙古教育出版社，2006.

［19］［清］顾祖禹. 读史方舆纪要·正文·卷十·北直一［M］. 北京：中华书局，2009.

［20］张祖群. "太行八陉"线路文化遗产特质分析［J］. 学园，2012（06）：27-31.

［21］李振旭. 邢台中太行自然历史文化特征及发展太行山区旅游的措施建议［N］. 邢台日报，2017.

［22］夏自正，刘福元. 中华地域文化大戏—燕赵文化［M］. 石家庄：河北教育出版社，2010.

［23］裴爱香. 基于研学游的农耕文化项目开发路径研究［J］. 旅游纵览（下半月），2018（10）：35.

［24］黄建生. 构建河北文艺的平原审美意蕴［N］. 河北日报，2014.

［25］赵维平. "三言二拍"运河商贾文化探析［J］. 淮阴师范学院学报（哲学社会科学版），2006（02）：253-257.

［26］周江波，李磊．承德避暑山庄及周围寺庙的建筑（园林）特色与历史作用［J］．河北旅游职业学院学报，2013，18（02）：109-112.

［27］王兆华．从清东陵看陵寝制度的文化内涵［N］．中国文物报，2012.

［28］戴长江，孙继民，李社军．论河北历史文化的阶段和地位［J］．河北学刊，2011，31（01）：216-222.

［29］［明］孙世芳，乐尚约．宣府镇志［M］．台北：成文出版社（影印），1970.

［30］谭立峰．明代河北军事堡寨体系探微［J］．天津大学学报（社会科学版），2010，12（06）：544-552.

［31］朱希元．北宋"料敌"用的定县开元寺塔［J］．文物，1984（03）：83-84.

［32］程海礁，梁占方．燕赵优秀传统文化资源与"河北精神"培育问题研究［J］．廊坊师范学院学报（社会科学版），2014，30（02）：74-76+79.

［33］龚维政．从农业文明特征看中国传统建筑的设计意念［J］．江苏工业学院学报（社会科学版），2006（03）：52-54+79.

［34］李世芬，张小岗，宋盟官．华北平原民居适宜性建造策略与方法探讨［J］．华中建筑，2008（07）：165-169.

［35］刘烁．罗哲文：文物古建守望者［N］．光明日报，2013.

［36］崔援民．河北省城市化战略与对策［M］．石家庄：河北科学技术出版社，1998.

［37］河北省住房和城乡建设厅，河北省统计局编．2013河北城镇化发展报告［M］．石家庄：河北科学技术出版社，2014.

［38］张引，卜敏现，周显卓，赵丽娜，胥英明．河北传统村落文化的发展路径［J］．现代经济信息，2017（05）：443.

［39］王科，马秀峰，屈小爽．基于文化生态理论的古村落旅游开发研究——以河北省太行山区古村落为例［J］．衡水学院学报，2017，19（01）：59-64.

［40］霍晓卫．历史文化名城的风貌保护——以承德为例［J］．上海城市规划，2017（06）：28-33.

［41］肖守库，陈新亮．关于张家口城市文化的定位分析［J］．河北北方学院学报（社会科学版），2012，28（02）：75-78.

［42］王洪波，韩光辉．从军事城堡到塞北都会——1429—1929年张家口城市性质的嬗变［J］．经济地理，2013，33（05）：72-76.

［43］班富孝．张家口市水文特性分析［J］．吉林水利，2011（02）：54-56.

［44］梁俊仙，鲁杰．冀西北历史文化资源的保护和开发［J］．河北青年管理干部学院学报，2014，26（02）：105-109.

［45］李春聚．张家口市主城区城市空间结构演变研究［J］．河北建筑工程学院学报，2011，29（04）：21-25+31.

［46］周立军，高艳丽．河北暖泉镇传统民居空间形态构成的探讨［J］．中国名城，2009（02）：40-45.

［47］辛塞波，赵晓峰，林大岵．古城中城凋壁含韵——河北省张家口市堡子里历史街区特色探析及概念性保护设计［J］．华中建筑，2007（11）：156-160.

［48］阎晓雪，李瑞杰．张家口民风民俗资源的文化产业价值［J］．河北北方学院学报（社会科学版），2011，27（01）：67-70.

［49］薛辉．谈避暑山庄宫殿区的建筑装饰［J］．河北民族师范学院学报，2013，33（04）：72-73.

［50］刘家国．论冀中平原抗日根据地的创建与发展［J］．军事历史研究，2004（02）：79-85.

［51］关红军．浅谈超大沉箱的预制及过程中的质量控制［A］．中国土木工程学会桥梁及结构工程分会．第二十一届全国桥梁学术会议论文集（上册）［C］．中国土木工程学会桥梁及结构工程分会：中国土木工程学会，2014：6.

［52］孟楠楠，沈占波．保定市乡村旅游创新发展研究［J］．商场现代化，2017（18）：184-185.

［53］杨士均，张静茹，王景文，刘梅申．河北省高等学校图书馆期刊工作专业委员会第七次学术研讨会侧记［J］．河北科技图苑，2012，25（01）：16-18.

［54］王珊子．绿色易州千年古县［J］．绿色中国，2007（11）：30-31.

［55］李颖甄．乡村景观建设中乡土材料的选择与运用［J］．建材与装饰，2018（27）：48-49.

［56］于琍．浅析中国传统民居的生态性［J］．城市建筑，2013（22）：230.

［57］赵金皎．清帝陵中风格独特的慕陵中国紫禁城学会论文集（第五辑下）［C］．中国紫禁城学会，2007：6.

［58］张康刘，蓝振山，马玉林，崔子君．清真寺修葺情况［J］．中国穆斯林，1985（02）：34-37

［59］曲奇，刘玉辉，佟志民．人文生态名城山海关［J］．旅游纵览，2012（10）：86-89.

［60］解丹，舒平，魏文怡．解读胜芳传统民居：中西交融的四合院［J］．建筑与文化，2015（07）：137-138.

［61］杨新平．浅谈须弥座［J］．南方文物，1993（01）：78-81.

［62］徐艳辉，现代文化产业激活邯郸"黄粱美梦"［N］．《今日信息报》，2009.

［63］曹宽义，王凤军．邢台特色民居"布袋院"的保护与利用［J］．规划师，2006（08）：88-90.

［64］王晓梅，刘晓冰．邢台清末民初"布袋院"民居的特点及设计理念［J］．大舞台，2011（09）：152-153.

［65］刘岩．河北地区历史时期空间环境的中轴原理［J］．河北师范大学学报（社会科学版），1990（02）：105-108+114.

［66］《城市·环境·设计》（UED）杂志社主编．建筑的力量，河北建筑设计研究院有限责任公司作品集［M］．沈阳：辽宁科学技术出版社．2012.

［67］陈世清．经济学的形而上学，［M］，北京：中国时代经济出版社，2011.

［68］郭卫兵．探寻河北建筑的地域特色［J］．建筑设计管理，2013，30（08）：1-4.

［69］郭卫兵，李拱辰．"地方院"与"地域性"——责任、困境与实践［J］．建筑技艺，2010（02）：114-117.

［70］尚勇．建筑之美——对建筑美的意境的追求［J］．安徽建筑，2007（06）：154-155.

［71］董勤铭．中西古建筑的典型性特点研究［J］．中外建筑，2010（10）：82-83.

［72］曲薇，曹慧玲，陈伯超．浅谈河北民居的院落［J］．建筑设计管理，2005（04）：39-42.

［73］韩文强，李晓明，王汉，姜兆，黄涛，金伟琦．有机农场［J］．世界建筑导报，2017，32（05）：16-19.

［74］金卫钧，魏长才．邯郸市丛台迎宾馆建筑设计［J］．建筑技艺，2013（03）：158-163.

［75］柴培根，王效鹏，周凯．院落中的酒店——承德行宫酒店设计［J］．建筑学报，2013（05）：71-72.

［76］孔令涛，冯涛．石家庄市美术馆［J］．城市环境设计，2012（10）：248-249.

［77］彭建国，汤放华．现代建筑地域化的发展思路与方法［J］．华中建筑，2010，28（11）：5-7.

［78］杨瑞，刘蕴忠．从燕赵辽塔中寻觅河北的建筑文化［J］．工程建设与设计，2006（09）：17-19.

［79］王辉．佳作奖：唐山市城市展览馆及公园，唐山，中国［J］．世界建筑，2009（02）：66-73.

［80］程枭翀，徐苏斌．德国学者伯施曼对承德外八庙建筑的考察和研究［J］．建筑师，2016（02）：77-82.

［81］韩文强，李晓明，王汉，姜兆，黄涛，金伟琦．唐山有机农场［J］．现代装饰，2016（12）：78-85

［82］王玉亮．河北北部生态环境变迁与其文明起源［J］．唐山师范学院学报，2004（06）：66-70+75.

［83］周总印．从清朝都统府到民国省政府再到新中国察哈尔省的撤销——档案揭秘张家口的历史变迁过程［J］．档案天地，2014（11）：13-16.

［84］黄忠怀. 从聚落到村落：明清华北新兴村落的生长过程 ［J］. 河北学刊，2005（01）：199-206.

［85］常丽平，安宏宇，霍占茂. 美学视觉下的张家口地域文化探析 ［J］. 张家口职业技术学院学报，2014，27（04）：49-52.

［86］赵春梅，谭立峰，李严. 河北蔚县堡寨聚落的类型学研究 ［J］. 福建建筑，2013（10）：33-35.

［87］刘珊珊. 明长城居庸关防区军事聚落防御性研究 ［A］. 《中国长城博物馆》2011年第4期 ［C］. 北京：中国长城学会，2012：72.

［88］王涛，王华玲. 政策、区位与张家口的兴衰变迁（1429-1929）［J］. 河北北方学院学报（社会科学版），2016，32（05）：18-22.

［89］席岳琳，梁宏，赵一峰，薛双帅. 居住型历史文化街区公共空间保护更新原则研究——以张家口堡历史文化街区为例 ［J］. 门窗，2014（11）：404-405.

［90］杨文斌，韩春风，行斌. 张家口坝下地区传统民居的建筑装饰 ［J］. 河北工程大学学报（自然科学版），2010，27（03）：38-41.

［91］韩铁. 神京屏翰——宣化古城掠影 ［J］. 档案天地，2014（09）：59-63.

［92］李瑞杰，刘小平. 张家口历史文化资源的再认识 ［J］. 河北北方学院学报（社会科学版），2012，28（02）：79-82.

［93］王月玖，韩春风，杨文斌. 浅析张家口地区传统民居建筑 ［J］. 山西建筑，2010，36（03）：32-33.

［94］朱珊，修泽华，吕朝阳，李玮奇. 张家口堡子里现状与保护设计 ［J］. 住宅与房地产，2017（23）：92.

［95］行斌. 张家口地区传统民居资源利用研究 ［D］. 河北工程大学，2011.

［96］王月玖. 张家口地区传统民居建筑研究 ［D］. 河北工程大学，2010.

［97］王晓莉. 历史文化保护区旅游资源利用与开发模式研究 ［D］. 河北师范大学，2010.

［98］张秋雨. 承德市山水景观风貌建设研究 ［D］. 河北农业大学，2011.

［99］张弓. 中国古代城市设计山水限定因素考量 ［D］. 清华大学，2006.

［100］穆文阳. 山水视角下的古代城市景观营建初探 ［D］. 北京林业大学，2016.

［101］董旭. 承德普陀宗乘之庙历史与建筑研究 ［D］. 河北师范大学，2015.

［102］王丹. 承德市滦河老街历史文化街区保护研究 ［D］. 河北科技大学，2011.

［103］关丽娜. 河北省承德地区农村住宅空间模式研究 ［D］. 河北科技大学，2010.

［104］张婧婍. 承德避暑山庄山水地形与空间构建的分析 ［D］. 北京林业大学，2014.

［105］张丽娜. 承德满族传统民居空间形态及演变研究 ［D］. 吉林建筑大学，2017.

［106］刘佳福. 承德避暑山庄及周围寺庙城市空间的整体保护与有机更新 ［D］. 天津大学，2003.

［107］张立昆. 道教思想影响下的张家口古建筑艺术 ［D］. 河北工业大学，2010.

［108］孙跃杰. 古城宣化基督教建筑研究 ［D］. 西安建筑科技大学，2006.

［109］杨申茂. 明长城宣府镇军事聚落体系研究 ［D］. 天津大学，2013.

［110］谭立峰. 河北传统堡寨聚落演进机制研究 ［D］. 天津大学，2007.

［111］彭鹏. 华北山区传统聚落外部空间研究 ［D］. 南昌大学，2007.

［112］孙瑞. 蔚县地区民用防御聚落空间形态特征研究 ［D］. 北京建筑大学，2018.

［113］王肖艳. 蔚县军事堡寨聚落形态研究 ［D］. 北京建筑大学，2017.

［114］兰蒙. 河北传统民居建筑装饰及其影响因素的研究 ［D］. 河北工业大学，2015.

河北省传统建筑解析与传承分析表

解析基础

自然环境
高原
山地
丘陵
盆地
平原
河流
湖泊
海滨

人文环境
皇家文化
军事文化
农耕文化
游牧文化
运河文化
商贾文化
红色文化

文化地理分区

燕山山脉文化区

塞北文化区

太行山山脉文化区

河北文化区

运河文化区

传统解析

峰峦雄伟、长城玉素符
北缓南陡、片落轩辕
钟灵毓秀、兵家必争
恢宏大气、万古燕山

坝上坝下、蒙迈奔放
疏缓低矮、岗注起伏
农牧交合、多元相融
宽广宏阔、鸿雁塞北

雄奇峻伟、古道犹存
东陡西缓、冬长夏短
商旅通衢、文明久远
依山就势、巍巍太行

华北腹地、物阜民安
地势平缓、四季分明
苍茫雄浑、慷慨重义
质朴有序、悠悠平原

欣欣向荣、贾商繁茂
逐水而居、因河而兴
龙舟堤道、富吾燕赵
融南汇北、蜿蜒运河

传承原则

传承原则:环境特色 → 演变

传承原则:空间特色 → 演变

传承原则:营造技术特色 → 演变

传承原则:形态与细部特色 → 演变

传承策略

通过元素符号的表达方式
在城市空间层面的表达
在群体建筑空间层面的表达
在单体建筑空间层面的表达

通过空间与形态变化的表达方式
传统空间的形态变化
传统空间的内涵变化
传统空间的构成要素变化

通过气候材料色彩的表达方式
气候与地理环境影响下的建筑特征
地域性材料影响下的建筑特征
传统建筑色彩影响下的建筑特征

通过历史文脉隐喻体现场所精神的表达方式
通过隐喻民族文化体现建筑特征
通过隐喻自然文化体现建筑特征
通过场所精神体现建筑特征

后　记

Postscript

《中国传统建筑解析与传承 河北卷》作为《中国传统建筑解析与传承》分册之一的编写工作已经取得初步成果。

本书以深入挖掘河北传统建筑的地域特色，总结传统建筑文化在现代建筑中的传承与发展为目标，对河北建筑发展历程进行了较为全面和多层次的研究论述，力求具有专业性、资料性与可读性。立足于河北省的传统建筑文化的研究，着重探析传承与发展及现代化的长期实践，介绍了现阶段河北省现代建筑案例的创作与设计手法，是河北省传统建筑风貌传承与实践的阶段性成果。然而，随着时代的变化不断发展，当代建筑师不断与时俱进、开拓创新，创作出更优秀的现代建筑作品呈现在世人面前。在此，希望本书的成果对今后河北省乃至其他地区的现代建筑设计有所借鉴与帮助。

本项目启动之初，在河北省住房和城乡建设厅"中国传统建筑解析与传承"工作的总体策略指引下，基于河北工业大学与河北工程大学研究团队多年对河北传统建筑研究的积累，经反复探讨与梳理，初步拟定了河北卷的逻辑表述和写作大纲，探索并尝试提出了河北建筑传承的基本原则。

在编写的过程中，通过大量收集和梳理资料、实地调研拍照并结合多年的测绘与研究成果，河北工业大学、河北工程大学研究团队对河北传统建筑进行了细致的分类研究、传统特征的解析，以及近现代时期河北建筑对传统特征的传承关系的详细呈现，系统、生动地展示了本书的内容。

河北卷各章编写人员：

绪论，第一章：解丹、舒平。

上篇，第二章：刁建新、魏广龙；第三章：连海涛、白梅、杨彩虹；第四章：连海涛、白梅、杨彩虹；第五章：连海涛、白梅、杨彩虹。

下篇，第六章：刘歆；第七章：刘歆；第八章：白梅、连海涛、杨彩虹；第九章：吴鹏、连海涛、舒平、解丹。

感谢编委会与各专家对本书的撰写以及定位修订提出了宝贵意见，特别是关于传统建筑的解析和如何传承这一问题，其实是极其复杂的。目前所呈现的内容也仅仅是河北，因其中特殊的地理环境、人文传承，形成了独特的地域建筑文化特质——既极致传统，又充满创新。这种建筑文化特质造就了河北地域建筑思想意识上崇尚务实顺生，在建筑形态构成、建构技艺方式、建造材料运用等多方面表现出因地制宜、物尽其用、共融共生的智慧。河北建筑从古代到现代、再到当代，存在着比较完整的建筑演进实例线索，为我们的研究提供了有效的支撑，帮助我们透过历史长河，感受其与时俱进。

感谢河北省住房和城乡建设厅及村镇建设处、村镇建设促进中心在本书编写过程中的优秀组织协调与大力支持，多次组织专家进行不同写作阶段的专家交流与评审活动、为本书的质与量都提供了全面保障。

感谢河北建筑设计研究院有限责任公司、天津华汇工程建筑设计有限公司、河北九易庄宸工程设计有限公司、河北北方绿野建筑设计有限公司、北方工程设计研究院有限公司提供精确、详尽的图文资料；感谢所有参与调研和编写基础工作、提供图文资料的单位和个人，感谢参考资料文献和设计案例的原作者，正是因为有了你们扎实的研究基础和富有创意的设计成果，本书的编写工作才可以顺利完成。本书编写工作的完成不是结束，只是探索河北传统建筑的开端。

由于时间和学识所限，本书难免存在错漏不足之处，恳请读着不吝赐教。